商务数据分析与应用

主　编　李浩光　彭康华　姚江梅
副主编　何洲童　黄秋端　蒋华丰　王江丽
　　　　张　惠　陈正浩
主　审　刘迎春

北京理工大学出版社
BEIJING INSTITUTE OF TECHNOLOGY PRESS

内容简介

本教材结构设计采用项目导向，任务驱动，强调"理实一体、教学做合一"，突出实践性。全书共分 10 个项目，每个项目下设若干任务，以培养和激发学生的自主学习兴趣，明确思政引领和学习目标。学生通过完成任务学习和任务考核/评价，可实现知识的积累、技能的提高，全面掌握商务数据分析技能。

本教材是以职业教育理论为指导，将知识巩固、技能训练相结合的一体化教材，主要读者对象为电子商务、移动商务、商务数据分析与应用、跨境电商、商务管理等财贸类专业高职学生和职业本科学生以及商务数据分析类培训学员。

版权专有　侵权必究

图书在版编目（CIP）数据

商务数据分析与应用 / 李浩光，彭康华，姚江梅主编. -- 北京：北京理工大学出版社，2023.3

ISBN 978-7-5763-2240-8

Ⅰ. ①商… Ⅱ. ①李… ②彭… ③姚… Ⅲ. ①商业统计–统计数据–统计分析–高等学校–教材 Ⅳ. ①F712.3

中国国家版本馆 CIP 数据核字 (2023) 第 056857 号

责任编辑：封　雪	文案编辑：封　雪
责任校对：刘亚男	责任印制：施胜娟

出版发行 / 北京理工大学出版社有限责任公司

社　　址 / 北京市丰台区四合庄路 6 号

邮　　编 / 100070

电　　话 /（010）68914026（教材售后服务热线）
　　　　　（010）68944437（课件资源服务热线）

网　　址 / http://www.bitpress.com.cn

版 印 次 / 2023 年 3 月第 1 版第 1 次印刷

印　　刷 / 唐山富达印务有限公司

开　　本 / 787 mm×1092 mm　1/16

印　　张 / 15.25

字　　数 / 296 千字

定　　价 / 79.00 元

图书出现印装质量问题，请拨打售后服务热线，负责调换

前　言

在党的二十大精神引领下，商务数据分析在移动商务、电子商务飞速发展的今天，已成为商务活动的核心。为全面贯彻党的教育方针，落实立德树人根本任务，及时反映新时代课程教学改革的成果，满足高职高专院校财经类专业的教学需要及相关人员在岗培训的需求，本教材采用项目导向、任务驱动、基于工作过程系统化课程开发等理念进行开发，顺应当前社会发展需要，并充分融合思政教育内容。

教材以服务专业、服务后续课程、服务应用、服务市场和服务企业需求为宗旨，按照理实一体化的教学模式编排内容，实实在在地服务于人才培养。

一、全面反映新时代教学改革成果

教材以《教育部关于职业院校专业人才培养方案制订与实施工作的指导意见》（教职成〔2019〕13号）、教育部关于印发《职业院校教材管理办法》的通知（教材〔2019〕3号）为指导，以最新企业人才技能需求为导向，以课程建设为依托，全面反映新时代产教融合、校企合作、创新创业教育、工作室教学、现代学徒制和教育信息化等方面的教学改革成果，以培养职业能力为主线，将探究学习、团结协作、解决问题、创新能力的培养贯穿教材始终，充分适应不断创新与发展的工学结合、工学交替、教学做合一和项目教学、任务驱动、案例教学、现场教学和顶岗实习等"理实一体化"教学组织与实施形式。

二、做中学、学中做、教学做合一

教材以做中学、学中做、教学做合一的思路进行开发，设计和强化任职要求、职业标准，以工作过程作为教材主体内容，将理论知识点分解到工作任务中，便于运用工学结合、做中学、学中做和做中教的教学模式，体现教学做合一理念。

三、教材内容符合职业教育特点

教材结构设计采用项目导向，任务驱动模式，强调"理实一体、教学做合一"，突出实践性。全书共分10个项目，每个项目下设若干任务，以培养和激发学生的自主学习兴趣，明确思政引领和学习目标。学生通过完成任务学习和达成任务考核/评价目标，可实现知识的积累、技能的提高，全面掌握商务数据分析技能。

四、校企合作开发教材，更好体现企业和市场需求

教材紧跟产业发展趋势和行业人才需求，及时将产业发展的新技术、新需求、新规范等纳入教材的项目任务中，切实有效地反映典型岗位（群）职业能力要求，并邀请企业的能工巧匠深度指导教材案例和数据的编写，以更好地体现企业和市场需求。

五、教材迎合财贸大类专业学习需求

本教材是以职业教育理论为指导，将知识巩固、技能训练相结合的一体化教材，是电子商务、移动商务、商务数据分析与应用、跨境电商、商务管理等财贸类专业必备用书。

本教材由刘迎春教授主审，由李浩光老师负责统编和复核、黄秋端老师负责项目一的编写、王江丽老师负责项目二的编写、姚江梅老师负责项目三和项目七的编写、何洲童老师负责项目四和项目五的编写、彭康华老师负责项目六和项目九的编写、蒋华丰老师负责项目八的编写、李浩光老师负责项目十的编写。

由于编者水平和经验有限，教材中若有疏漏和不足之处，恳请广大读者批评指正。谢谢！

编　者

目 录

前　言

项目一　商务数据分析认知 1

　　任务一　了解商务数据分析需求 3
　　任务二　掌握商务数据分析概述 3
　　任务三　选定商务数据分析方法 11
　　任务四　理解商务数据分析的价值 14
　　任务五　构建商务数据分析思路 16

项目二　商务数据采集 32

　　任务一　初识商务数据采集 34
　　任务二　选择数据采集方法 44
　　任务三　实施商务数据收集 52

项目三　商务数据预处理 86

　　任务一　商务数据处理的主要内容 90
　　任务二　原数据存在的主要问题 90
　　任务三　商务数据预处理的方法 92

项目四　行业商务数据分析 102

　　任务一　行业数据采集 103
　　任务二　市场需求调研 105
　　任务三　产业链分析 108

任务四　细分市场分析..112
　　　任务五　市场生命周期分析..114
　　　任务六　行业竞争分析..115

项目五　客户商务数据分析..121
　　　任务一　客户数据采集..122
　　　任务二　客户画像..124
　　　任务三　客户行为分析..126
　　　任务四　客户价值分析..128
　　　任务五　精准营销与效果评估..130

项目六　产品商务数据分析..134
　　　任务一　产品数据及环境特征分析..140
　　　任务二　产品需求分析..148
　　　任务三　用户体验分析..152

项目七　运营商务数据分析..160
　　　任务一　运营数据分析的相关指标..162
　　　任务二　运营数据分析工具..164
　　　任务三　店铺浏览量分析..167

项目八　商务数据财务分析..176
　　　任务一　数据整理..177
　　　任务二　商务数据偿债能力分析..181
　　　任务三　商务数据运营能力分析..184
　　　任务四　商务数据盈利能力分析..186
　　　任务五　商务数据财务综合能力分析..188

项目九　商务数据可视化..192
　　　任务一　反映发展趋势的可视化图表..198
　　　任务二　反映比例关系的可视化图表..204
　　　任务三　反映相关性和差异性的可视化图表......................................209

项目十　商务数据分析报告的撰写 221

任务一　掌握商务数据分析报告的主要内容 222
任务二　撰写商务数据分析报告 229

参 考 文 献 236

项目一

商务数据分析认知

【项目介绍】

本项目主要介绍了商务数据分析系统在各级党组织深入贯彻新时代党的建设中的总要求，推动了党建和业务深度融合，加强政治建设、思想建设、组织建设、作风建设、纪律建设、制度建设、党风廉政建设的思路、举措、有效做法和鲜活经验，反映了企业各级党组织坚持以新时代中国特色社会主义思想为指导，认真履行全面从严治党政治责任，践行"两个维护"、抓好主责主业，充分发挥党委核心领导作用、基层党组织战斗堡垒作用、广大党员先锋模范作用，切实把中国特色现代企业制度优势转化为治理效能的行动，以高质量党建引领保障高质量发展，在落实国家战略、服务经济社会发展大局中贡献力量。

【知识目标】

1. 理解商务数据分析的概念；
2. 了解商务数据分析的来源；
3. 熟悉商务数据分析的流程；
4. 理解数据分析模型。

【技能目标】

1. 掌握商务数据的采集方法；
2. 掌握商务数据的清洗方法；
3. 具备运用思维导图绘制数据分析平台功能架构的能力；
4. 具有运用 AARRR 模型分析产品的能力。

【素质目标（思政目标）】

1. 对数据具有敏感性；
2. 具有收集和整理数据的能力；
3. 具有良好的逻辑分析能力；

4. 具有使用数据分析问题的能力；
5. 具备数据分析所需的工匠精神和文化自信等。

【项目思维导图】

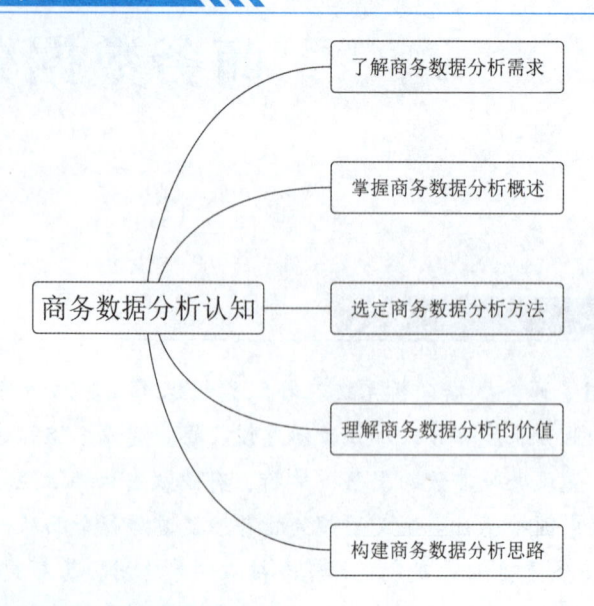

商务数据分析认知
- 了解商务数据分析需求
- 掌握商务数据分析概述
- 选定商务数据分析方法
- 理解商务数据分析的价值
- 构建商务数据分析思路

【案例导入】

某公司主营产品为女士护肤品，包括面膜、隔离霜、遮瑕膏、粉底液和保湿水等。当前，该公司欲在市场上投入一款新产品（身体乳），并欲将其作为当季主流产品推广。

为此，该公司通过百度统计进行了查询（图1-1），得出以下结果：身体乳近一个月的搜索指数一直维持在中等偏上的水平，并有逐渐上升的趋势，可以安排即时上架。另外，该公司还注意到，身体乳的受众人群以20~45岁的女性为主，可以针对这部分人群进行重点推广。

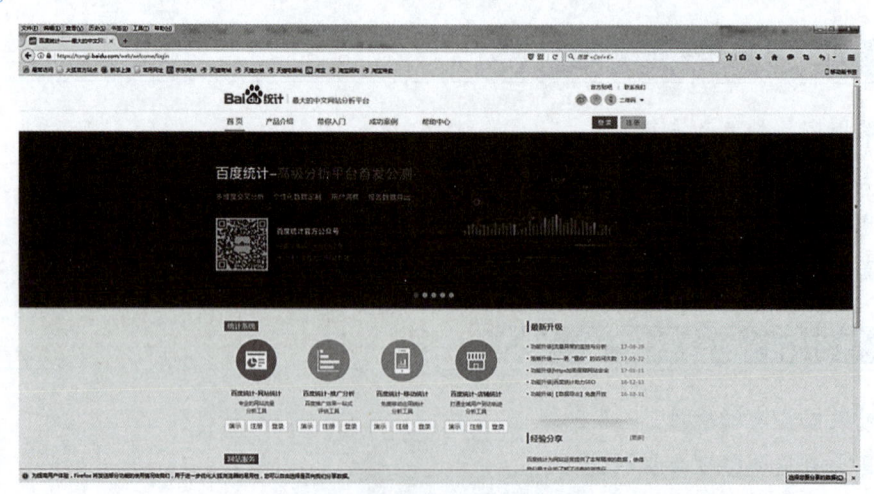

图 1-1　百度统计分析界面

任务一　了解商务数据分析需求

【任务描述】

公司安排小商负责公司新产品的数据分析工作，要求小商运用 5W2H 理论掌握商务数据分析需求。

【任务分析】

对于产品来说，数据分析的根基应立足于完整的数据体系，通过运用 5W2H 理论，依据整体数据发展趋势进行细化分析。而进行细化分析时，可采用对比分析法、交叉分析法、相关分析法、回归分析法或聚类分析法等。

【相关知识】

5W2H 理论：What（用户所需是什么）、Why（为什么需要）、Where（获取来源）、When（何时去执行）、Who（执行的对象）、How Much（执行的预设值）和 How（如何执行）。

【任务实施】

数据仅为参照物，分析过程才是具体的行为，也是分析能力的体现。而进行分析时，应当立足于产品或服务近期的市场和客户需求两方面，从多维度进行数据收集、整理、加工和分析。先进行数据分析，再进行产品优化，使其迎合市场和客户的需求，这样才能为企业创造更多的商业回报。

【任务考核/评价】

两位同学为一组，合作完成并提交某公司新品身体乳在上市前的商务数据分析需求表，要求在分析中运用 5W2H 理论，不限字数。

任务考核/评价

任务名称	考核点	建议考核方式	评价标准		
			优	良	及格
任务一　了解商务数据分析需求	掌握 5W2H 理论和数据分析需求的应用，制作数据分析需求表	分组与讨论、制作分析需求表	分组与讨论、制作分析需求表态度认真、制表符合要求	有参与分组与讨论、制表基本符合要求	极少参与分组与讨论、制表仅部分符合要求

任务二　掌握商务数据分析概述

【任务描述】

公司安排小商负责公司新产品的数据分析工作，要求小商理解并掌握商务数据分析概述，从而更好地完成新产品的数据分析工作。

【任务分析】

理解并掌握商务数据分析概述：商务数据、商务数据分析、商务数据分析的目的和应用、商务数据的可视化、商务数据的挖掘和搜索、商务数据的质量判断和预测分析等。

【相关知识】

一、商务数据分析简介

1. 商务数据的定义及分类

商务数据是指对客观商务事件进行记录并可以鉴别的符号，是对客观事物的性质、状态及相互关系等进行记载的物理符号或这些物理符号的组合，是构成信息或知识的原始材料。

按照数据资料的性质，商务数据可分为一手资料和二手资料。

按照数据来源的范围，商务数据可分为外部数据和内部数据。其中，外部数据包括新时代中国特色社会主义下的社会人口数据、宏观经济数据、新闻舆论数据和市场调研数据等。内部数据包括当下互联网所产生的用户行为数据、服务端日志数据、CRM数据和交易数据等。

按照数据来源的对象，商务数据可分为日常采集数据、专题获取数据和外部环境数据。

2. 商务数据与商务信息的联系和区别

（1）商务数据是符号，是物理性的。

（2）商务信息是对商务数据进行加工所得到的，是逻辑性和观念性的。

（3）商务数据和商务信息不可分割，商务数据是信息的表现形式，商务信息是商务数据有意义的表示。商务数据是商务信息的表达和载体，商务信息是商务数据的内涵，商务数据与商务信息两者之间是形与质的关系。

3. 数据与大数据的联系和区别

（1）数据量。

大数据的"大"首先体现在数据量上，而大数据是指海量数据。

（2）数据的范围。

大数据不仅包含机构内部的数据，还包含机构外部的数据。

（3）数据的类型。

大数据涉及的类型不仅有结构化的数据，还有非结构化的数据。一般情况下，计算机处理的都是标准化及结构化的数据，但像文本、视频及语音等形式呈现出的数据为非标准及非结构化的数据，需要通过一定的技术手段将其转换为结构化的数据进行处理。

4. 商务数据分析的定义

商务数据分析是指收集商务数据、处理商务数据并获取相关商务信息的过程。具体地说，商务数据分析是指在业务逻辑的基础上，运用简单有效的分析方法和合理的分析工具对获取的商务数据进行处理的过程。

二、商务数据分析的目的

商务数据分析的目的是对未发现的、较多的、杂乱无章的商务数据信息进行汇总，并对商务数据信息进行提炼，以期找到所研究对象的内在规律。

三、商务数据分析的应用

在一般情况下，产品具有完整的生命周期。在产品的整个生命周期内，商务数据分析过程是质量管理体系的支撑。例如，产品的市场调研阶段、产品的售后服务以及产品的最终处置状况，这些均需要适当运用商务数据来分析，从而提升处理效果和处理效率。

四、商务数据的可视化

商务数据可视化是指将商务数据分析结果用简单且视觉效果较好的方式展示出来，一般运用文字、表格、图标和信息图等方式展示。

1. 商务数据可视化采用的展示工具

商务数据可视化采用的展示工具如图1-2所示。

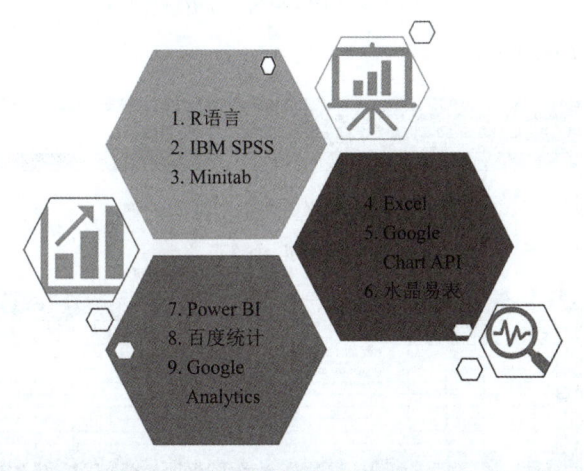

图1-2　商务数据可视化工具

（1）R语言（图1-3）。

图1-3　R语言分析界面

（2）IBM SPSS（图1-4）。

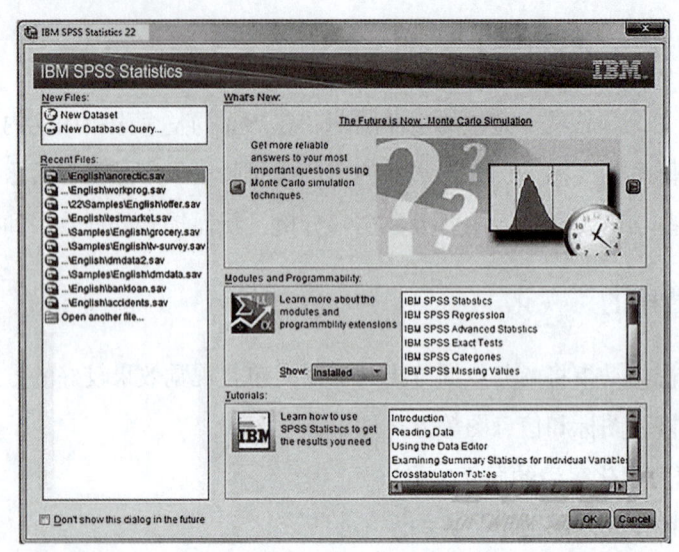

图1-4　IBM SPSS 分析操作界面

（3）Minitab（图1-5）。

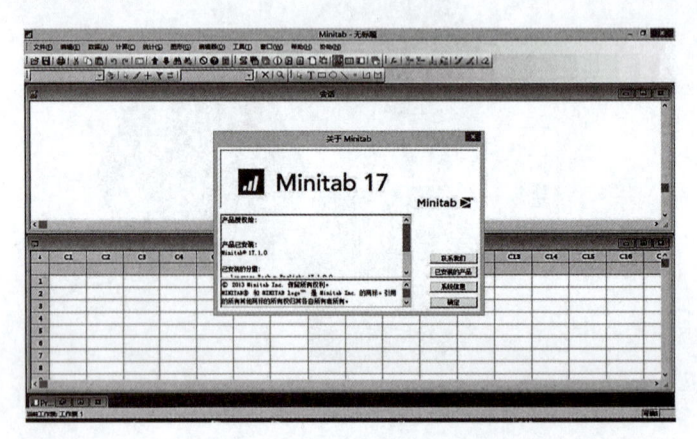

图1-5　Minitab 分析操作界面

（4）Excel（图1-6）。

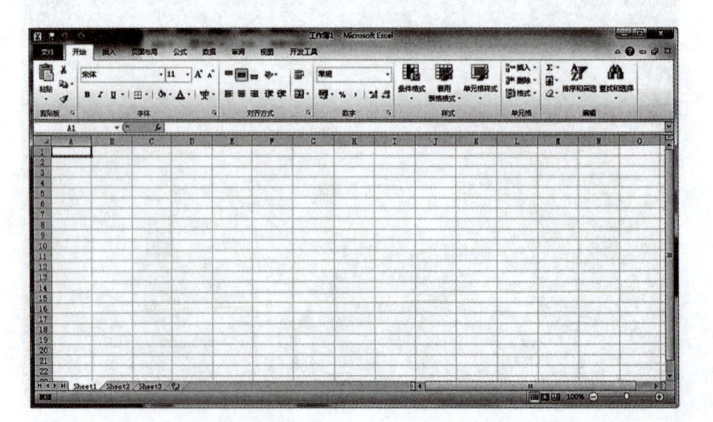

图1-6　Excel 分析表

（5）Google Chart API（图 1-7）。

图 1-7　Google Chart API 分析图

（6）水晶易表（图 1-8）。

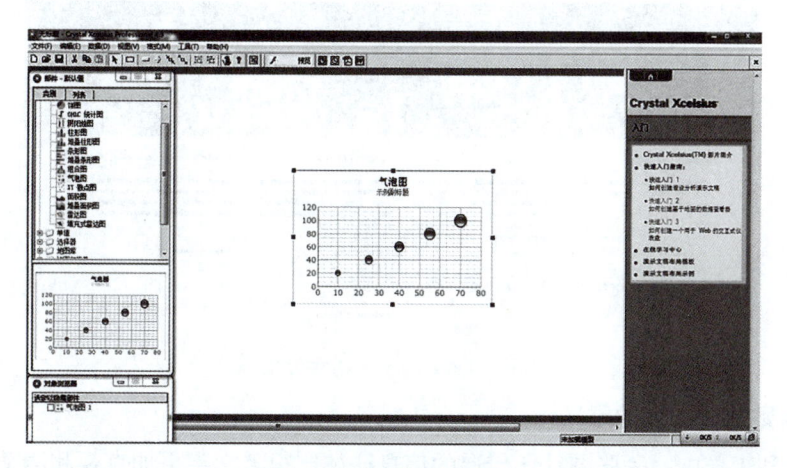

图 1-8　水晶易表分析图

（7）Power BI（图 1-9）。

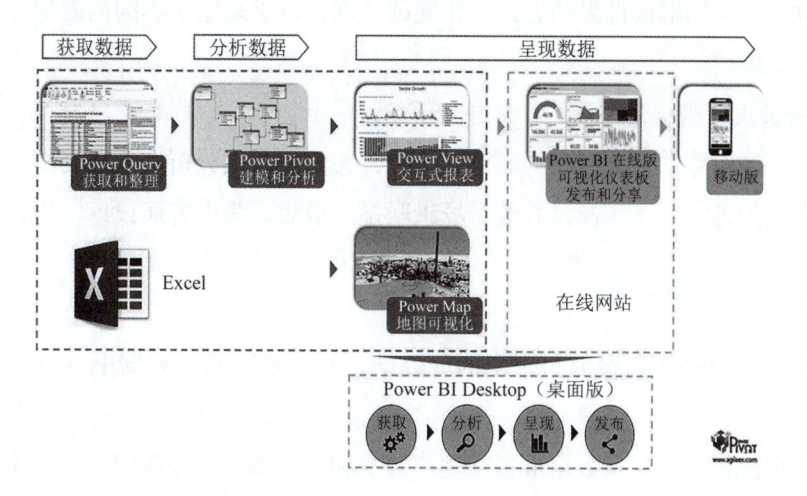

图 1-9　Power BI 分析图

（8）百度统计（图 1-10）。

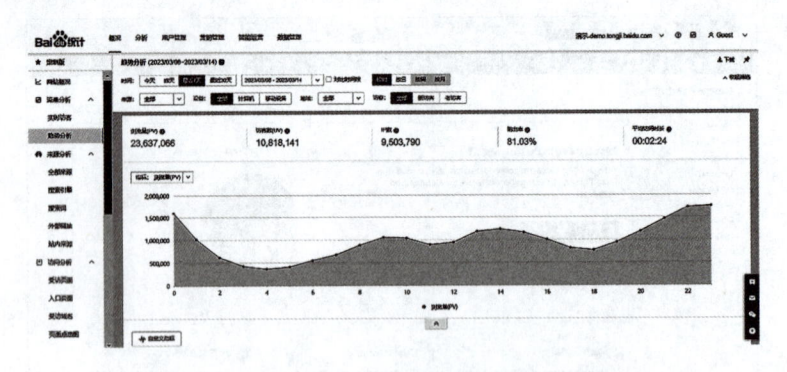

图 1-10　百度统计分析图

（9）Google Analytics（图 1-11）。

图 1-11　Google Analytics 分析界面

2. 商务数据可视化的意义

在生活和工作中，一张图片所传递的信息往往比很多文字更加直观和清楚。商务数据图表的优势是通过更简单的逻辑和视觉体验让客户更加快速地掌握要点。同时，商务数据的可视化改变了人们解读世界的方式。相同的数据，由于采用了不同的表达方式，会产生不同的展示效果。

3. 商务数据可视化的步骤

首先，明确商务数据可视化的需求；其次，为商务数据分析选择适当的可视化类型。之后，确定最关键的信息指标，并给予场景联系；最后，为内容而设计，优化展现形式。

五、商务数据的挖掘

商务数据挖掘是指通过分析每个商务数据，从大量的商务数据中寻找其内在规律的过程。

商务数据挖掘大致包括数据准备、规律寻找和规律表示三个步骤。这些步骤会随不同领域的应用而有所变化，每一种数据挖掘技术也会有各自的特性和使用步骤，针对不同问题和需求所制定的数据挖掘过程也会存在差异。此外，数据的完整程度和专业人员支持的程度等都会对建立数据挖掘过程有所影响。这些因素造成了数据挖掘在各不同领域中的运用、规划和流程的差异性。即使同一产业，也会由于分析技术和专业知识的介入程度的不同而不同。因此，对于数据挖掘过程的系统化、标准化就显得格外重要。

商务数据挖掘完整的步骤如下：

（1）理解数据和数据的来源（Understanding）；

（2）获取相关知识与技术（Acquisition）；

（3）整合与检查数据（Integration and Checking）；

（4）去除错误或不一致的数据（Data Cleaning）；

（5）建立模型和假设（Model and Hypothesis Development）；

（6）实际数据挖掘工作（Data Mining）；

（7）测试和验证挖掘结果（Testing and Verification）；

（8）解释和应用（Interpretation and Use）。

由上述步骤可看出，数据挖掘涉及大量的筹备工作，其中数据预处理阶段耗时比较多，包括数据的净化、格式转换、变量整合和数据表的链接。

六、语义搜索引擎

通过对网络中的资源对象进行语义上的标注，以及对用户的查询表达进行语义处理，自然语言具备了语义上的逻辑关系，能够在网络环境下进行广泛有效的语义推理，从而更加准确、全面地实现用户的检索。主要作用于非结构化数据与异构数据，能够从文档中智能提取信息。

七、商务数据质量的判断

商务数据质量是指在业务环境下，商务数据能满足业务场景具体需求的程度。

由于在不同的业务场景中，数据消费者对商务数据质量的需要不同，只要能满足使用目的，就可以说商务数据质量符合要求。

八、商务数据预测分析

预测分析是一种统计或数据挖掘解决方案，包含可在结构化和非结构化数据中使用能够确定未来结果的算法和技术，可为预测、优化、预报和模拟等其他用途而部署。

1. 预测分析的意义

预测分析和假设情况分析具有帮助用户评审和权衡潜在决策的影响力。通过分析历史模式和概率，以预测未来业绩，并采取预防措施，为企业未来预测提供关键洞察。

2. 预测分析的作用

（1）决策管理。

使改进成为可能的概念被称为决策管理。决策管理是用于优化并自动化业务决策的一种卓有成效的方法。通过预测分析，企业能够在制定决策之前，采取相应的预防措施，并做出正确的动作。它包括管理自动化决策设计和部署的方方面面，供组织管理其与客户、员工和供应商的交互。从本质上讲，决策管理可以使优化的决策成为企业业务流程的一部分。

决策管理使用决策流程框架和分析来优化并实现自动化决策，通常专注于大批量决策并使用基于规则和基于分析模型的应用程序实现决策。相对于传统使用历史数据和静态信息作为业务决策基础的组织，决策管理具有较大的突破性。

（2）滚动预测。

预测是定期更新对未来绩效的当前观点，从而反映新的或变化中的信息的过程，也是基于分析当前和历史数据来决定未来趋势的过程。为应对这一需求，越来越多的企业逐步采用滚动预测这种方法。

滚动预测能够有效地提高预测精度，并加快循环时间。同时，还可以使对财务团队的管理耗时更短、业务参与度更佳，以及决策制定更为明智。滚动预测可以对业务绩效进行前瞻性预测，为未来计划周期提供基线，捕获变化带来的长期影响。与静态年度预测相比，滚动预测能够在觉察到业务决策制定的时间点定期更新，还可以减轻财务团队巨大的行政负担。

3. 预测分析的应用

（1）在制造业方面，预测分析可以帮助制造业高效维护运营并更好地控制成本。一直以来，制造业面临的挑战是在生产优质商品的同时在每一步流程中优化资源。多年来，制造商已经制定了一系列成熟的方法来控制质量、管理供应链和维护设备。如今，面对持续的成本控制工作，工厂管理人员、维护工程师和质量控制的监督执行人员都希望知道如何在维持质量标准的同时避免产生非计划性维护的停机时间或尽量减少设备故障，以及如何控制维护、修理和大修（MRO）业务的人力和库存成本。IBM SPSS 预测分析帮助制造商最大限度地减少非计划性维护的停机时间，真正消除不必要的维护，并很好地预测保修费用，从而达到新的质量标准，并节约资金。它可用于生产线的预测分析，有利于维护人员及时发现问题并防止由于故障导致生产中断，可以解决一系列客户服务问题，其中包括客户对因计划外维修和产品故障而造成停机的投诉。另外，其可用于汽车、电子、航空航天、化学品和石油等不同行业的制造业务。

（2）在犯罪预测预防方面，预测分析利用先进的分析技术营造安全的公共环境。例如，为确保公共安全，执法人员一直主要依靠个人直觉和可用信息来完成任务。为了能够更加智慧地工作，许多警务组织正在充分合理地利用他们获得和存储的结构化信息（如犯罪和罪犯数据）和非结构化信息（在沟通和监督过程中取得的影音资料）。他们通过汇总、分析这些庞大的数据而得出的信息不仅有助于了解过去发生的情况，还能够帮助预测将来可能发生的事件。利用历史犯罪事件、档案资料、地图和类型学，以及诱发因素（如天气）和触发事件（如假期或发薪日）等数据，警务人员将可以确定暴力犯罪频繁发生的区域，将地区性或全国性流氓团伙活动与本地事件进行匹配，剖析犯罪行为以发现相似点，将犯罪行为与有犯罪记录的罪犯挂钩，找出最可能诱发暴力犯罪的条件，预测这些犯罪活动将来可能发生的时间和地点，从而确定重新犯罪的可能性。IBM SPSS 的犯罪预测和预防分析技术能够帮助各机构充分利用手中的人员和信息资源，监控、衡量和预测犯罪及犯罪趋势。

（3）在电信方面，预测分析帮助电信运营商更深入了解客户。受技术和法规要求的推动，以及基于互联网的通信服务提供商和模式的新型生态系统的出现，电信提供商面临着前所未有的变革。要想获得新的价值来源，电信服务商需要对业务模式做出根本性的转变，并且必须有能力将战略资产和客户关系与旨在抓住新市场机遇的创新相结合。预测和管理变革的能力将是未来电信服务提供商的关键能力。这涉及预测和管理持续的变革，包括允许员工参与到创新议程的制定中，促进与客户、供应商和合作伙伴的协作，而且采用灵活、具有适应能力的 IT 基础架构部署动态业务架构，支持不断变化的业务模式。IBM SPSS 可以帮助电信运营商采用实时分析和预测分析技术，更深入地了解客户，以发挥客户数据和资产的价值。

【任务实施】

掌握商务数据分析概述的知识点，从而明确对新产品进行数据分析的目的、意义、范围、对象、可视化规划、质量控制等。

【任务考核/评价】

小组讨论商务数据、商务数据分析、商务数据分析的目的和应用、商务数据分析的可视化、商务数据的挖掘和搜索、商务数据的质量判断和预测分析等，使用思维导图提交数据分析概述的框架，字数不限。

任务考核/评价

任务名称	考核点	建议考核方式	评价标准		
			优	良	及格
任务二 掌握商务数据分析概述	使用思维导图提交数据分析概述的完整框架	分组与讨论、制作思维导图	分组与讨论、制作思维导图、内容完整清晰符合要求	有参与分组与讨论、制表基本符合要求	极少参与分组与讨论、制表仅部分符合要求

任务三 选定商务数据分析方法

【任务描述】

公司安排小商负责公司新产品的数据分析工作，在学习和掌握商务数据分析需求和商务数据分析概述之后，小商将制定新产品数据分析的方法。

【任务分析】

学习商务数据分析方法：EDA（Exploratory Data Analysis，探索性数据分析）、CDA（Confirmatory Data Analysis，验证性数据分析）、定性数据分析、杜邦分析法、大数据、云计算，从而选定合适的数据分析方法。

【相关知识】

一、EDA

EDA 是指对已有的数据在尽量少的先验假设下进行探索，通过作图、制表、方程拟合、计算特征量等手段探索数据的结构和规律的一种数据分析方法。该方法在 20 世纪 70 年代由美国统计学家 J. K. Tukey 提出。传统的统计分析方法常常先假设数据符合一种统计模型，然后依据数据样本来估计模型的一些参数及统计量，以此了解数据的特征，但实际中往往有很多数据并不符合假设的统计模型分布，这导致数据分析结果不理想。EDA 则是一种更加贴合实际情况的分析方法，它强调让数据自身"说话"，通过 EDA 我们可以最真实、直接地观察到数据的结构及特征。

二、CDA

CDA 的优势在于其允许研究者明确描述一个理论模型中的细节。因为存在测量误差，研究者需要使用多个测度项。当使用多个测度项之后，必然存在测度项的"质量"问题，即效度检验。效度检验是指单个测度项是否与其所设计的因子有显著的载荷，并与其不相干的因子没有显著的载荷。当然，可以进一步检验单个测度项工具中是否存在共同方法偏差，一些测度项之间是否存在"子因子"。这些测试都要求研究者明确描述测度项、因子、残差之间的关系。对这种关系的描述又叫测度模型。对测度模型的检验就是验证测度模型。对测度模型进行质量检验是假设检验之前的必要步骤。

三、定性数据分析法

定性数据分析是依据预测者的主观判断分析能力来推断事物的性质和发展趋势的分析方法。这种方法可充分发挥管理人员的经验和判断能力，但预测结果准确性较差。通常，在企业缺乏完备、准确的历史资料的情况下，先邀请熟悉该企业的经济业务和市场情况的专家，再根据他们过去所积累的经验进行分析判断，提出初步意见，然后通过召开调查会和座谈会的形式，对上述初步意见进行修正、补充，并将此作为预测分析的最终依据。

四、杜邦分析法

杜邦分析法是指利用几种主要的财务比率之间的关系来综合分析企业的财务状况。具体来说，它是一种用来评价公司盈利能力和股东权益回报水平，从财务的角度评价企业绩效的一种经典方法。其基本思想是将企业净资产收益率逐级分解为多项财务比率乘积，这有助于深入分析比较企业经营业绩。由于这种分析方法由美国杜邦公司最先使用，故名杜邦分析法。

（一）杜邦分析法的特点

杜邦分析法的特点是将若干个用以评价企业经营效率和财务状况的比率按其内在联系有机地结合起来，形成一个完整的指标体系，并最终通过权益收益率来综合反映。

（二）杜邦分析法的应用

采用这种方法后，可以使财务比率分析的层次更清晰、条理更突出，为报表分析者全面、仔细地了解企业的经营和盈利状况提供方便。杜邦分析法有助于企业管理者更加清晰地看到权益基本收益率的决定因素，以及销售净利润与总资产周转率、债务比率之间的相互关联关系，给管理层提供了一张明晰的考察公司资产管理效率和是否最大化股东投资回报的路线图。

（三）具体步骤

从净资产收益率开始，根据会计资料（主要是资产负债表和利润表）逐步分解计算每种指标，将计算出的指标填入杜邦分析图，然后逐步进行前后期对比分析，也可以进一步进行企业间的横向对比分析。

五、大数据

大数据是指以容量大、类型多、存取速度快、应用价值高为主要特征的数据集合，最早应用于 IT 行业，目前正快速发展为对数量巨大、来源分散、格式多样的数据进行采集、存储和关联分析，从中发现新知识、创造新价值、提升新能力的新一代信息技术和服务业态。大数据必须采用分布式架构，对海量数据进行分布式数据挖掘，因此，必须依托云计算的分布式处理、分布式数据库和云存储、虚拟化技术。

大数据的五大特征：Volume（数据量巨大）、Velocity（高速及时有效分析）、Variety（种类和来源的多样化）、Value（价值密度低，商业价值高）以及 Veracity（数据的真实有效性）。

六、云计算

按使用量付费的模式。这种模式提供可用的、便捷的、按需的网络访问，进入可配置的网络、服务器、存储、应用软件、服务计算等资源共享池，只需投入很少的管理精力，或与服务供应商进行很少的交互，这些资源便能够被快速提供。是分布式计算、并行计算、效用计算、网络存储、虚拟化、负载均衡、热备份冗余等传统计算机和网络技术发展融合的产物，是一种新兴的商业计算模型。

NIST定义的三种云服务方式如下：

（1）基础设施即服务（IAAS）：为用户提供虚拟机或者其他存储资源等基础设施服务。

（2）平台即服务（PAAS）：为用户提供包括软件开发工具包、文档和测试环境等在内的开发平台，用户无需管理和控制相应的网络和存储等基础设施资源。

（3）软件即服务（SAAS）：为用户提供基于云基础设施的应用软件，让用户通过浏览器便可直接使用在云端上运行的应用。

【任务实施】

本任务的重点是在学习和理解商务数据分析方法之后，选定适合新产品的数据分析方法，并给出选择相应的数据分析方法的理由。

【任务考核/评价】

小组讨论，在给定的场景下如何选定适合新产品的数据分析方法，并给出选择相应的数据分析方法的理由，字数不限。

任务考核/评价

任务名称	考核点	建议考核方式	评价标准		
			优	良	及格
任务三 选定商务数据分析方法	选定适宜的数据分析方法，并给出选择相应的数据分析方法的理由	选定适宜的数据分析方法，给出选择相应的数据分析方法的理由	分组与讨论、分析方法适宜、理由正确且充分	有参与分组与讨论、分析方法适宜	极少参与分组与讨论、分析方法基本合格

任务四　理解商务数据分析的价值

2009年，淘宝网崛起。为众多商品提供了一种新的销售渠道和方式，商品在淘宝网上完成售卖，并不需要过多关心数据分析。然而，到了2018年，电子商务的竞争已经进入白热化阶段，企业竞争的优劣势凸显出来。在忙于构建和巩固自己的竞争壁垒时，人们发现了大数据。大数据作为新纪元，为人们带来了新的商机。众多的互联网掘金者开始投入对大数据的研究中。然而，经过两三年的时间验证，大家发现其带来的收益偏低。

为此，对导致收益偏低的原因进行了深度挖掘，发现问题出在人身上。研究表明企业应当具备以下两种人才中的至少一种。第一种人才，对数据分析具有较高的天赋；第二种人才，具有完整的数据分析知识体系，并且熟悉业务。其中，第一种人才不具备可复制性，第二种人才具备可复制性，可以后天培养。其培养公式为：

数据分析的战斗力 = 业务能力 × 数据分析方法论 × 数据分析工具 ×（1 + 工作经验）

其中，业务能力是从数据中挖矿的核心技能之一，是识货辨货的能力。数据分析方法论也是从数据中挖矿的核心技能之一，指导人们如何较好地从数据中挖出矿。数据分析工具是从数据中进行挖矿的工具。需要指出的是，三者缺一不可，若任何一项成为短板，都会导致呈现出的战斗力较低。另外，工作经验是一个加分项，更多的工作经验将成倍增加数据分析的战斗力。

企业通过培养公式培养数据分析人才的目的是希望该人才能够辅助企业从数据中获取有价值的信息，而评判信息是否有价值的核心指标为该信息是否对业务的发展起到了正向促进作用。有价值的信息能够为企业带来更多的收益，这也正是商务数据分析的价值所在。

一、业务场景的分类

1. 数据监控与诊断

用最短的时间帮助企业发现经营问题。

2. 市场分析

帮助企业占领市场，掌握市场并预测市场行情，及时、有效地调整市场或品牌战略。同时，了解市场结构，随势而动，最大概率获得经济收益。

3. 竞争分析

帮助企业打赢竞争战，掌握市场竞争情况，以及产品与市场的差异，优化企业在竞争策略方面的决策。

4. 货品分析

帮助企业提高产品销售额，针对产品的销售、渠道、时间、结构等维度对产品的销售情况进行分析，更好地优化产品营销策略。

5. 客户分析

帮助企业盘活客户群体，让客户有价值，避免客户流失，提高客户留存率。

6. 营销及广告分析

帮助企业降低营销和广告成本，充分了解营销和广告效果，调整营销和广告策略，提高投入产出比。

7. 库存分析

帮助企业减少不良库存，针对库存的动销分析和补货预测等分析，避免库存堆积产生不良库存。

8. 流量渠道分析

帮助企业提高流量获取能力，通过对各个流量渠道的特征分析，有效分配渠道资源。

9. 财务分析

帮助企业梳理财务，而这种梳理有区别于会计人员对财务的梳理。

10. 其他

帮助企业解决各种数据需求，如客服人员分析、视觉分析和品牌舆情分析等。

二、数据分析、策划及运营的关系

数据分析、策划和运营是密不可分的。例如，在某平台，分析师通过大量粉丝数据的分析发现，企业的粉丝对裤子有需求，于是将相关事实告知企业负责人。然而，企业暂时不想卖裤子，只想卖上衣给粉丝。很明显，这样的数据分析就显得毫无价值了。因此，分析师不仅需要将海量数据中有价值的信息提取出来，还需要决策者配合执行。

【任务考核/评价】

小组讨论，在给定的场景下，进行商务数据分析对某公司推出新品的价值。

任务考核/评价

任务名称	考核点	建议考核方式	评价标准		
			优	良	及格
任务四 理解商务数据分析的价值	充分理解商务数据分析的价值	小组讨论的参与度、对商务数据分析价值的理解	分组与讨论、对商务数据分析价值的理解充分	有参与分组与讨论、理解商务数据分析的价值	极少参与分组与讨论、基本理解商务数据分析的价值

任务五　构建商务数据分析思路

【任务描述】

公司安排小商负责公司新产品的数据分析工作，要求小商构建新产品的数据分析思路。

【任务分析】

数据分析的一般流程包括问题定义、数据获取、数据预处理、数据分析与建模以及数据可视化与数据报告的撰写（图 1-12）。

问题定义 → 数据获取 → 数据预处理 → 数据分析与建模 → 数据可视化与数据报告的撰写

图 1-12　数据分析流程

【相关知识】

一、问题定义

比较典型的场景是我们需要针对企业的数据进行分析。一般，企业通常会有销售数据、用户数据、运营数据以及产品生产数据，等等。需要从这些数据里获得哪些信息，以对策略的制定起到指导作用？首先，我们需要确定分析的问题以及想得出哪些结论。

问题的定义需要了解业务的核心知识，并从中获得一些可以帮助我们进行分析的经验。从某种程度上讲，这也是我们经常提到的数据思维。对问题的精确定义，可以在很大程度上提升数据分析的效率。

二、数据获取

当问题确认以后，就需要获取相关的商务数据。比如，要探究某地区空气质量变化的趋势，就需要收集该地区最近几年的空气质量数据、天气数据，甚至工厂数据、气体排放数据，以及重要日程数据等。

数据获取的方式可分为以下几种：

1. 定量数据

定量数据是指内部数据和外部数据。其中，内部数据包括网站日志和业务数据库；外部数据包括网络爬虫和第三方统计平台。

（1）对于企业的销售数据和用户数据，可以直接从企业数据库调取；

（2）对于外部的公开数据，可以从特定的网站上下载；

（3）对于互联网上的数据，可以编写网页爬虫来收集。

2. 定性数据

采用实时进行问卷调研的方式和对用户进行现场访谈的方式进行收集。

三、数据预处理

通常，获取到的数据中存在着大量的没有价值的数据，是无法直接进行数据分析的，因此需要进行数据预处理。其包括以下几个过程。

1. 数据的清洗

（1）条件格式化：条件格式化是把重复的数据及所在单元格标为不同颜色进行识别。其具体操作过程：选择"开始"→"条件格式"→"突出显示单元格规则"→"重复值"。

（2）高级筛选法：高级筛选法是选择不重复的记录。可利用 Excel 筛选功能的"高级筛选"，选择不重复的记录。

（3）函数法：函数法是利用 COUNTIF 函数对重复数据进行识别。该函数的规则如下：Countif（Range，Criteria）。

①Range：计算其中非空单元格数目的区域。

②Criteria：以数字、表达式或文本形式定义的条件。

（4）数据透视表：数据透视表统计各数据出现的频次。使用方法是拖动相应字段，其中出现两次以上的数据就属于重复项。在完成重复数据的查找后，即可删除重复数据。删除重复数据主要有以下三种方法：

①通过菜单操作删除重复项。单击"数据"选项卡下的"删除重复项"按钮，将显示有多少重复值被删除，有多少唯一值被保留。

②通过排序删除重复项。在利用 COUNTIF 函数对重复数据进行识别的基础上，对重

复项标记列进行降序排列，删除数值大于 1 的项。

③通过筛选删除重复项。在利用 COUNTIF 函数对重复数据进行识别的基础上，对重复项标记列进行筛选，筛选出数值不等于 1 的项。

（5）对缺失和错误数据的清洗。

缺失数据的清洗：对缺失值的处理，一般可采用三种方法。第一种，用一个样本统计量的值代替缺失值；第二种，用一个统计模型计算出来；第三种，直接删除有缺失值的记录。

错误数据的清洗：对被调查者输入的不符合要求的信息和手工录入的错误信息加以清洗。

2. 数据的集成

把不同来源、格式、特点性质的数据在逻辑或物理上有机地集中起来，从而为企业提供全面的数据共享服务。

3. 数据的转换

将数据从一种格式或结构转换成另一种格式或结构的过程。

4. 数据的归约

通过选择可替代的、较小的数据来减少数据量。

5. 其他

此处不再赘述。

数据预处理完成后，可能还需要对数据进行分组、基本描述统计量的计算、基本统计图形的绘制、数据取值的转换以及数据的正态化处理等。这些能够帮助我们掌握数据的分布特征，是进一步深入分析和建模的基础。

四、数据分析与建模

1. 数据分析方法

数据分析方法的分类如图 1-13 所示。

1. 常规分析方法
   （1）回归分类法
   （2）聚类分析法
   （3）相关分析法
   （4）描述性统计分析法
   （5）方差分析法
   （6）交叉分析法
   （7）时间序列分析法
   （8）对比法
   （9）分组分析法

2. 统计学分析方法

3. 自建模型

图 1-13　数据分析方法的分类

1）常规分析方法

（1）回归分析法。

①回归分析法的定义：基于已掌握的一定量的观察数据，利用数理统计方法建立因变量与自变量之间的回归关系函数表达式（称回归方程式）。

通常，回归分析法不能用于分析与评价工程项目风险。

②回归分析法的分类：在回归分析方法中，当研究的因果关系只涉及因变量和一个自变量时，叫作一元回归分析；当研究的因果关系涉及因变量和两个或两个以上自变量时，叫作多元回归分析。根据自变量的个数，可以进行一元回归分析，也可以进行多元回归分析。此外，在回归分析法中，又依据描述自变量与因变量之间因果关系的函数表达式是线性的还是非线性的，分为线性回归分析和非线性回归分析。根据所研究问题的性质，可以是线性回归，也可以是非线性回归。通常线性回归分析法是最基本的分析方法，遇到非线性回归问题可以借助数学手段化为线性回归问题处理。回归分析预测法是利用回归分析，根据一个或一组自变量的变动情况预测与其有相关关系的某随机变量的未来值。进行回归分析需要建立描述变量间相关关系的回归方程。

回归分析法的应用：社会经济现象之间的相关关系往往难以用确定性的函数关系来描述，它们大多是随机性的，要通过统计观察才能找出其中规律。回归分析是利用统计学原理描述随机变量间相关关系的一种重要方法。

在对于物流相关因素的计算中，回归分析法的公式如下：

$$y = a + bx$$
$$b = \sum xy - n \cdot \sum x \sum y / [\sum x^2 - n \cdot (\sum x)^2]$$
$$a = \sum y - b \cdot \sum x / n$$

（2）聚类分析法。

①聚类分析法的定义：聚类分析法是理想的多变量统计技术，主要有分层聚类法和迭代聚类法。聚类分析也称群分析或点群分析，是研究分类的一种多元统计方法。

②聚类分析法的基本思想：我们所研究的样品（网点）或指标（变量）之间存在程度不同的相似性（亲疏关系——以样品间距离衡量）。于是根据一批样品的多个观测指标，具体找出一些能够度量样品或指标之间相似程度的统计量，以这些统计量为划分类型的依据。把一些相似程度较大的样品（或指标）聚合为一类，把另一些彼此之间相似程度较大的样品（或指标）又聚合为另一类，直到把所有的样品（或指标）聚合完毕，这就是分类的基本思想。

③聚类分析法的分类：在聚类分析中，通常我们将根据分类对象的不同分为Q型聚类分析和R型聚类分析两大类。其中，R型聚类分析是对变量进行分类处理，Q型聚类分析是对样本进行分类处理。

④聚类分析法的应用：例如，我们可以根据各个银行网点的储蓄量、人力资源状况、营业面积、特色功能、网点级别、所处功能区域等因素情况将网点分为几个等级，再比较各银行之间不同等级网点数量的对比情况。

进行聚类时，可采用以下几种方法：

a. 直接聚类法：先把各个分类对象单独视为一类，然后根据距离最小的原则，依次选出一对分类对象，并成新类。如果其中一个分类对象已归于一类，则把另一个也归入该类；如果一对分类对象正好属于已归的两类，则把这两类并为一类。每一次归并时都划去该对象所在的列与列序相同的行，这样经过 $m-1$ 次就可以把全部分类对象归为一类，这样就可以根据归并的先后顺序作出聚类谱系图。

b. 最短距离聚类法：在原来的 $m \times m$ 距离矩阵的非对角元素中找出，把分类对象 G_p 和 G_q 归并为一新类 G_r，然后按计算公式对原来各类与新类之间的距离进行计算。如此，即可得到一个新的 $m-1$ 阶的距离矩阵。然后，再从新的距离矩阵中选出最小者 d_{ij}，把 G_i 和 G_j 归并成新类；再计算各类与新类的距离，直至各分类对象被归为一类为止。

c. 最远距离聚类法：最远距离聚类法与最短距离聚类法的区别在于计算原来的类与新类距离时采用的公式不同。最远距离聚类法用最远距离来衡量样本之间的距离。

（3）相关分析法。

相关分析法的定义：（以反映某一矿区钻孔自然弯曲趋势为例）相关分析法是指利用数理统计原理，求出反映钻孔自然弯曲趋势的回归方程。通常设孔深为自变量，顶角和方位角为因变量，建立的相关关系式就代表钻孔顶角和钻孔方位角随孔深而变化的规律。

社会经济现象之间存在着大量的相互联系、相互依赖以及相互制约的数量关系。这种关系可分为两种类型。一类是函数关系，它反映着现象之间严格的依存关系，也称为确定性的依存关系。在这种关系中，对于变量的每一个数值，都有一个或几个确定的值与之对应。另一类为相关关系，在这种关系中，变量之间存在着不确定、不严格的依存关系，对于变量的某个数值，可以存在另一变量的若干数值与之相对应，而这若干个数值围绕着它们的平均数呈现出有规律的波动。例如，批量生产的某产品的产量与相对应的单位产品成本，还有某些产品价格的升降与消费者需求的变化就存在这样的相关关系。

相关分析法的应用：

①用于确定现象之间有无相关关系以及相关关系的类型：对不熟悉的现象，则需收集变量之间大量的对应资料，用绘制相关图的方法做初步判断。从变量之间相互关系的方向看，有时，变量之间存在着同增同减的同方向变动，是正相关关系；有时，变量之间存在着一增一减的反方向变动，是负相关关系。从变量之间相关的表现形式看有直线关系和曲线相关，从相关关系涉及的变量的个数看，有一元相关或简单相关关系和多元相关或复相关关系。

②用于判定现象之间相关关系的密切程度：通常是计算相关系数R的绝对值，在0.8以上则表明高度相关，必要时应对R进行显著性检验。

③拟合回归方程：如果现象间相关关系密切，就根据其关系的类型，建立数学模型用相应的数学表达式——回归方程来反映这种数量关系，这就是回归分析。

④判断回归分析的可靠性：要用数理统计的方法对回归方程进行检验，只有通过检验的回归方程才能用于预测和控制。

根据回归方程进行内插外推预测和控制。

（4）描述性统计分析法。

①描述性统计分析法的定义：是指运用制表和分类、图形以及计算概括性数据来描述数据特征的各项活动。

描述性统计分析要对调查总体所有变量的有关数据进行统计性描述，主要包括数据的频数分析、集中趋势分析、离散程度分析、分布和一些基本的统计图形。

②数据的频数分析：在数据的预处理部分，利用频数分析和交叉频数分析可以检验异常值。

③数据的集中趋势分析：用来反映数据的一般水平，常用的指标有平均值、中位数和众数等。

④数据的离散程度分析：主要是用来反映数据之间的差异程度，常用的指标有方差和标准差。

⑤数据的分布：在统计分析中，通常要假设样本所属总体的分布属于正态分布，因此需要用偏度和峰度两个指标来检查样本数据是否符合正态分布。

⑥绘制统计图：用图形的形式来表达数据，比用文字表达更清晰、更简明。在IBM SPSS软件里，可以很容易地绘制各个变量的统计图形，包括条形图、饼图和折线图等。

（5）方差分析法。

①方差分析法的定义：方差分析又称"变异数分析"或"F检验"，是R. A. Fisher发明的方法，用于两个及两个以上样本均数差别的显著性检验。需要指出的是，由于各种因素的影响，研究所得的数据呈现波动状。其中，造成波动的原因可分成两类：一是不可控的随机因素，二是研究中施加的对结果形成影响的可控因素。

②方差分析法分类：在进行实验时，我们称可控制的实验条件为因素（Factor），因素变化的各个等级被称为水平。如果在实验中只有一个因素在变化，其他可控制的条件不变，则称其为单因素实验；如果在实验中变化的因素有两个或两个以上，则称为双因素或多因素实验。

③方差分析法的应用：例如，在给植物施用几种肥料后，调查分析作物产量在不同肥料处理之间有无真正的差异时一般常采用方差分析法。

（6）交叉分析法。

①交叉分析法的定义：交叉分析法又称立体分析法，是在纵向分析法和横向分析法的基础上，从交叉、立体的角度出发，由浅入深、由低级到高级的一种分析方法。这种方法虽然复杂，但它弥补了"各自为政"的分析方法所带来的偏差。

②交叉分析法的应用：例如，A公司的各项主要财务指标与B公司的各项主要财务指标横向对比较为逊色。但如果进行纵向对比分析，发现A公司的各项财务指标是逐年上升的，而B公司的各项财务指标是停滞不前或上升缓慢的，甚至有下降的趋势。因此，股票购买者应保持头脑清醒，适当考虑一下是否要"改换门庭"，购买A公司的股票。例如，A公司的净资产收益率为0.35%，营业利润率为0.74%，每股收益为0.009（元）。假设B公司的净资产收益率为10%，营业利润率为12%，每股收益为0.57（元）。这些指标均反映出B公司的业绩优于A公司。但是假设A公司与自己对比，上述各项指标都在逐年上升；而B公司和自己对比，上述各项指标都在逐年下降。因此，从长远的发展趋势考虑，大家可以购买A公司的股票。

（7）时间序列分析法。

①时间序列分析法的定义：就是将经济发展、购买力大小、销售变化等同一变数的一组观察值，按时间顺序加以排列，构成统计的时间序列，然后运用一定的数字方法使其向外延伸，预计市场未来的发展变化趋势，以此来确定市场预测值。

②时间序列分析法的特点：以时间的推移研究来预测市场需求趋势，不受其他外在因素的影响。不过，当遇到外界发生较大变化（如国家政策发生变化）时，根据过去已发生的数据进行预测，往往会出现较大的偏差。

③时间序列组成的要素：趋势、季节变动、循环波动和不规则波动。其中，趋势是时间序列在长时期内呈现出来的持续向上或持续向下的变动。季节变动是时间序列在一年内重复出现的周期性波动。它是受诸如气候条件、生产条件、节假日或人们的风俗习惯等各种因素影响而产生的结果。循环波动是时间序列呈现出得非固定长度的周期性变动。循环波动的周期可能会持续一段时间，但与趋势不同，它并非朝着单一方向的持续变动，而是涨落相同地交替波动。不规则波动是时间序列中除去趋势、季节变动和周期波动之后的随机波动。不规则波动通常夹杂在时间序列中，致使时间序列产生了波浪形或震荡式的变动。只含有随机波动的序列也称为平稳序列。

④时间序列组成的应用：

a. 系统描述：根据对系统进行观测得到的时间序列数据，用曲线拟合方法对系统进行客观的描述。

b. 系统分析：当观测值取自两个以上变量时，可用一个时间序列中的变化去说明另一个时间序列中的变化，从而可以让人深入了解给定时间序列产生的机理。

c. 预测未来：一般用 ARMA 模型拟合时间序列，预测该时间序列未来值。

d. 决策和控制：根据时间序列模型可调整输入变量使系统发展过程保持在目标值上，即预测到过程要偏离目标时便可进行必要的控制。

e. 时间序列分析法的具体算法：用随机过程理论和数理统计学方法，研究随机数据序列所遵从的统计规律，以用于解决实际问题。由于在多数问题中，随机数据是依时间先后排成序列的，故称为时间序列。它包括一般统计分析（如自相关分析、谱分析等），统计模型的建立与推断，以及关于随机序列的最优预测、控制和滤波等内容。经典的统计分析都假定数据序列具有独立性，而时间序列分析则着重研究数据序列的相互依赖关系。后者实际上是对离散指标的随机过程的统计分析，所以又可视为随机过程统计的一个组成部分。例如，用 $x(t)$ 表示某地区第 t 个月的降雨量，$\{x(t), t = 1,2,\cdots\}$ 是一个时间序列。对 $t = 1,2,\cdots,T$，记录到逐月的降雨量数据 $x(1)$，$x(2)$，$\cdots$，$x(T)$，称为长度为 T 的样本序列。依此即可使用时间序列分析方法，对未来各月的雨量 $x(T+l)(l = 1,2,\cdots)$ 进行预报。时间序列分析在第二次世界大战前就已被应用于经济预测。第二次世界大战中和战争结束后，其在军事科学、空间科学和工业自动化等部门的应用更加广泛。就数学方法而言，平稳随机序列的统计分析在理论上的发展比较成熟，从而构成了时间序列分析的基础。

（8）对比法。

①对比法的定义：对比法又称对比分析法或者比较分析法，是通过实际数与基数的对比来提示实际数与基数之间的差异，借以了解经济活动的成绩和问题的一种分析方法。在科学探究活动中，常常用到对比法，这种分析法与等效替代法相似。

②对比法的形式：绝对数比较和相对数比较。其中，绝对数比较是利用绝对数进行对比，从而寻找差异的一种方法。相对数比较是由两个有联系的指标对比计算的，用以反映客观现象之间数量联系程度的综合指标，其数值表现为相对数。由于研究目的和对比基础不同，相对数可以分为以下几种：

a. 结构相对数：将同一总体内的部分数值与全部数值对比求得比例，用以说明事物的性质、结构或质量。如，居民食品支出额占消费支出总额比例、产品合格率等。

b. 比例相对数：将同一总体内不同部分的数值对比，表明总体内各部分的比例关系，如人口性别比例、投资与消费比例等。

c. 比较相对数：将同一时期两个性质相同的指标数值进行对比，说明同类现象在不同空间条件下的数量对比关系。例如不同地区商品价格对比，不同行业、不同企业间某项指标对比等。

d. 强度相对数：将两个性质不同但有一定联系的总量指标进行对比，用以说明现象的强度、密度和普遍程度。如，人均国内生产总值用"元/人"表示，人口密度用"人/平方千米"表示，也有用百分数或千分数表示的，如人口出生率用‰表示。

e. 计划完成程度相对数：是某一时期实际完成数与计划数的对比，用以说明计划完成程度。

f. 动态相对数：将同一现象在不同时期的指标数值进行对比，用以说明发展方向和变化的速度。例如，发展速度和增长速度等。

（9）分组分析法。

①分组分析法的定义：根据事物内在的特点，将一定的社会经济现象，按照所定的标志，划分成性质不同的各个部分，借以区分社会经济现象的类型，揭示社会经济现象的结构，确定被研究对象之间的依存关系，从而发现未被利用的后备力量的一种分析方法。

②分组分析的目的：主要是查明平均汇总指标的内容，把先进和落后区别开来，以利于推广先进经验，克服现存缺点。依照经济分析具体任务的不同，应采用不同的分组形式。例如，对于研究工人的技术水平，可按工人技术等级分组和考核完成计划情况等来划分，可用完成计划的100%这一数量作为分组的界限。

2）统计学分析方法

（1）逻辑思维方法。

逻辑分析方法是指辩证唯物主义认识论的方法。统计分析必须以马克思主义哲学作为世界观和方法论的指导。唯物辩证法对于事物的认识要从简单到复杂，从特殊到一般，从偶然到必然，从现象到本质。坚持辩证的观点、发展的观点，从事物的发展变化中观察问题，从事物的相互依存、相互制约中来分析问题，对统计分析具有重要的指导意义。

（2）数量关系分析方法。

数量关系分析方法是运用统计学中论述的方法对社会经济现象的数量表现，包括社会经济现象的规模、水平、速度、结构比例、事物之间的联系进行分析的方法。如对比分析法、平均和变异分析法、综合评价分析法、结构分析法、平衡分析法、动态分析法、因素分析法和相关分析法等。

2. 数据分析模型

1）漏斗分析模型

漏斗分析模型（图1-14）广泛应用于流量监控和产品目标转化等日常数据运营工作中。对按照流程操作的用户进行各个转化层级上的监控，寻找每个层级的可优化点。对没有按照流程操作的用户，应绘制出他们的转化路径，从中找到可提升用户体验，缩短路径的空间。

运用漏斗模型的比较典型的案例就是电商网站的转化，用户在选购产品的时候必然会按照预先设计好的购买流程进行下单，最终完成支付。

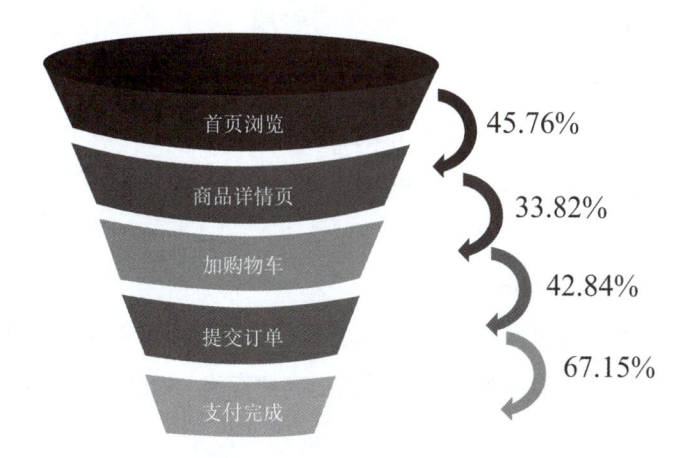

图 1-14　漏斗分析模型

需要注意的是，单一的漏斗模型对于分析来说没有任何意义，不能单从一个漏斗模型中评价网站某个关键流程中各步骤的转化率的好坏。因此，必须通过趋势、比较和细分的方法对流程中各步骤的转化率进行分析，具体如下：

①趋势（Trend）：从时间轴的变化情况进行分析，适用于对某一流程或其中某个步骤进行改进或优化的效果监控；

②比较（Compare）：通过比较类似产品或服务间购买或使用流程的转化率，发现某些产品或应用中存在的问题；

③细分（Segment）：细分来源或不同的客户类型在转化率上的表现，发现一些高质量的来源或客户，通常用于分析网站的广告或推广的效果及投入产出比。

2）AARRR 模型

AARRR 模型如图 1-15 所示。

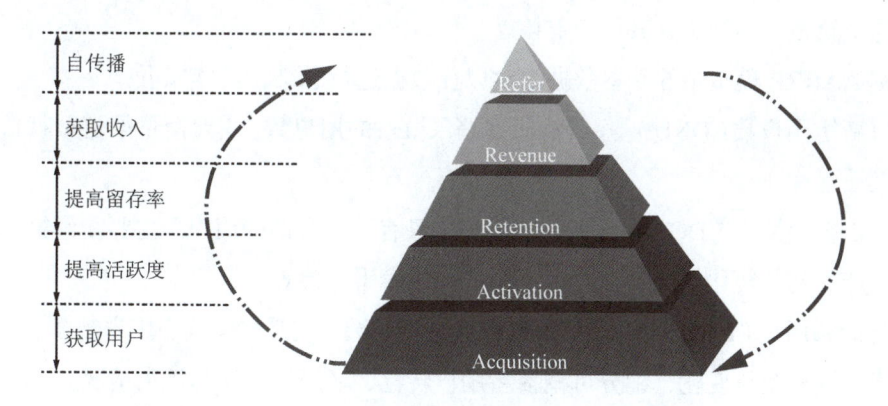

图 1-15　AARRR 模型

（1）获取用户（Acquisition）。

在线上通过网站、SEO、SEM、App、市场首发、ASO、运营活动的 H5 页面，以及自媒体等方式获取用户。

在线下通过地推和传单获取用户。

（2）提高活跃度（Activation）。

通过运营价格优惠和编辑内容等方式来提高活跃度。

在产品策略上，除了提供运营模块和内容深化外，还可以使用产品会员激励机制提高用户的活跃。

（3）提高留存率（Retention）。

在运营上，采用相互留言等社区用户共建UCG（生成内容），摆脱初期的PCG（平台与内容事业群）模式。电子商务通过产品质量提高留存率。O2O（线上到线下）通过优质服务提高留存率。

在产品模式上，通过会员机制的签到和奖励机制提高留存率，包括应用推送和短信激活方式。

（4）获取收入（Revenue）。

即使是免费应用，也应该有其盈利的模式。

收入来源主要有三种：付费应用、应用内付费以及广告。国内用户对于付费应用的接受程度很低，包括Google Play Store在内的很多应用在中国也只推广免费应用。在国内，广告是大部分开发者的收入来源，而应用内付费目前在游戏行业中的应用比较多。

（5）自传播（Refer）。

随着社交网络的兴起，运营递进了一个层次。基于社交网络的蔓延式传播，自传播已成为获取用户的一个新途径。这种途径不仅成本低，而且效果好。

从自传播到再次获取新用户，应用运营形成了一个螺旋式上升的轨道。一些优质的应用利用这个轨道，不断扩大其用户群体。

根据AARRR模型中的基本数据，对以往数据进行总结，具体如下：

①日新增用户数（DNU）：每日注册并登录游戏的用户数。主要衡量渠道贡献新用户的份额以及质量。

②一次会话用户（DOSU）：新登录用户中只有一次会话的用户。主要衡量渠道推广质量如何、产品初始转化情况，以及用于用户导入障碍点检查。

③日活跃用户（DAU）：每日登录过游戏的用户数。主要衡量核心用户规模、用户整体趋势随产品周期阶段变化，细分可概括新用户转化、老用户活跃与流失情况。

④周/月活跃用户（WAU、MAU）：截至统计日，周/月登录游戏用户数。主要衡量周期用户规模、产品黏性，以及产品生命周期性的数据趋势表现。

⑤用户活跃度（DAU/MAU）：主要衡量用户黏度。通过公式计算用户游戏参与度、人气发展趋势，以及统计用户活跃天数。

⑥留存：次日、3日、7日、双周及月留存。主要衡量在不同时期，用户对游戏的适应性，评估渠道用户质量，以及衡量用户对游戏的黏性。

⑦付费率（PUR）：统计时间内，付费用户占活跃用户比例。主要衡量产品付费引导是否合理，付费点是否吸引人；付费活动是否引导用户付费倾向，付费转化是否达到预期。

⑧活跃付费用户数（APA）：统计时间内，成功付费用户数。主要衡量产品付费用户规模、付费用户构成、付费体系稳定性如何。

⑨每活跃用户平均收益（ARPU）：在统计时间内，活跃用户对游戏产生的人均收入。主要衡量不同渠道的用户质量、游戏收益，以及活跃用户与人均贡献关系。

⑩每付费用户平均收益（ARPPU）：在统计时间内，付费用户对游戏产生的平均收入。主要衡量游戏付费用户的付费水平、整体付费趋势，以及不同付费用户有何特征。

⑪平均生命周期（TV）：在统计周期内，用户平均游戏会话时长。主要衡量产品黏性、用户活跃度情况。

⑫生命周期价值（LTV）：用户在生命周期内为游戏贡献的价值。主要衡量用户群与渠道的利润贡献、用户在游戏中的价值表现。

⑬用户获取成本（CAC）：主要用来衡量获取有效用户的成本，便于渠道选择和市场投放。

⑭投入产出比（ROI）：投入与产出关系对比。主要衡量产品推广盈利/亏损状态，筛选推广渠道，分析每个渠道的流量变现能力，进行实时分析；衡量渠道付费流量获取的边际效应，拿捏投入力度，结合其他数据（新增、流失、留存和付费等）调整游戏，进行流量转化与梳理。

五、数据可视化及数据报告的撰写

分析结果是统计量的描述和统计量的展示。

数据分析报告不仅是分析结果的直接呈现，还是对相关情况的一个全面的认识。

六、总结

数据分析的一般流程包括问题定义、数据获取、数据预处理、数据分析与建模，以及数据可视化与数据报告的撰写。

【任务实施】使用维度法构建数据分析思路。

1. 明确数据分析的目的

由于产品数据往往是在产品上线后收集到的，所以，为了之后能够得到一系列全面合理的数据，需提前做好数据的规划，明确每一个数据所能产生的价值。

2. 分析目的不同，所需的 KPI 数据不同

对于产品经理来说，一般有三个场景中的数据应用。

（1）日观测的产品运行数据。

（2）为了验证某个想法而做的产品实验数据，如 A/B 测试。

（3）发布某个功能后的反馈数据。

3. 产品类型不同，所需关注的 KPI 数据不同

（1）基础数据：下载量、激活量、新增用户量、活跃用户等。

（2）社交产品：用户分布、用户留存（次日、3日、7日、次月、3月）等。

（3）电商：淘宝指数、转化率、网站流量、跳出率、页面访问深度等。

（4）内容类：内容转化率（内容下载量/内容浏览量）、留存量、跳出率。

（5）工具类：功能点击量、应用商城排名。

（6）其他：竞品数据（下载、激活等）。

4. 产品阶段不同，需关注的 KPI 数据不同

（1）网站上线初期，比较关注流量、PV 和跳出率。

（2）网站运营中期，比较关注新注册量、转化率和跳出率。

（3）网站某次市场活动，比较关注新访客比例、跳出率、新访客的注册转化率和目标达到率等。

5. 基于对行业、业务、产品的熟悉，进行 KPI 数据的提取

（1）了解整个产业链的结构：对行业的上游和下游的经营情况有大致的了解。

（2）了解企业业务的发展规划：根据业务当前的需要，制订发展计划，归类出需要整理的数据。

（3）熟悉产品框架，全面定义每个数据指标的运营现状。

（4）对比同行业数据指标，挖掘隐藏的提升空间。

通过对行业、业务、产品的熟悉可以建立一个数据模型，在特定需求下进行 KPI 数据提取。另外，也可以对核心用户单独进行产品用研与需求挖掘，从而实现精细化运营。

6. 建立数据分析框架的用处

以完整的逻辑形式结构化问题，即把问题分解成相关联的部分并显示它们之间的关系。理顺思路，系统描述情形或业务。洞察造成问题的原因。

7. 建立数据分析框架的思路

比较常见的数据分析框架模型大多源于管理、营销理论，而且这些理论模型的适用面非常广，也可以用来进行用户需求分析和产品功能分析等。

管理方面的理论模型如图 1-16 所示。

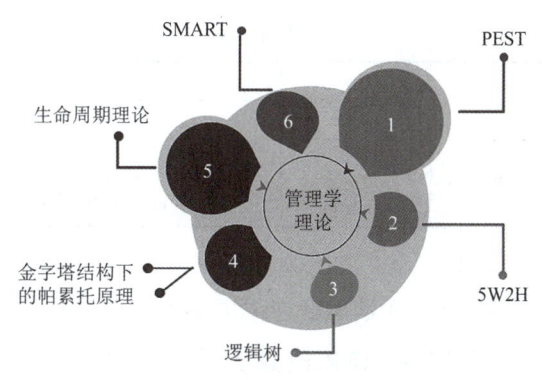

图 1-16　管理方面的理论模型

（1）PEST：政治、经济、社会、技术。一般用于宏观环境分析。

（2）5W2H：What、Why、Who、When、Where、How、How Much。

（3）逻辑树：又称问题树、演绎树、分解树。将一个已知的问题当成树干，然后考虑这个问题与哪些问题相关。每想到一点就给这个问题所在的树干增加一个树枝，并标明树枝代表什么问题。

（4）金字塔结构下的帕累托原理：金字塔结构在社会中的另一个应用是帕累托原理，或叫作二八定律，都表示越往下走，人越多。

（5）生命周期理论：各种客观事物的阶段性变化及其规律，包括创新期、成长期、成熟期、标准化期和衰亡期五个阶段。

（6）SMART：Specific、Measurable、Attainable、Relevant/Realistic、Time-based，即明确性、可衡量性、可达成性、相关性/现实性、时限性。

营销方面的理论模型包括：

①4P：Product，Price，Place，Promotion，即产品、价格、渠道和促销。

②用户行为理论：认识—熟悉—试用—使用—忠诚。

③SWOT：Strengths、Weaknesses、Opportunities、Threats，即优势、劣势、机会、威胁。

④STP 理论：Segmenting、Targeting、Positioning，即市场细分、目标市场和市场定位。

通过对前期资料的收集和对业务现况的全面掌握，明确清楚数据分析的目的，提炼出核心数据，梳理分析思路，搭建分析框架，再把分析目的分解成若干个不同的分析要点，合理设置运营方法来观察效果。同时，考虑多维度的数据搭建，以便之后进行立体式数据分析。

【任务考核/评价】

分组讨论，依据案例场景，分组使用维度法构建数据分析思路，理解并能运用构建数据分析思路的方法、流程，正确制定分析思路。商务数据分析就是结合业务，通过技术手段，帮助企业解决现实经营问题，降低企业经营成本，提高企业经营收入的一系列过程。只有通过分析师和决策者的共同努力，才可以让数据产生价值。

分组讨论完成任务，理解商务数据分析的方法和分析思路，能依据案例场景，群策群力，正确制定分析思路。

任务考核/评价

任务名称	考核点	建议考核方式	评价标准 优	评价标准 良	评价标准 及格
任务五 构建商务数据分析思路	正确制定分析思路	分组与讨论、小组分享、小组考核	分组与讨论分享态度认真，小组每个成员都有参与	有参与分组讨论与分享	极少参与分组与讨论分享

【拓展训练】

基于 AARRR 模型分析×××团购电商/直播电商/社交电商。

（1）分析要求和实施：利用 AARRR 模型分析团购电商/直播电商/社交电商如何获取用户、留存用户、提高用户活跃度，如何获取收入，以及让用户愿意推荐新用户。灵活应用所学的分析思路、方法和工具完成基于 AARRR 模型分析×××团购电商/直播电商/社交电商的分析报告。

（2）参考报告：用 AARRR 模型分析拼多多用户增长方式（https://www.sohu.com/na/465722686_114819）。

【测一测】

习题答案

一、不定项选择题

1. 从分析方法复杂程度方面划分，数据分析方法可以分为（　　）。

   A. 常规分析方法

   B. 统计学分析方法

   C. 聚类分析方法

   D. 自建模型

2. AARRR 模型的重要环节有（　　）和推荐。

   A. 留存　　　　　　　　B. 收入

   C. 获取　　　　　　　　D. 激活

3. 大数据的主要特征有（　　）。

   A. 容量大　　　　　　　B. 类型多

   C. 存取速度快　　　　　D. 应用价值高

4. NIST 定义的云服务方式有（　　）。

   A. 平台即服务

   B. 基础设施即服务

   C. 软件即服务

   D. 云计算即服务

5. 下列属于数据分析工具的有（　　）。
   A. R 语言　　　　　　　　　B. IBM SPSS
   C. 百度统计　　　　　　　　D. 水晶易表

6. 预测分析是一种统计或数据挖掘解决方案，包含可在结构化和非结构化数据中使用以确定未来结果的算法和技术，可为（　　）等许多其他用途而部署。
   A. 预测　　　　　　　　　　B. 优化
   C. 预报　　　　　　　　　　D. 模拟

二、判断题

1. 只有收集大量的数据才能做数据分析。（　　）

2. EDA 可以最真实、直接地观察数据的结构及特征。（　　）

3. 聚类分析也称群分析或点群分析，是研究分类的一种一元统计方法。（　　）

4. 验证性数据分析 CDA 的优势在于其允许研究者明确描述一个理论模型中的细节。（　　）

三、简述题

1. 什么是商务数据？它有什么价值？

2. 商务数据分析的价值和意义是什么？

3. 有哪些常见的商务数据分析方法？

4. 简述商务数据分析的一般流程。

5. 什么是线性回归分析，它主要应用在哪些方面？

项目二

商务数据采集

【项目介绍】

随着网络数据的丰富程度高速增加，个人与企业对数据的需求也日益增加，如何利用数据进行决策支持便成为人们的普遍需求。利用数据进行预测与优化分析，可以有效地增加效益与防范风险，数据采集能力也成为很多岗位的必备技能，如何通过科学有效的工具在法律允许的范围下采集商务数据正是本项目介绍的主要学习内容。商务数据分析的准确性依赖于采集数据的真实性和客观性，对于店铺经营与产品销售来说，具有非常重要的意义。

【知识目标】

1. 掌握商务数据的主要来源及用途；
2. 掌握商务数据采集和处理的基本方法；
3. 了解常用的数据采集工具；
4. 掌握数据采集的流程和步骤。

【技能目标】

1. 能够合理选择数据采集工具及确定数据渠道；
2. 能够撰写数据采集与处理方案；
3. 能够熟练操作生意参谋数据平台、八爪鱼采集器、百度指数平台完成数据采集任务。

【素质目标（思政目标）】

1. 能够在商务数据采集过程中坚持科学的价值观和道德观；合理合法地开展数据收集行为；

2. 遵守职业道德，尊重公民隐私，具备数据保密意识；
3. 具备良好的团队协作能力，集体凝聚力强。

【项目思维导图】

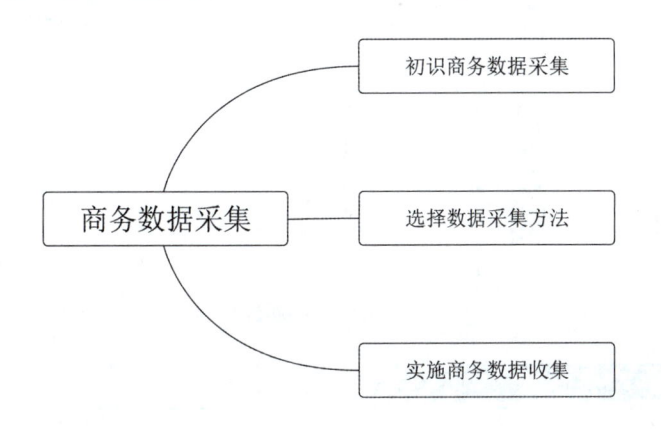

```
                    ┌─ 初识商务数据采集
                    │
    商务数据采集 ────┼─ 选择数据采集方法
                    │
                    └─ 实施商务数据收集
```

【案例导入】

小张经营着一家淘宝店铺，主要售卖自己家乡的特产，包括木耳、黄花菜、香菇等特色农产品。2019年9月，小张家种的花椒"大红袍"产量大增，他准备将其作为新品在网店上架，并将其打造成当季引流产品。

为此，小张首先通过百度指数进行了查询，发现最近一个月以来，花椒的搜索指数一直维持在中等偏上的水平，并有逐渐上升的态势，可以安排即时上架。

另外，小张还注意到，花椒的受众以20~29岁人群为主，如图2-1所示，可以针对这部分人群进行重点推广。

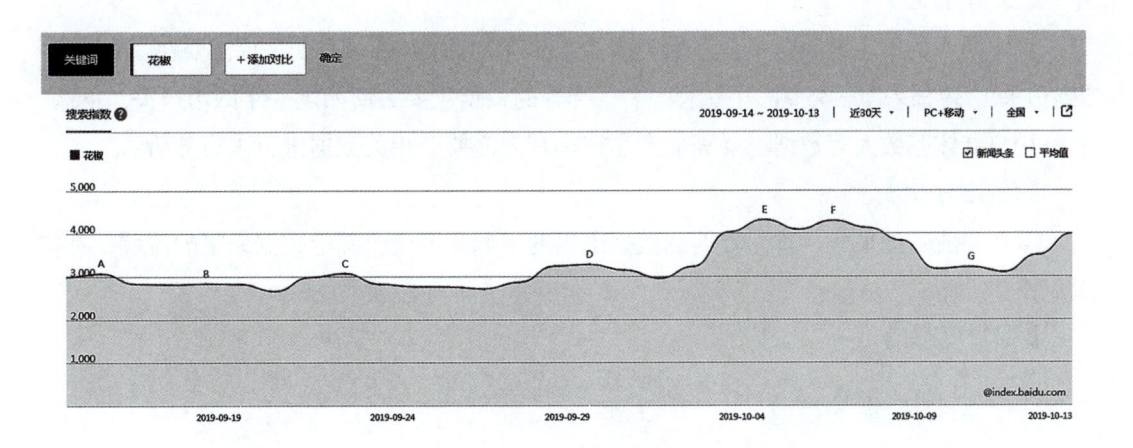

图2-1 花椒搜索指数

通过采集以上数据，小张对计划上新的花椒有了初步的判断，如图2-2所示。

年龄分布

■ 花椒　■ 全网分布　○ TGI（目标群体指数）

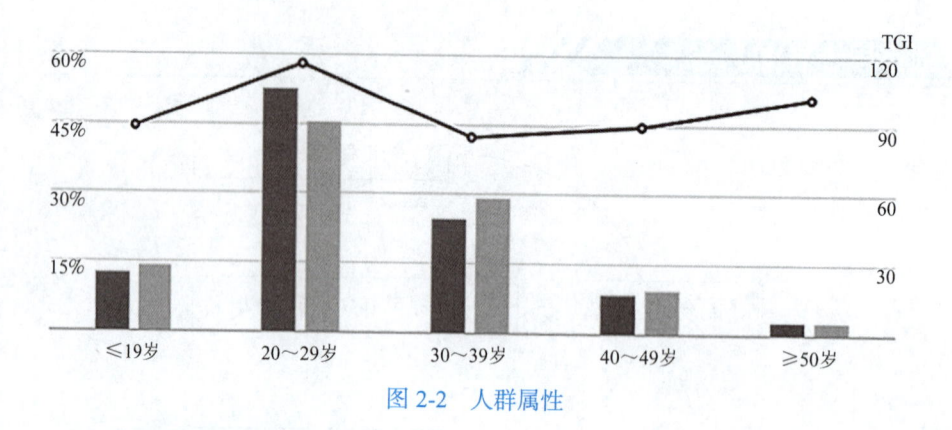

图 2-2　人群属性

【案例思考】

查看案例后，思考并回答以下问题：

除上述提到的"百度指数"外，数据采集与分析的渠道与工具还有哪些？

本项目主要介绍商务数据的主要来源、数据采集和处理的基本方法和工具。通过合理选择数据采集工具来获取对企业电商经营最有用的信息。网络信息纷杂繁复，获取数据的过程和手段应合理合法，注重保护网络信息安全。在商务数据采集过程中坚持科学的价值观和道德观，遵守职业道德，尊重消费者隐私。

任务一　初识商务数据采集

【任务描述】

淘宝网上的某店铺经营零食坚果类商品，近期决定增加产品种类，现需要在"小银杏""鲍鱼果""碧根果"三类商品中选择一种，选择的依据主要为商品近一年的用户关注度高、目标用户群体基数大等数据。要完成产品选择首先需要对相关数据进行采集分析。

【任务分析】

若要完成数据采集，首先要明确数据采集的来源和渠道，确定数据采集的流程，并撰写好采集方案。

【相关知识】

一、数据采集的概念

数据采集也叫数据获取，是指通过在平台源程序中预设工具或程序代码，获取商品状态变化、资金状态变化、流量状态变化、用户行为和信息等数据内容的过程，为后续进行数据分析提供数据准备。

二、数据采集的原则

数据采集的原则如图 2-3 所示。

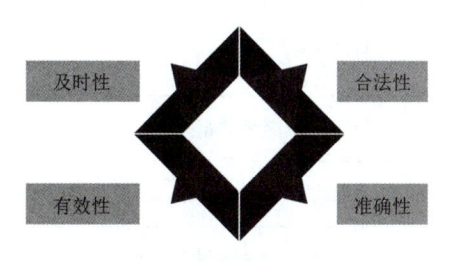

图 2-3　数据采集的原则

1. 及时性

进行数据采集需要尽可能地获取到电子商务平台最新数据，只有最新的数据与往期数据进行比对才能更好地发现当前的问题和预测变化趋势。

2. 有效性

在进行数据采集过程中，需要注意数值期限的有效性。

3. 准确性

在数据分析过程中每个指标的数据可能需要参与各种计算，有些数据的数值本身比较大，参与计算之后就可能出现较大的偏差，在进行数据采集时需要确保所摘录的数据准确无误，避免数据分析时出现较大偏差。

4. 合法性

数据采集还需要注意数据采集的合法性，比如在进行竞争对手数据采集的过程中只能采集相关机构已经公布的公开数据，或是在对方同意的情况下获取的数据，而不能采用商业间谍、非法窃取等非法手段获取。

三、商务数据的主要来源

说到数据采集，我们第一个想到的问题自然是，从哪里采集？也就是我们的采集源是什么？

在当今的大数据时代，数据的采集源往往是高度多样化的，而不同的数据源也往往需要不同的采集手段来进行针对性的采集。

进行电子商务数据分析与采集时常见的渠道（表 2-1）有电子商务网站、店铺后台或平台提供的数据工具、政府部门、机构协会、媒体、权威网站数据机构、电子商务平台、指数工具等。

针对以上数据源，数据分析人员如何从中选择适合自身数据分析需求的数据源？

表 2-1 数据采集渠道

数据采集渠道	数据类型	典型代表
电子商务网站、店铺后台或平台提供的数据工具	产品数据、市场数据、运营数据、人群数据等	淘宝、京东店铺后台及所提供的数据工具如生意参谋、京东商智等
政府部门、机构协会、媒体	行业数据	国家及各级统计局、各类协会、电视台、报纸、杂志等
权威网站数据机构	行业数据、产品数据	艾瑞咨询、199IT 等
电子商务平台	行业数据	淘宝、京东等
指数工具	行业数据、人群数据	百度指数、360 趋势等

1. 数据采集的渠道

数据采集渠道是数据有效、准确、可靠的保证，常见的数据采集渠道可分为内部数据渠道和外部数据渠道两类。

（1）内部数据。

在电子商务项目运营过程中电子商务站点、店铺自身所产生的数据信息，如站点的访客数、浏览量、收藏量，商品的订单数量、订单信息、加购数量等数据，可通过电子商务站点、店铺后台或如生意参谋、京东商智等数据工具获取。另外，对于独立站点流量数据，还可使用百度统计、友盟等工具进行统计采集。

（2）外部数据。

①来自政府部门、行业协会、媒体。

政府部门、行业协会、新闻媒体、出版社等发布的统计数据、行业调查报告、新闻报道、出版物，如图 2-4 所示。

图 2-4 政府部门网站

②来自权威网站、数据机构。

行业权威网站或数据机构发布的报告、白皮书等，常见的有易观数据、艾瑞咨询等，如图 2-5 所示。

图 2-5　艾瑞咨询网站报告

③来自电子商务平台。

电子商务平台是一种为企业或个人提供线上交易洽谈的平台。企业、商家可充分利用电子商务平台提供的网络基础设施、支付平台、安全平台、管理平台等共享资源有效地、低成本地开展自己的商业活动。

电子商务平台上聚集着众多行业卖家和买家，也是电子商务数据产生的重要源泉。企业需要电子商务平台数据来提升客户服务，帮助定价，改善产品，以及做竞品分析等。电子商务平台按照交易对象，又可以分为 B2B 平台、B2C 平台和 C2C 平台，如图 2-6 所示。

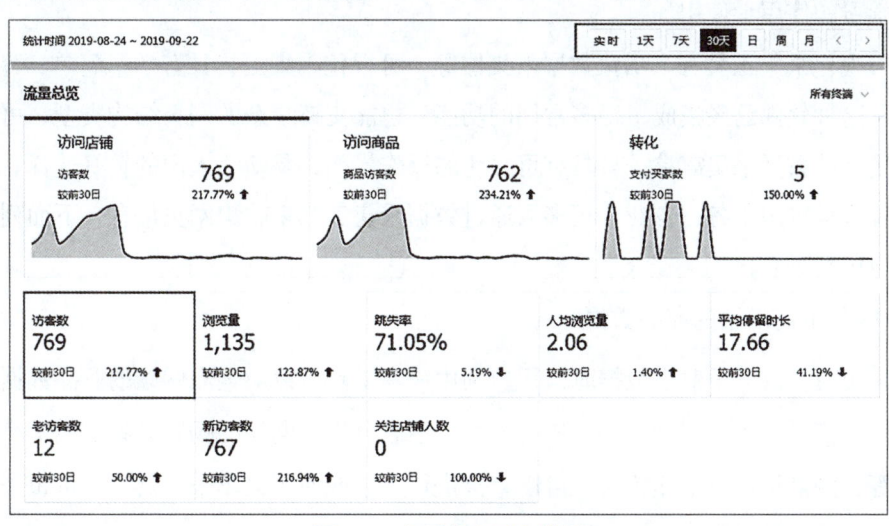

图 2-6　电子商务平台数据

④来自指数工具。

百度指数、360 趋势、搜狗指数、阿里指数等工具依托于平台海量用户搜索数据，将相应搜索数据趋势、需求图谱、用户画像等数据通过指数工具向用户公开，该类型的数据可为市场行业、用户需求和用户画像数据分析提供重要参考依据。

⑤来自社交网站。

社交网站分为社交内容电商和社交分享电商两类。

社交内容电商网站指内容驱动成交，受众通过共同的兴趣爱好集中在一起形成社群，通过自己或者他人发表高质量的内容吸引海量用户访问，积累粉丝，然后引导用户进行裂变与成交，解决消费者购物前选择成本高、决策困难等相关痛点。社交内容电商网站分为平台和个人两类，典型代表有蘑菇街、抖音等。

社交分享电商主要基于微信等社交媒介通过用户分享进行商品传播，抓住用户从众、炫耀、兴奋等心理特质，通过激励政策鼓励个人在好友圈进行商品推广，吸引更多的朋友加入进来。

社交分享典型平台包括微博、微信等。微信数据主要为公众号内容数据，可应用于舆情分析、新闻监控及趋势分析等，具有较为广泛的应用场景。

2. 数据采集的类型

商务数据采集工具主要分为编程类采集工具及可视化采集工具两类。

①编程类采集工具需要利用各类编程语言对网页内容实现抓取，当前主流的编程类采集工具主要有 Python、Java 和 PHP 等；编程类采集工具具有通用性和可协作性，爬虫语言可以直接作为软件开发代码当中的一部分协作使用。但是编程类采集工具的编码工作比较复杂，针对不同类型的数据采集工作，需要定制化开发不同的程序代码，适于有较长时间系统性学习的使用者使用。

②可视化采集工具有八爪鱼数据采集器等。可视化采集工具具有学习简单、容易上手的特点，这种软件已经集成了很多常用的功能，也能支持复杂的网页结构类型，可以满足大部分用户的数据采集需求，且具有可视化的操作界面，是新手入门的较好选择。目前，大数据技术被应用于各行各业，很多人通过数据采集工具来收集网页信息，下面列举一些典型的应用场景。

1）收集电商网站的商品数据

在采集行业及竞争对手数据时，用户利用采集工具可以对电商网站的商品数据（如品牌、价格、销量、规格、型号等）进行收集，然后分析该网站的畅销品牌、畅销品类、价格走势等，涵盖的信息量非常大。可以直接进行摘录或使用火车采集器、八爪鱼采集器等爬虫采集工具进行采集。

2）爬取微博、BBS 允许的数据

在网站日志中记录了访客 IP 地址、访问时间、访问次数、停留时间、访客来源等数据。用户利用采集工具可以针对某个主题从微博、论坛上爬取相关信息，挖掘出关于该主题的一些有趣的信息。通过对这些日志信息进行采集、分析，可以挖掘电子商务企业业务平台日志数据中的潜在价值。

3）爬取新闻

用户利用采集工具可以爬取各大门户网站的新闻、各类电子报刊的新闻，例如，爬取百度新闻上关于某个关键字的信息，并于每周梳理出几个关键词，以抓住行业动向。

4）爬取学术信息

用户利用采集工具可以爬取一些学术网站上的信息以学习研究，例如，在中国知网查关键词"大数据"，就会出现很多与大数据相关的文献，点击进去就能看到每个文献的基本信息、文章摘要等。但若逐个点击查看会很耗费时间，这时可以写一个爬虫脚本，将这些数据按照规范的格式全部爬取下来，以后无论是阅读还是做进一步分析，都会方便很多。

5）报表采集

对于一些独立站点，可能没有如每天咨询客户数、订单数等数据指标统计功能，在进行数据采集时可以通过每日、每周的工作报表进行相应数据采集，见表 2-2。

表 2-2 报表采集

时间		汇总 + 询单						
		咨询人数	接待人数	询单人数	询单流失人数	销售额/元	销售量（付款商品数）	销售人数
1 月 16 日	星期一	11	11	9	7	1109	2	2
1 月 17 日	星期二	5	5	5	3	464	1	1
1 月 18 日	星期三	25	25	14	6	5175	15	7
1 月 19 日	星期四	35	35	29	25	5358	26	4
1 月 20 日	星期五	10	10	6	6	0	0	0
1 月 21 日	星期六	10	10	6	6	0	0	0
1 月 22 日	星期日	—	—	—	—	—	—	—
总和		96	96	69	53	12106	44	14

在进行用户需求、习惯、喜好、产品使用反馈等数据采集时常常会用到调查问卷，数据采集人员通过设计具有针对性的问卷，采用实际走访、电话沟通、网络填表等方式进行信息采集。

四、数据采集与处理方案撰写

【案例】

小吴是一名电子商务专业毕业的大学生,目前在一家经营童装的天猫店铺做运营工作。随着行业竞争压力不断加大,小吴希望通过网店数据分析,来进行更加精准的营销。

要完成网店数据分析的工作,小吴首先要明确网店流量来源的渠道有哪些?网店流量数据分析的步骤是什么?网店经营数据的分类有哪些?如何分析网店的经营数据?

面对以上问题,小吴认为,盲目开展工作不仅杂乱无章,而且工作效率低下,必须要有一个完整的方案来指导后期工作的推进和实施。于是,小吴在部门领导和同事的指导下,首先进行数据采集与处理方案的撰写,具体包括:数据分析的目标制定、数据分析指标制定、数据采集渠道及工具选择。接下来,在此基础上,对整体方案进行细化和完善,以便于后期工作的展开。

查看案例,思考并回答以下问题:

(1)撰写数据采集与处理方案对网店的营销开展有何积极意义?

(2)数据采集与处理方案中应该具体包含哪些内容?

(一)数据采集与处理方案的构成

数据采集与处理方案共分为背景介绍、数据分析目标、数据分析指标、渠道及工具几部分,如图2-7所示。

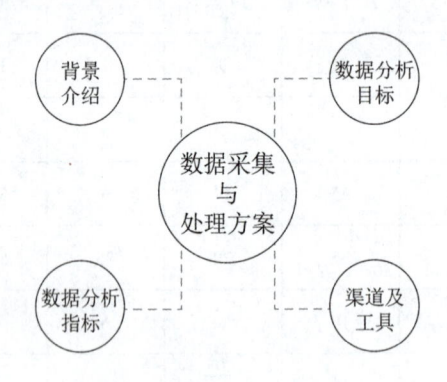

图2-7 数据采集处理方案

1. 背景介绍

背景介绍主要是让项目参与人员了解该数据项目的来龙去脉,明确分析的环境和所处情况。通常是描述运营过程中出现的具体问题。

2. 数据分析目标

数据分析目标,是指数据分析人员完成数据分析后对项目运营各部门基于何种目的提出建议和调整策略。

3. 数据分析指标

数据分析指标是为了明确进行此次数据分析所需要的指标类型及具体指标。

4. 数据来源渠道及数据采集工具

数据分析人员分析出合理的结果离不开数据来源渠道及数据采集工具为其提供的数据，因此在数据采集与处理方案中注明数据来源及采集工具不仅可以为后续的工作提供工作方向，也可以为后期效果评估及复盘提供理论依据。

【任务实施】

商务数据的采集与方案撰写。

某淘宝网店长期经营零食坚果类商品，市场采购部门决定在近期计划增加产品种类，现需要在"小银杏""鲍鱼果""碧根果"三类商品中选择一种，选择的依据主要为商品近一年的用户关注度高、目标用户群体基数大等。要求数据分析人员针对该需求撰写数据采集与处理方案，并对相关数据进行采集。

步骤一：熟悉商务数据采集流程

网络数据在采集频率较低且数据量较少时，最初通常使用复制粘贴的方式进行人工采集，随着数据量的加大以及采集频率要求的提高，复制粘贴已不能满足需求，于是可以抓取网络数据的爬虫工具应运而生。爬虫工具是一种按照一定的规则自动抓取万维网信息的程序或脚本，爬虫需要一定的计算机知识，因此最初流行于专业人士之间。

随着网络数据的丰富程度高速增长，个人与企业对数据的需求也日益增加，于是如何利用数据进行决策支持也成为普遍性的需求。利用数据进行预测与优化分析，可以有效地增加效益与防范风险，数据采集能力也成为很多岗位的必备技能，此时网络爬虫是需要用户进行大量学习才能掌握的高成本学习技能。

数据采集器就是进行数据采集的机器或者工具，用于实现从大批量网页上自动采集数据，抓取网站信息，包括图片、文字等信息的采集、处理及发布。随着数据采集频率要求的提高，数据采集数量日益增大，单一计算机的采集已不能很好地满足用户的需求。云计算技术的出现正好解决了这个问题。云计算将计算和数据分布在大量的分布式计算机上，云中的计算机提供强大的计算能力，能够完成传统单台计算机根本无法完成的计算任务。同时，云中的计算机具有庞大的数据存储空间，可以使采集器实现多种采集需求。

1. 确定采集范围及人员分工

进行数据采集前，首先需要根据数据采集目标进行分析，明确数据采集的指标范围和时间范围。其次，明确这些数据需要从哪些途径及部门采集。最后，确定参与部门和人员配备。

2. 建立必要的数据指标规范

数据指标需对数据进行唯一性标识，并且贯穿之后的数据查询、分析和应用，建立数据指标规范是为了使后续工作有一个可以遵循的原则，也为庞杂的数据分析工作确定了可以识别的唯一标识。

3. 数据检查

1）完整性

完成数据采集后对数据进行复查或计算合计数据，将其和历史数据进行比较。另外，还要检查字段的完整性，保证核心指标数据完整。

2）准确性

在数据采集录入的过程中可能会有个别数据出现录入错误，此时可以通过平均、求和等操作与原始数据进行比对，如发现比对结果不匹配，则需要检查出相应的错误数据。

3）规范性检查

检查采集的数据中是否存在有多个商品标识编码相同或同一数据出现多个数据指标等情况。

数据采集流程如图 2-8 所示。

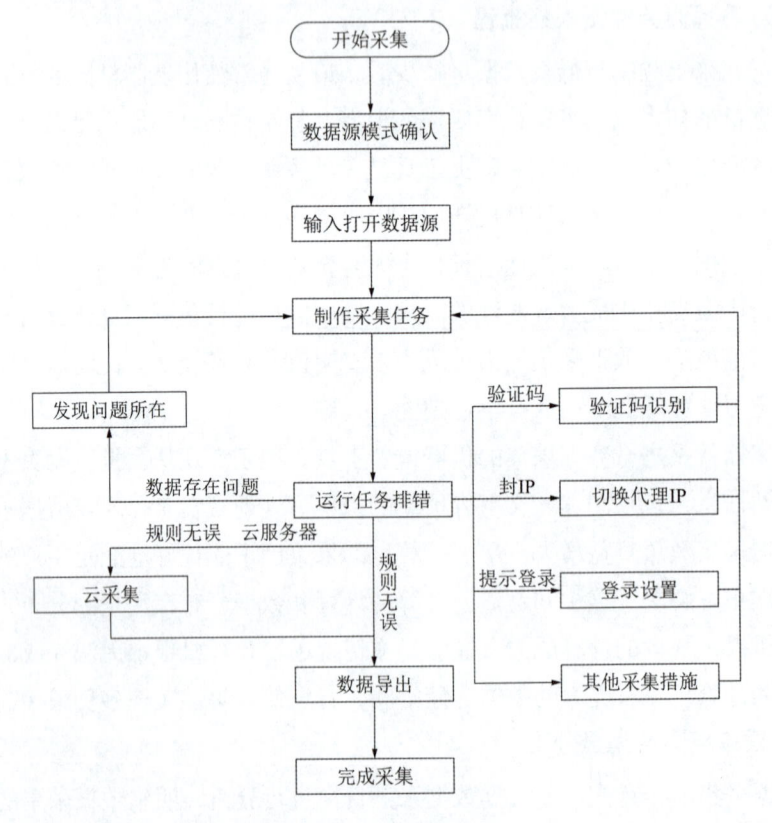

图 2-8　数据采集流程

4. 制作数字采集任务主要需要实现的目标

（1）针对各类数据源的不一致配置不同的采集任务，实现所需数据的抓取。

（2）针对数据源内各类情况，包括数据位置不一致、数据格式不一致、数据源使用特殊加载类型或数据源的防采集措施等情况分别做出应对。

（3）将数据源内各类数据形成结构化数据存储于指定位置，可以用于数据处理和分析。

步骤二：数据采集方案撰写

分析三款商品的用户基数及关注度两类数据指标，可以确定需要上架的商品品类。市场规模数据采集方案撰写流程如图2-9所示。

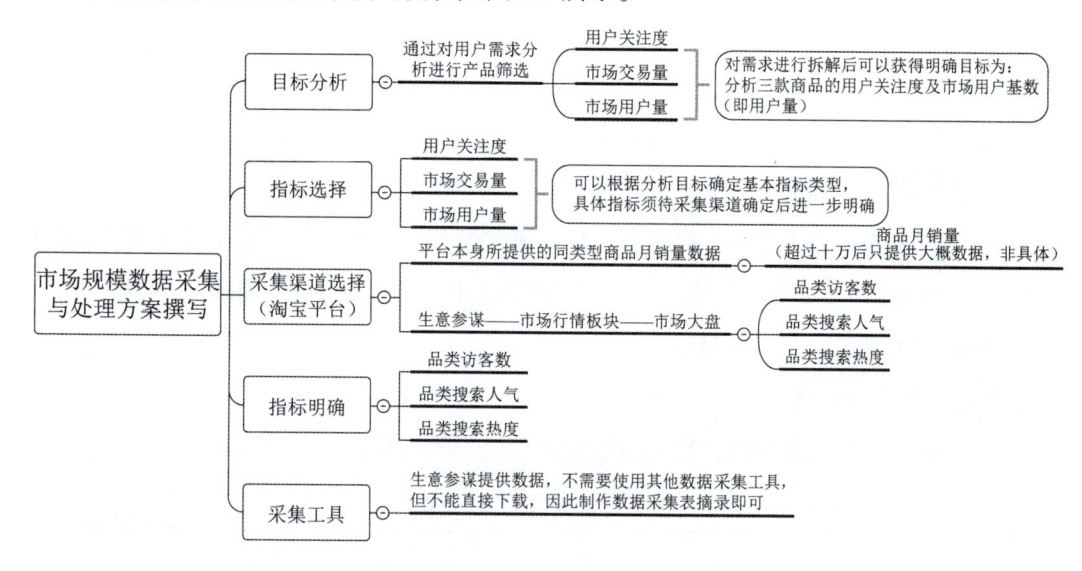

图2-9 市场规模数据采集方案撰写流程

1. 数据指标确定

先按照大的方向确定数据采集的基本大类为客户关注度及用户基数，具体的数据指标需等确定了数据采集渠道之后再进行确定。由于处在淘宝平台，数据的数据采集渠道还是需要围绕淘宝平台来确定，其余的则需要通过生意参谋采集。

2. 数据采集渠道确定及数据指标明确

淘宝平台能够提供给我们的与背景需求相关的数据主要有商品 30 天销售量这项数据指标，虽然有一定的分析价值，但采集存在一定的难度。与背景需求相关的数据可以在生意参谋市场行情板块中获取。生意参谋的数据直接在网页中呈现，采集时只需制作相应的数据表格并摘录即可，相对第一种渠道，操作起来非常简单。

3. 数据采集工具选择

由于此任务是从生意参谋中直接摘录数据，因此，这里不需要使用采集工具。

4. 分析总结

综上所述，此处可以将数据指标确定为三类商品的搜索人气、搜索热度和访客数。而采集渠道从数据的相关度和操作可行性两个角度考虑，最终选择通过生意参谋平台进行采集。

市场规模数据采集与处理方案见表2-3。

表 2-3 市场规模数据采集与处理方案

背景介绍	淘宝某网店长期经营零食坚果类商品，市场采购部门在近期计划增加产品种类，现需要在"小银杏""鲍鱼果""碧根果"三类商品中选择一种，选择的依据主要为商品近一年的用户关注度高，目标用户群体基数大等。要求数据分析人员针对该需求撰写数据采集与处理方案，并对相关数据进行采集
分析目标	分析"小银杏""鲍鱼果""碧根果"三类商品的用户基数及用户关注度
数据分析指标	三类商品的搜索人气、搜索热度和访客数
数据来源渠道及采集工具	生意参谋平台——市场——市场大盘

【想一想】

某电子商务企业为了能够让更多的客户了解并浏览自己的网店，通过购买客户资料的手段获取客户联系信息，并通过短信、邮件等方式对客户进行营销，请问这种数据采集方式会不会受到法律保护？请说明原因。

【任务考核/评价】

理解并熟悉数据采集方法，能完成数据采集报告的撰写。

任务考核/评价

任务名称	考核点	建议考核方式	评价标准		
			优	良	及格
任务一 初识商务数据采集	撰写商务数据采集方案	分组与讨论、实操考核	态度认真、团队协作能力优秀，方案撰写翔实、合理，能满足数据采集目标	态度认真，采集方案完整，撰写规范	能完成采集方案撰写，实现采集目标

任务二 选择数据采集方法

【任务描述】

淘宝网某零食网店主要经营面包、蛋糕、点心等小零食，近期店铺准备上新一批新品，在进行产品上新的时候需要分析最新的市场情况，采集相关数据。每年第三季度是零食行业的销售旺季，尤其是8月和9月，运营人员计划统计2021年9月（即9月1—30日）的零食行业市场销售情况，选择关键的行业数据指标，完成网店行业数据采集任务。

【任务分析】

了解整个行业的销售情况和整个市场的增长情况，能更好地指导店铺优化产品。网店数据采集可以通过电商平台后台工具和第三方数据采集工具进行。

【相关知识】

很多电商类数据采集工具所提供的数据并非项目运营实际数据，而是对实际数据进行转化后的展现，比如百度指数显示的数据并非是真实的客户搜索数量，而是将真实的搜索数量进行了转化，转化为指数数据而呈现出来，如图 2-10 所示。

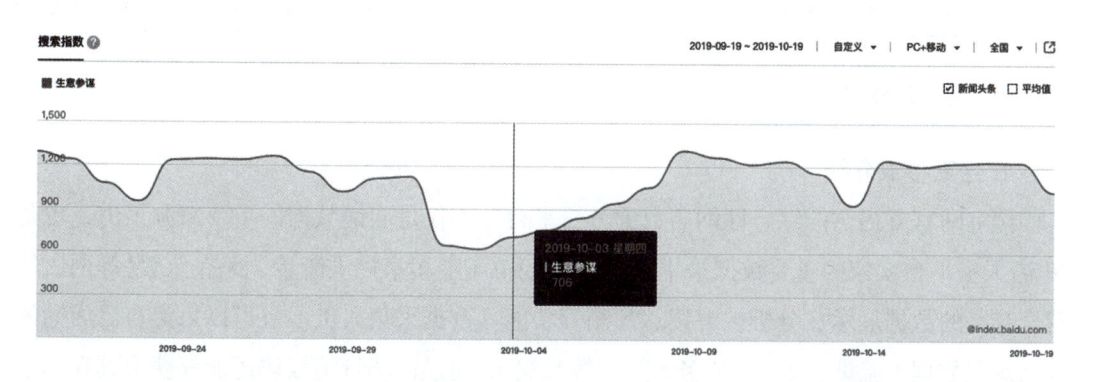

图 2-10　生意参谋数据

专门针对电子商务类数据采集工具大多是数据分析工具中的一个功能模块，它除了能进行数据采集外，还具备一定数据处理分析功能，比如使用逐鹿工具箱在淘宝进行商品数据采集，待采集完成后，系统还呈现了可视化数据分析结果，如图 2-11 所示。

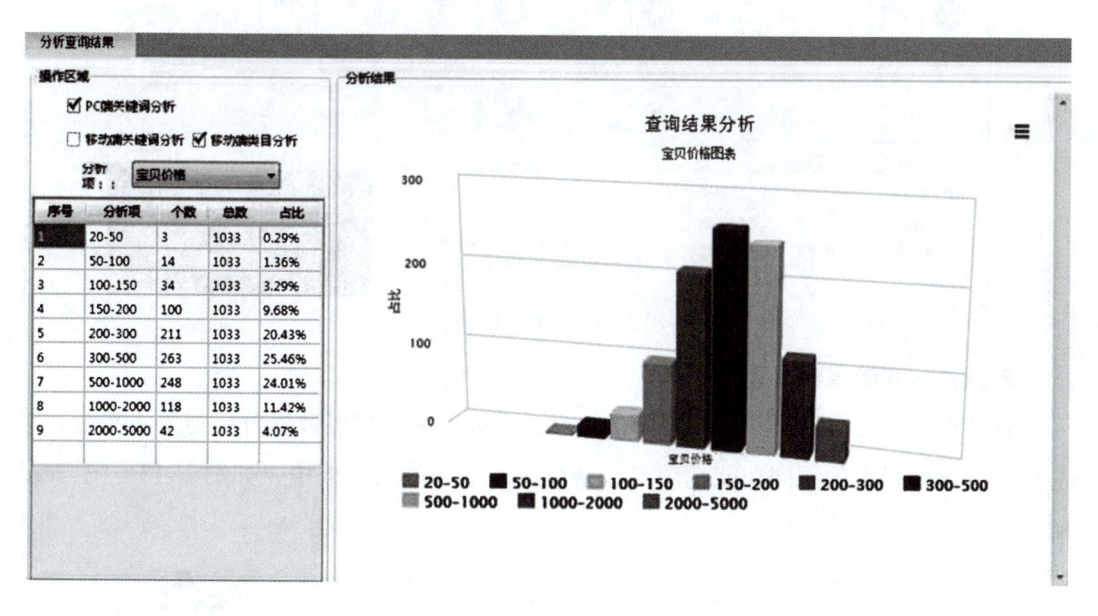

图 2-11　数据可视化

在进行数据采集工具选择时，并非适用范围越广泛、数据类型越真实、越丰富、功能越强大越好，核心选择要素是数据采集人员能够熟练操作，并能采集到所需的数据。

常用的数据采集工具及其功能和适用性见表 2-4。

表 2-4　常用数据采集工具及其功能和适用性

数据采集工具	功能和适用性
生意参谋（京东商智）	店铺运营、产品的流量、交易、客户、服务等数据，市场的趋势、规模、人群等数据
逐鹿工具箱	淘宝平台的市场行情、竞争情况等数据
店侦探	竞品、竞店推广渠道、排名、销售等数据
火车采集器、八爪鱼采集器、后羿采集器等	网页数据采集，如产品信息、价格、详情、用户评价等

一、生意参谋

1. 生意参谋介绍

淘宝网官方提供的综合性网店数据分析平台，不仅是店铺数据的重要来源渠道，也是淘宝/天猫平台卖家的重要数据采集工具，为天猫/淘宝卖家提供流量、商品、交易等网店经营全链路的数据展示、分析、解读、预测等功能。数据采集人员不仅可以采集自己店铺的各项运营数据（流量、交易、服务、产品等数据），通过市场行情板块还能够获取到在淘宝/天猫平台的行业销售经营数据，如图 2-12 所示。

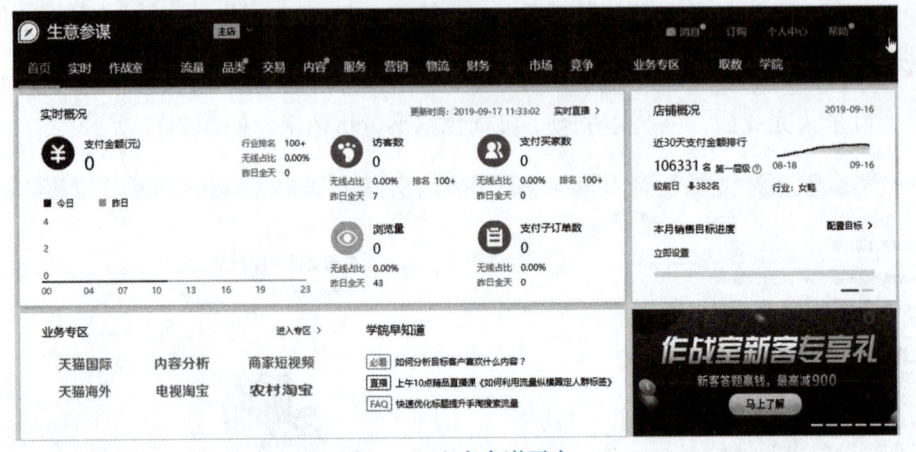

图 2-12　生意参谋平台

2. 通过生意参谋获取数据

登录淘宝、天猫等阿里巴巴电商平台后，可进入生意参谋数据分析与采集平台，单击该平台导航栏中的不同功能选项卡，便可进入对应的功能板块，如图 2-13～图 2-15 所示。

图 2-13　采集行业数据 1

行业构成

子行业	交易指数	交易增长幅度	支付金额较父行业占比	支付子订单数较父行业占比	操作
裤子 较前一月	16,078,158	+33.88%	9.43% +0.80%	15.42% +2.42%	趋势
毛呢外套 较前一月	15,759,702	+177.65%	9.09% +5.08%	3.26% +2.17%	趋势
毛针织衫 较前一月	14,964,305	+27.23%	8.26% +0.31%	8.97% +0.94%	趋势
连衣裙 较前一月	14,694,589	-22.46%	7.98% -4.63%	6.62% -2.57%	趋势
毛衣 较前一月	14,093,232	+123.19%	7.39% +3.33%	7.90% +3.97%	趋势
卫衣/绒衫 较前一月	13,962,975	+39.71%	7.26% +0.89%	9.58% +1.98%	趋势
套装/学生校服/工作制服 较前一月	12,531,188	-6.94%	5.95% -1.88%	4.98% -1.48%	趋势
短外套 较前一月	11,135,074	+12.30%	4.78% -0.43%	3.85% -0.42%	趋势
牛仔裤 较前一月	10,863,198	-5.48%	4.57% -1.35%	5.90% -1.51%	趋势
羽绒服 较前一月	10,410,295	+163.97%	4.22% +2.26%	1.17% +0.67%	趋势

每页显示 10 条　　〈上一页 1 2 3 下一页〉

图 2-14 采集行业数据 2

	A	B	C	D	E
1	子行业	交易指数	交易增长幅度	支付金额较父行业占比	支付子订单数较父行业占比
2	裤子	16,078,158	33.88%	9.43%	15.42%
3	毛呢外套	15,759,702	177.65%	9.09%	3.26%
4	毛针织衫	14,964,305	27.23%	8.26%	8.97%
5	连衣裙	14,694,589	-22.46%	7.98%	6.62%
6	毛衣	14,093,232	123.19%	7.39%	7.90%
7	卫衣/绒衫	13,962,975	39.71%	7.26%	9.58%
8	套装/学生校服/工作制服	12,531,188	-6.94%	5.95%	4.98%
9	短外套	11,135,074	12.30%	4.78%	3.85%
10	牛仔裤	10,863,198	-5.48%	4.57%	5.90%
11	羽绒服	10,410,295	163.97%	4.22%	1.17%
12	T恤	10,045,168	-18.76%	3.95%	8.79%
13	半身裙	9,827,230	14.07%	3.79%	5.16%
14	皮草	9,401,387	137.66%	3.50%	0.39%
15	棉衣/棉服	8,882,481	485.16%	3.15%	2.29%
16	衬衫	8,479,614	-39.58%	2.89%	3.71%
17	风衣	8,395,630	-22.37%	2.84%	1.49%
18	中老年女装	7,601,423	31.94%	2.36%	1.92%
19	大码女装	6,930,497	-5.22%	1.99%	2.30%
20	马夹	5,515,361	173.13%	1.31%	1.60%
21	婚纱/旗袍/礼服	5,510,933	-21.70%	1.31%	0.58%
22	西装	5,053,581	-11.14%	1.11%	0.64%

图 2-15 粘贴数据表格

二、店侦探

店侦探（图 2-16）是一款专门为淘宝及天猫卖家提供数据采集、数据分析的数据工具。通过对各个店铺、宝贝运营数据进行采集分析，可以快速掌握竞争对手店铺中的销售数据、引流途径、广告投放、活动推广、买家购买行为等数据信息。

在店侦探中，可以利用“导出数据”按钮或“导出”按钮将当前界面中的数据采集到计算机中。采集到的数据将被保存在对应的 Excel 表格中，需要时便可打开该表格进行处理和分析。

图 2-16　店侦探

三、京东商智

京东商智（图 2-17）是京东向第三方商家提供数据服务的产品。其从 PC、App、微信、手机 QQ、移动网页端五大渠道，采集店铺与行业的流量、销量、客户、商品等数据。

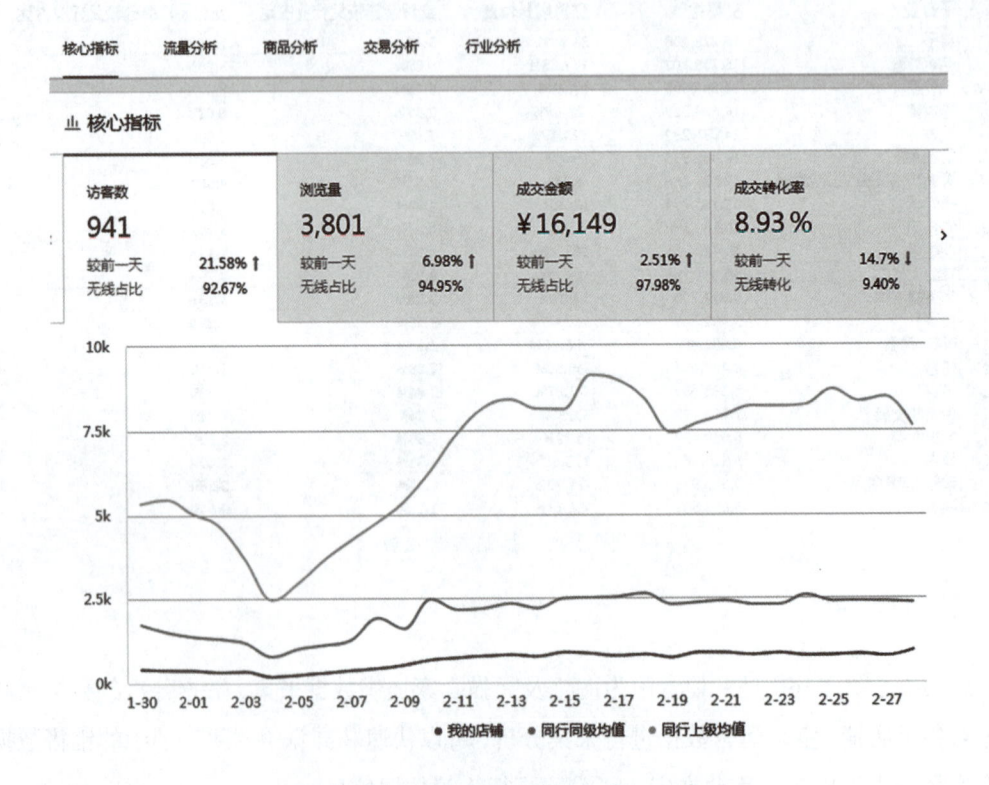

图 2-17　京东商智首页的核心指标区域

与生意参谋相比，京东商智在采集数据方面更加人性化，当需要采集数据时，只需在相应的功能板块中设置需要采集的日期后，单击界面右上角的 下载数据 按钮，便可根据向导提示将数据保存下来，如图 2-18 所示。

图 2-18 通过下载方式采集数据

四、八爪鱼采集器

八爪鱼采集器（图 2-19）整合了包括网页数据采集、移动互联网数据及 API 接口服务（数据爬虫、数据优化、数据挖掘、数据存储、数据备份）等服务在内的数据采集工具，已连续 6 年蝉联互联网数据采集软件榜单第一名，截至 2022 年全球用户已突破 450 万。这是一款通用网页数据采集器，使用方法简单，完全可视化操作；功能强大，任何网站的数据均可采集，并可将数据导出为多种格式。另外，还可以用来采集商品的价格、销量、评价、描述等内容。

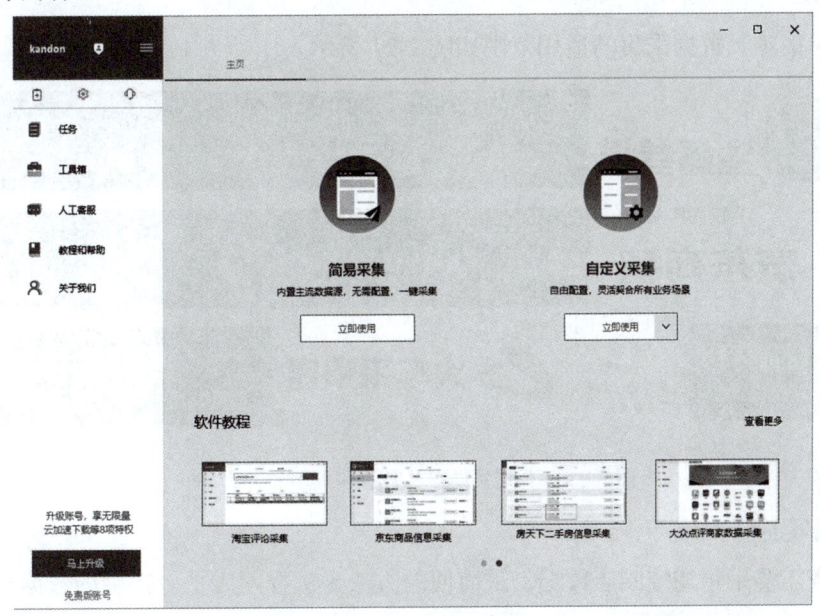

图 2-19 八爪鱼采集器

五、火车采集器

火车采集器（图 2-20）是一个供各大主流文章系统、论坛系统等使用的多线程内容采集发布程序。其对于数据的采集可分为两部分：采集数据和发布数据。借助火车采集器，可以根据采集需求在目标数据源网站采集相应数据并整理成表格或用.txt 格式导出。

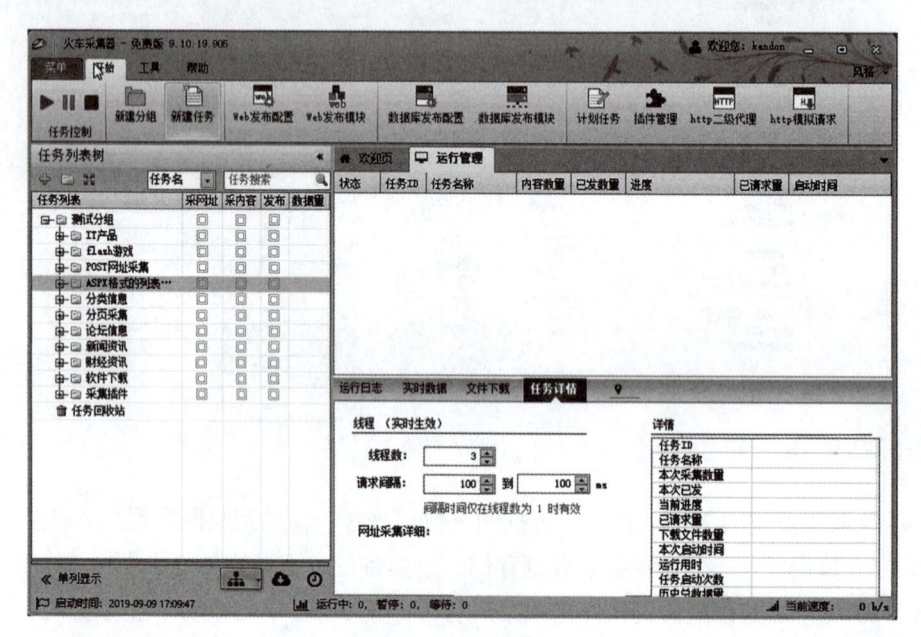

图 2-20　火车采集器

六、不同采集工具数据采集的适用范围

不同采集工具数据采集的适用范围如图 2-21 所示。

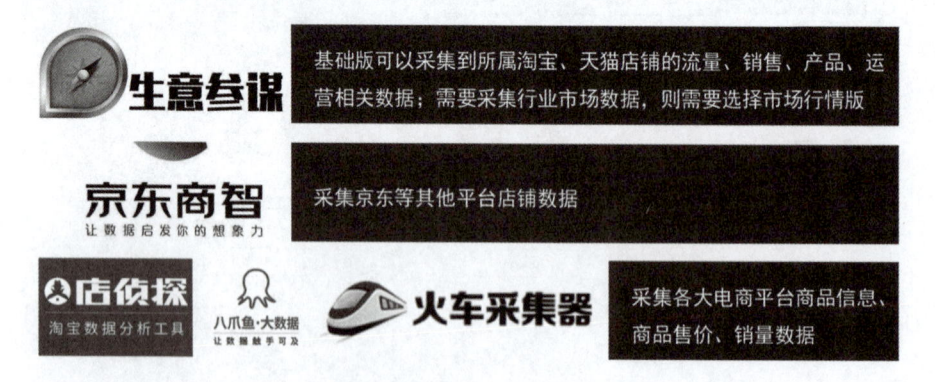

图 2-21　不同采集工具数据采集的适用范围

【任务实施】

本任务需要采集淘宝网店数据，最简便的方法为选择网店平台提供的数据分析工具生意参谋进行数据采集。

1. 在生意参谋中选择需要查看的数据指标（图2-22）

图2-22　在数据采集工具中选择采集指标

2. 分析采集的数据（图2-23和图2-24）

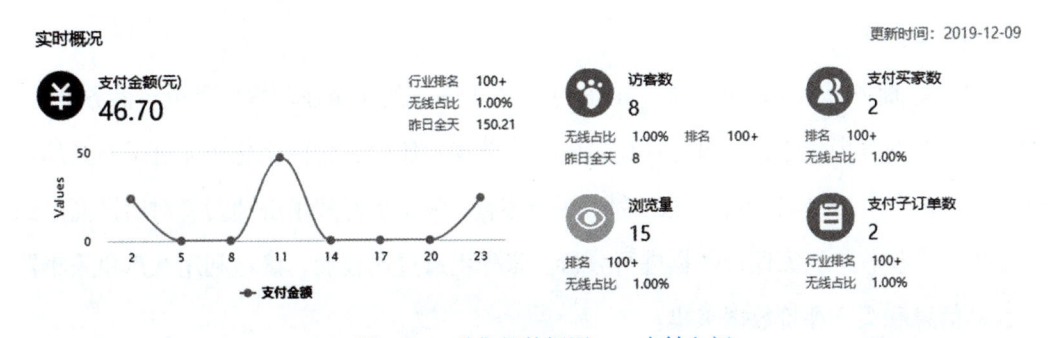

图2-23　采集的数据图——支付金额

图2-24　采集的数据图——整体看板

【任务考核/评价】

理解并能选择合适的数据采集工具采集相关网店数据，完成数据采集任务。

任务考核/评价

任务名称	考核点	建议考核方式	评价标准		
			优	良	及格
任务二 选择数据采集方法	能熟练选择合适的数据采集工具	分组与讨论、实操考核	态度认真,团队协作能力优秀,选择采集工具快速高效	态度认真,选择采集工具合适	了解不同采集工具的优缺点
	会利用生意参谋采集数据	分组与讨论、实操考核	态度认真,团队协作能力优秀,能熟练操作生意参谋完成采集任务	态度认真,能操作生意参谋数据后台	会操作生意参谋平台的数据采集功能

任务三 实施商务数据收集

【任务描述】

1688 电子商务平台(以下简称"1688")是中国领先的小企业国内贸易电子商务平台,以批发和采购业务为核心,通过专业化运营,完善客户体验,全面优化企业电子商务的业务模式。张先生在 1688 上开了一家店铺,主营零食,为了更好地了解消费者对店铺商品的反馈意见,需要收集买家评价数据进行分析。张先生通过比较后,确定利用八爪鱼采集器进行商品信息和买家评价数据采集。

【任务分析】

采集店铺评价数据,需要选择采集工具和明确采集字段,1688 商铺商品评价采集字段应包含商品标题、商家名称、商家地区、买家 ID、买家购买数量、买家累计采购、买家购买时间、买家评论内容等数据。

【相关知识】

一、市场数据采集

1. 行业数据采集

1)行业发展数据采集

行业发展数据分析(图 2-25)通常会涉及行业总销售额、增长率等数据指标,行业发展数据来源主要依托于国家统计局、行业协会、数据公司发布的行业统计数据、行业调查报告等。

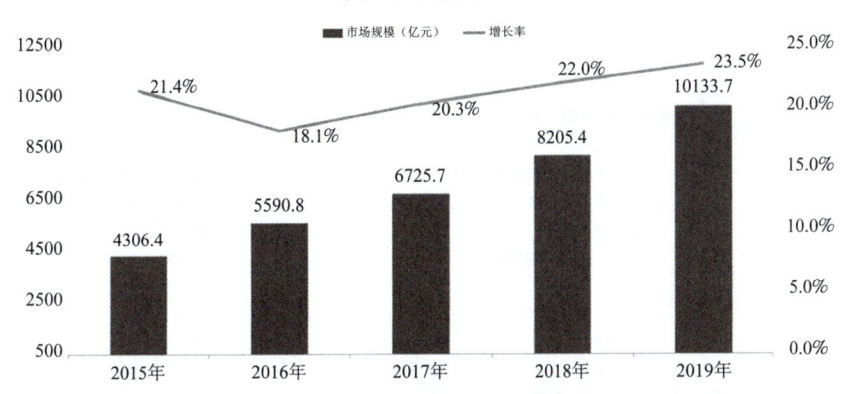

2015—2019年中国服装电商市场规模及增长率

图 2-25　艾媒咨询数据

2）市场需求数据采集

市场需求数据分析（图 2-26）通常会涉及需求量变化、品牌偏好等数据指标，除了可以通过行业调查报告获取外，还可以通过对用户搜索指数的变化趋势分析把握用户的需求变化和品牌偏好。

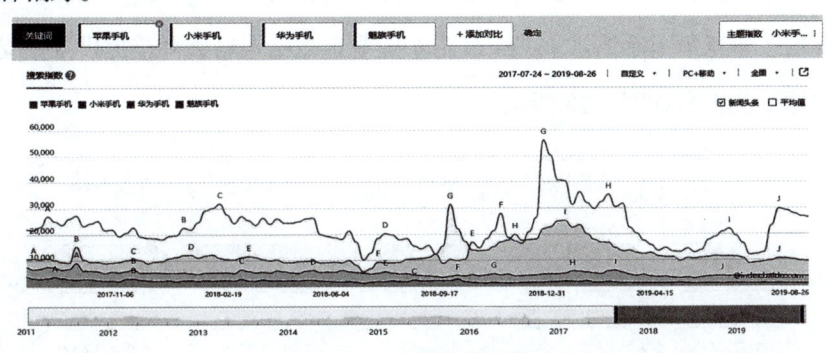

图 2-26　市场数据采集

目标客户数据通常会涉及目标客户的地域分布、性别占比、年龄结构占比、职业领域占比等数据指标，因此可以借助行业调查报告、指数工具等对整个行业的目标客户数据进行采集，如图 2-27 所示。

图 2-27　目标客户数据

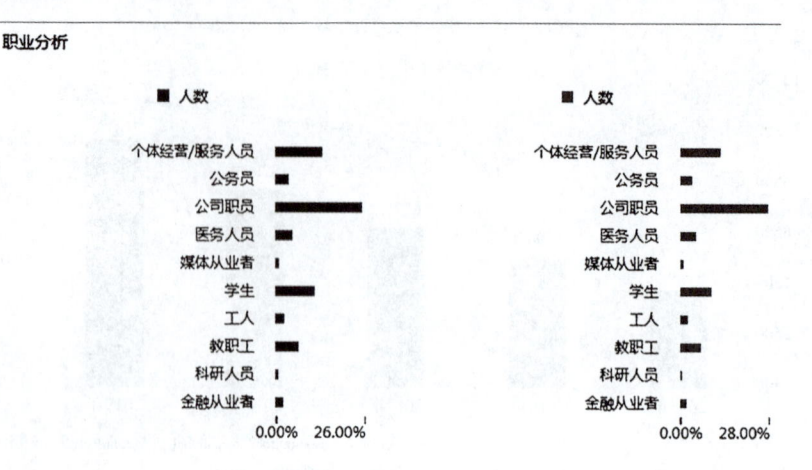

图 2-27　目标客户数据（续）

2. 竞争数据采集

竞争数据是对在电子商务业务中彼此存在竞争关系的商家、品牌、产品（即竞争对手）的各项运营数据的总称。在电子商业企业经营过程中，对竞争对手进行分析，可以帮助决策者和管理层了解竞争对手的发展势头，为企业制定战略策略和调整提供数据支持。

竞争数据采集内容如图 2-28 所示。

图 2-28　竞争数据采集内容

虽然进行竞争数据采集可以借助一些工具，如采集淘宝、天猫平台竞争对手数据可以采用升业绩、店侦探等数据采集工具，但因为平台规则不断变化和限制，经常会出现历史数据无法采集或采集异常的情况，如图 2-29 所示。

图 2-29　数据采集工具采集失效

而且针对竞争对手策划的营销活动内容，工具通常不具备采集能力。因此，最有效的方法就是对竞争对手进行数据监控，制作竞争对手数据采集表（表 2-5）。

表 2-5　竞争对手数据采集表

序号	店铺名称（链接）	产品分类	店铺类别	热销产品（链接）	累计评价	成交量	售价	评价特色	评价缺陷	促销方式（活动）	备注

二、运营数据采集

运营数据采集可分为客户数据采集、供应链数据采集、销售数据采集和推广数据采集。

1. 客户数据采集

根据企业各部门对于客户数据的需求，通过可靠的数据源与采用合适的采集方式获得客户的各种操作、行为、属性等数据信息，为后续客户数据分析提供数据支持。客户数据采集指标包括客户行为数据和客户画像数据。

1）客户行为数据

客户行为数据（图 2-30）是指客户的商品消费记录数据，即商品名称、数量、购买次数、购买时间、支付金额、评价、浏览量、收藏量等。

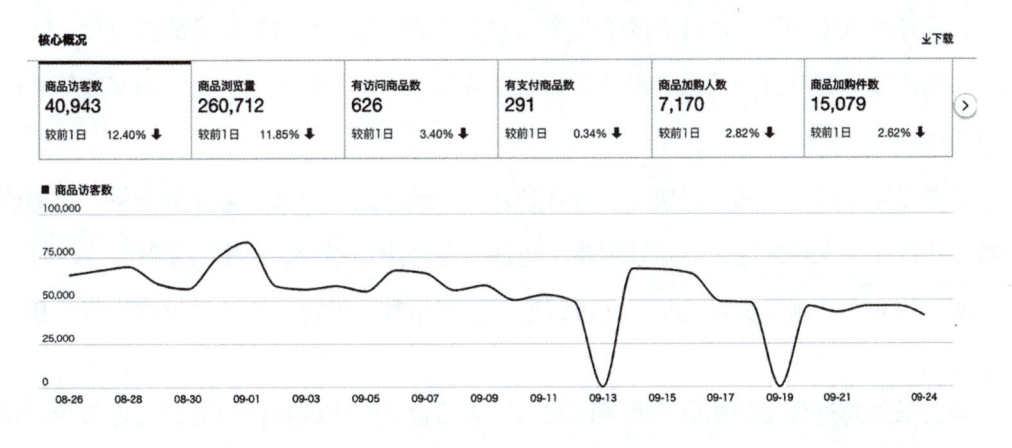

图 2-30　客户行为数据

2）客户画像数据

客户画像数据（图 2-31）是指与客户购买行为相关的，能够反映或影响客户行为的相关信息数据：客户性别、年龄、地址、品牌偏好、购物时间偏好、位置偏好、商品评价偏好等。

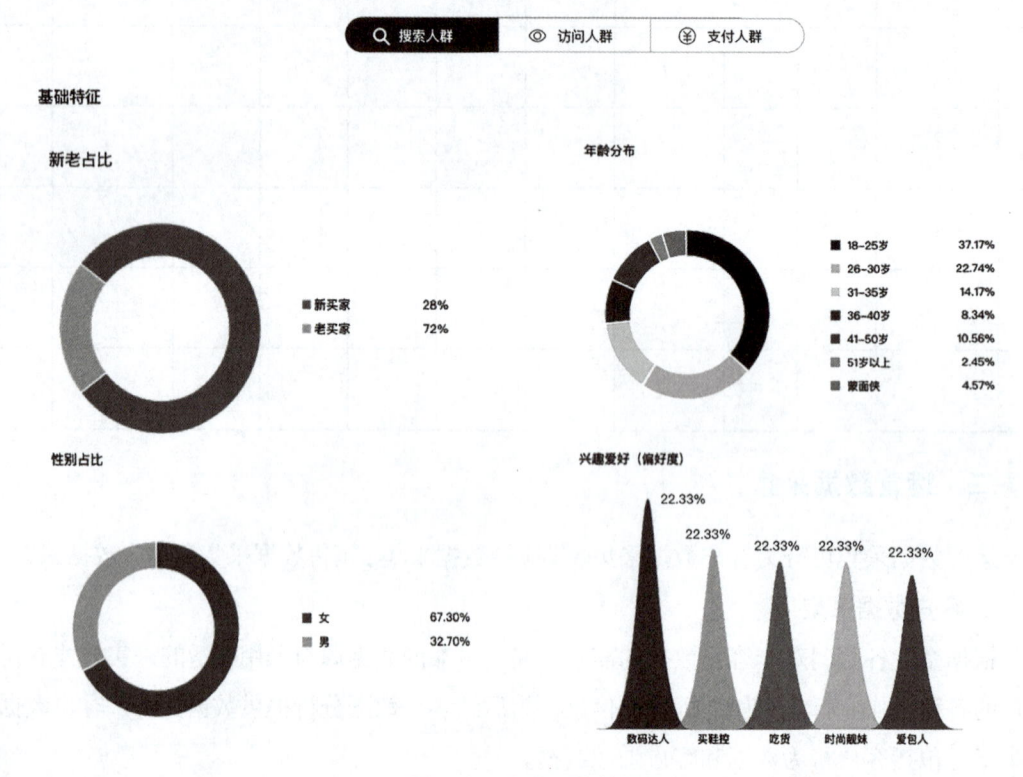

图 2-31　客户画像数据

3）客户数据采集实施

客户画像数据可通过调用客户在网站注册过程中填写的相应的信息内容来实现。

在生意参谋【品类】栏目下的【品类 360】版块数据可查看到商品的浏览量、加购人数、加购件数等客户行为数据。滑动指标中还可以显示商品收藏量、支付买家数等其他客户行为数据。

生意参谋【品类 360】版块可以查看到客户画像数据，包括搜索人群画像、店铺访问人群、店铺支付人群画像，涵盖数据指标包括新老客户、年龄、性别、偏好等。

对于行业客户画像数据采集，还可以通过百度指数搜索行业相关关键词进行采集，如图 2-32 所示。

信息采集的过程就是在电子商务网站、网店后台将相应的数据填写到数据采集表格中（表 2-6）。

图 2-32　百度指数采集客户画像数据

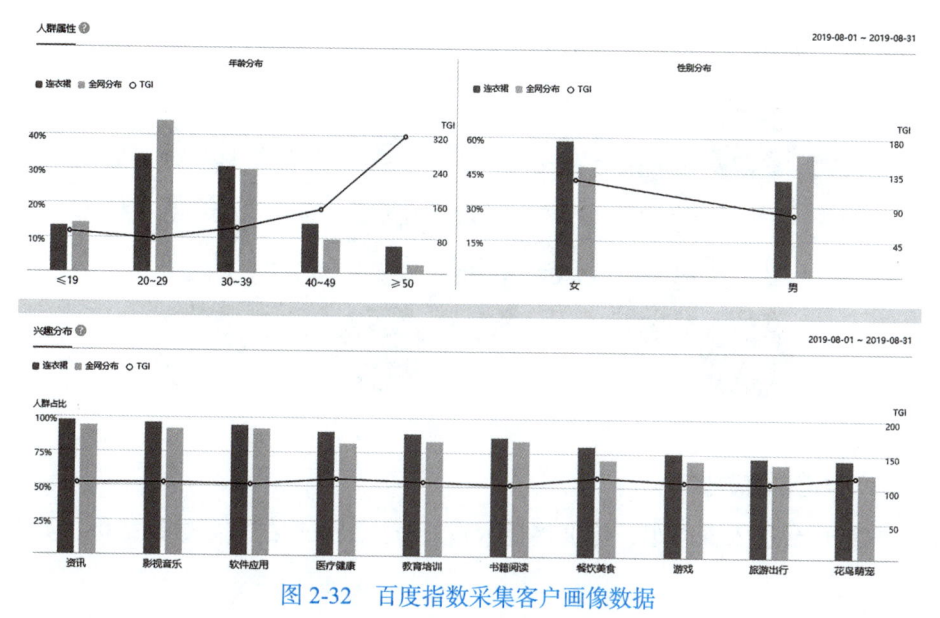

表 2-6　客户信息采集表

客户基本信息				购买行为信息						联系信息			
ID	用户名	姓名	所在地区	商品	类型	数量	价格	下单时间	支付金额	收货地址	QQ	微信	手机号	邮箱

2. 推广数据采集

对推广数据进行有效分析可以帮助企业找到网店推广中的优势与不足，从而优化调整相关推广策略和内容，提升推广效果。

网店推广的核心目标是商品销售，但推广的方式却千差万别，不同推广方式往往有不同的推广侧重点。

直通车、淘宝客等推广形式，侧重点是产品销售。免费试用、智钻等更多是为了提升品牌影响力，增强客户对于产品、品牌的认可度，进而提升商品的销量。

推广效果数据指标如图 2-33 所示。

图 2-33　推广效果数据指标

1）推广渠道自有数据

通过淘宝后台进入直通车，首页将显示直通车当天推广的重要数据指标，如图 2-34 所示。

图 2-34　淘宝直通车数据

2）第三方监控数据

在第三方统计工具中，通过筛选各种邮箱地址来源的数据便可采集邮件营销的访客量，在发送邮件时设置"邮件打开提醒"可以采集数据，再通过访客的详细访问路径查看是否能找到其在支付成功页面停留过的记录可以采集访客的购买数据，如图 2-35 所示。

来路域名	独立访客(UV)	IP	新独立访客	站内总测览次数	平均访问时长	跳出率
全站总计	74315	71250	26826	1909080	7分38秒	31.81%
www.baidu.com	8199	8538	4477	105264	5分6秒	30.68%
tui.cnzz.net	4952	4009	1719	32180	7分2秒	75.1%
www.so.com	2699	2814	1461	35939	5分21秒	38.73%
so.360.cn	1105	1120	690	15892	4分41秒	48.67%
hao.360.cn	985	1133	102	18535	5分58秒	23.5%
www.hao123.com	479	573	49	14502	5分8秒	19.3%
www.sogou.com	885	925	525	6789	5分14秒	43.25%
hao.app111.com	210	256	15	2154	2分20秒	64.95%
tieba.baidu.com	346	363	281	2382	2分49秒	48.06%
m.baidu.com	303	338	148	1459	3分9秒	60.04%
cache.baiducontent.com	73	144	18	1567	2分29秒	30.41%
www.fishingsq.com	241	236	194	651	4分40秒	73.36%
bbs.xafish.com	142	139	128	586	2分28秒	56.22%
mail.qq.com	135	132	62	691	1分9秒	31.87%
so.xadiaoyu.com	62	63	19	378	9分51秒	73.47%
m.sa.sm.cn	50	57	12	275	2分22秒	45.05%
m5.baidu.com	39	37	26	152	3分2秒	58.33%

图 2-35　访客的购买数据

3. 销售数据采集

销售数据采集指标包括交易数据和服务数据。交易数据包含订单量、成交量、销售额。服务数据包含如响应时长、咨询客户数、询单转化率。

1）交易数据采集

根据交易数据采集需求及所分析出的指标制作网店销售数据采集表（表 2-7）。

表 2-7　网店销售数据采集表

订单日期	订单编号	商品名称	商品规格	商品单价	商品数量	折扣率	实际收款	交易状态	买家ID	收件人	联系电话	收件地址	快递公司

进入网店后台单击【交易管理】中的【已卖出的宝贝】便可查看网店的订单数据，如图 2-36 所示。数据采集人员可以通过筛选功能筛选所需订单，如"等待买家付款"订单，或者具体某个时间段的订单信息。

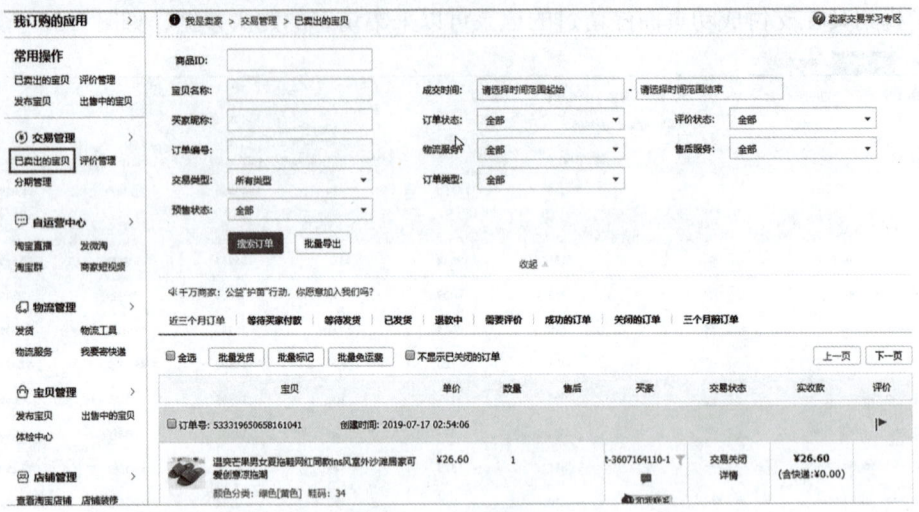

图 2-36　网店订单数据

2）服务数据采集

以生意参谋为例，其在【服务】版块的接待响应、客服销售等选项中可进行响应时长、接待咨询人数、咨询转化率等数据的采集，如图 2-37 所示。

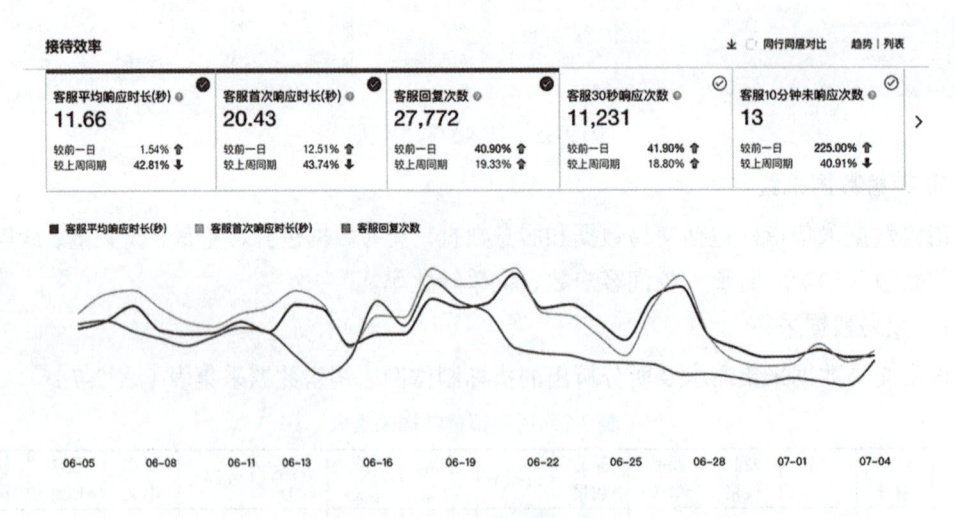

图 2-37　生意参谋服务数据

三、产品数据采集

1. 产品行业数据采集

采集产品行业数据的核心目的是了解该产品的市场需求变化情况。产品数据采集指标包含产品搜索指数和产品交易指数。

1）产品搜索指数

产品搜索数据是用户在搜索相关产品关键词热度的数据化体现，从侧面反应用户对产品的关注度和兴趣度。

可以通过某个关键词一段时间内搜索指数涨跌态势解读相关产品客户关注程度变化，还可以分析关注这些关键词的客户群特征，从而辅助卖家优化营销方案。

百度指数产品数据如图 2-38 所示。

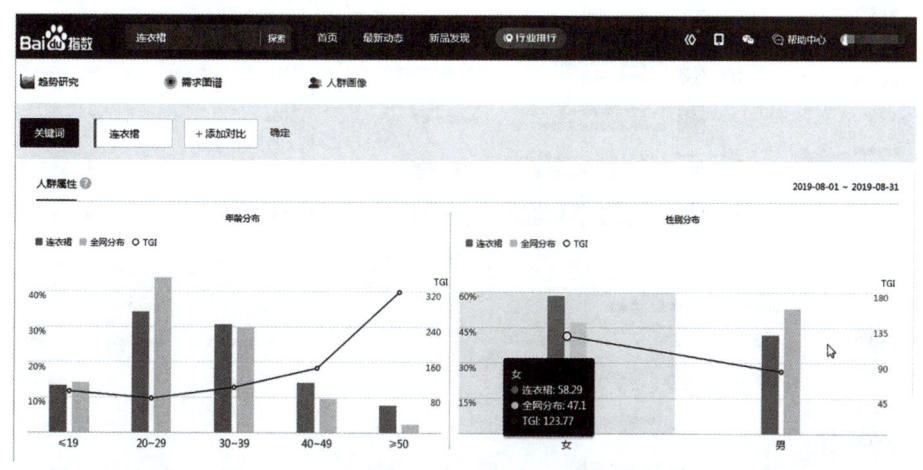

图 2-38　百度指数产品数据

通过百度指数搜索产品关键词便可查看到相应产品关键词在该平台的搜索指数数据。数据采集人员通过选择时间段、地域等指标来查看采集相应时间段和地域的产品搜索指数。

数据采集人员在产品搜索指数采集过程中一般需要使用多组关键词进行数据查询和采集，以提高数据的精准度。此外，分析同一产品不同关键词的搜索指数趋势的变化也可以得出用户对于产品需求和喜好的变化。

百度指数产品趋势数据如图 2-39 所示。

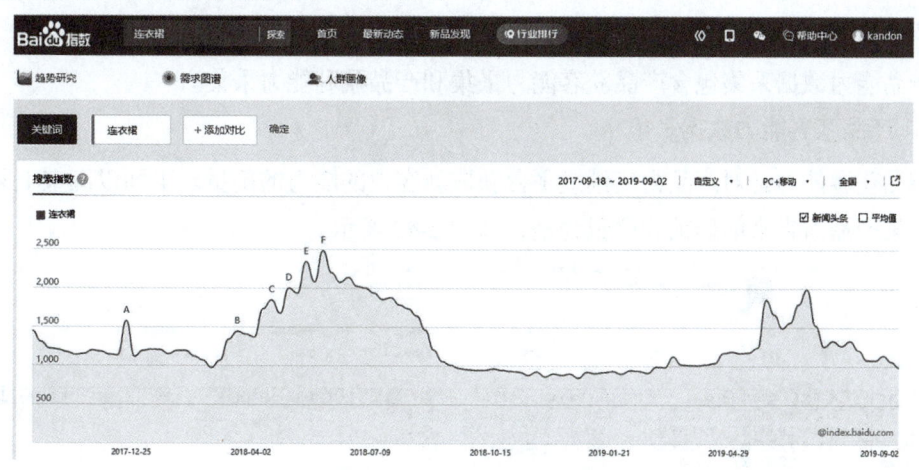

图 2-39　百度指数产品趋势数据

2）产品交易指数

产品交易指数是产品在平台交易热度的体现，是衡量店铺、产品受欢迎程度的一个重要指标,即交易指数越高,该产品越受消费者欢迎,如图 2-40 和图 2-41 所示。

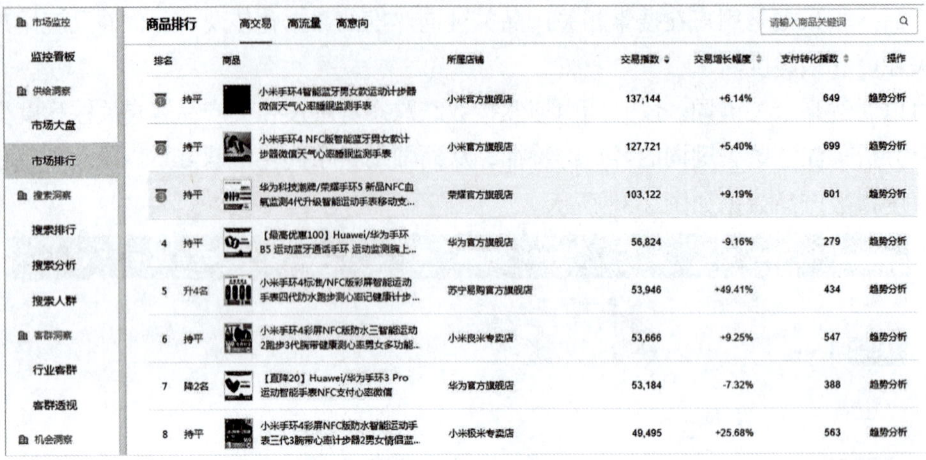

图 2-40　市场排行

图 2-41　店铺交易指数

2. 产品能力数据采集

产品能力数据采集包含产品获客能力采集和产品盈利能力采集。

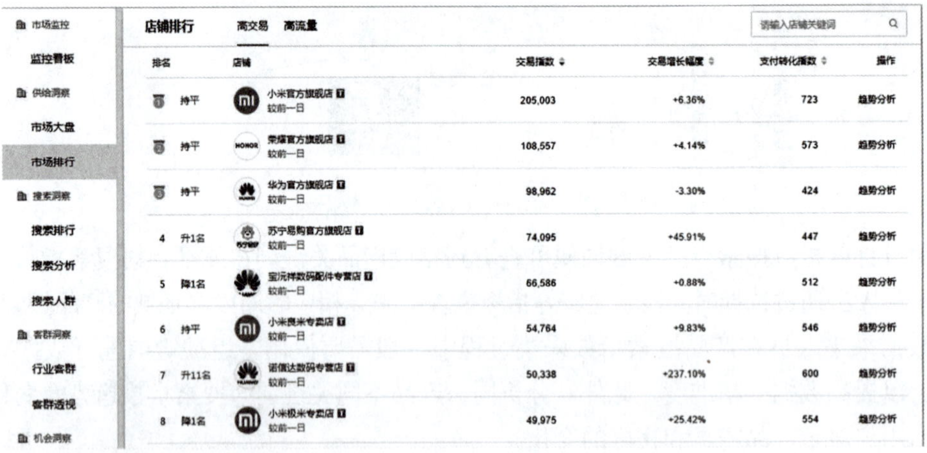

1)产品获客能力数据采集

产品获客能力是对产品为店铺或平台获取新客户的能力的衡量。下面以淘宝上某网店推广的某产品所带来的店铺收藏量为例,如图 2-42 所示。

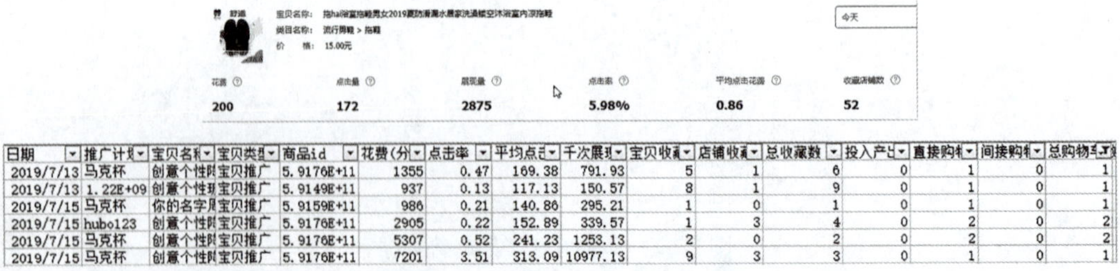

图 2-42　淘宝网产品获客能力数据

进入推广平台后台获取产品的推广报表,指标选择店铺收藏数,便可获取到该数据。

2）产品盈利能力数据采集

产品盈利能力是对产品为店铺销售或利润贡献能力的衡量，主要指标包括客单件、毛利率、成本费用利润率等。该类型的数据一般无法直接获取，需要通过公式进行计算。

产品盈利能力数据采集首先需分析拆解数据采集指标，如采集客单价指标，需要先分析客单价（由产品销售数量除以订单数而得），由此可以确定需要采集的指标有销售数量和订单数。

接下来需要确定数据采集渠道。

指标数据来自企业的 ERP 软件、进价表、损益表等，通过下载导出或复制粘贴即可获取，如采购成本、推广费用、物流费用等。通过不同渠道完成指标数据采集，清洗数据后根据公式计算出结果，得到客单件、毛利率、成本费用利润率等数据，从而完成产品盈利能力数据的采集。

【练一练】

利用百度指数进行数据采集。

步骤 1：进入百度指数首页（图 2-43）：https://index.baidu.com/v2/index.html#/。

图 2-43　百度指数首页

步骤 2：在百度指数探索框（图 2-44）中输入关键词（如搜索"鲜花速递"行业数据），单击"开始探索"。

图 2-44　百度指数探索框

步骤3：可进行趋势研究，选择相应时间段的探索指数，如图2-45所示。

图2-45　百度指数探索数据

另外，还可进行需求图谱和人群画像等相关数据采集，如图2-46所示。

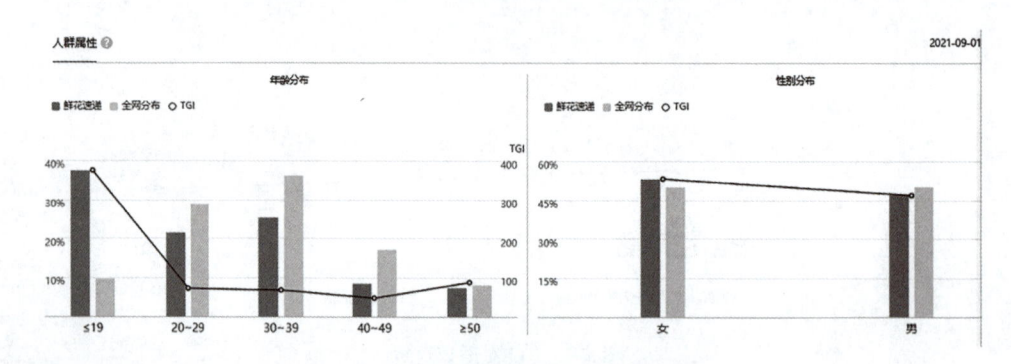

图2-46　百度指数需求图谱和人群画像

【任务实施】

利用八爪鱼采集1688中店铺商品信息以及买家评价。

①采集网站：1688。

https://hooozen.1688.com/page/offerlist_63753737.htm?spm=a2615.2177701.0.0.35688ae8LEOoIT

先进入店铺所有宝贝页面，再循环点击每个宝贝的链接，待进入之后再依次采集该宝贝商品评价。

②采集流程。

步骤1：创建采集任务。

(1)进入主界面,选择"自定义模式",如图 2-47 所示。

图 2-47 选择"自定义模式"

(2)将要采集的网址复制粘贴到网站输入框中,单击"保存网址",如图 2-48 所示。

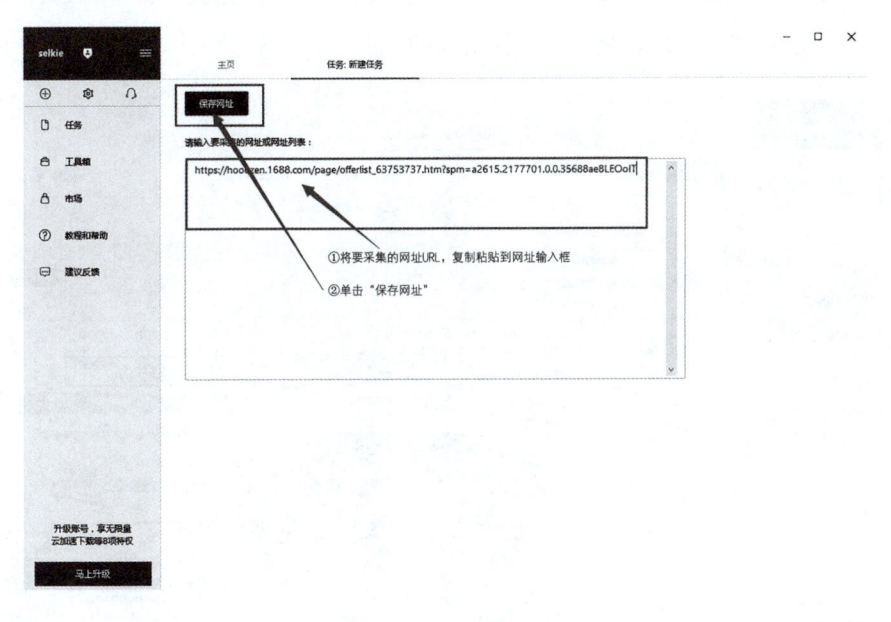

图 2-48 单击"保存网址"

步骤 2:创建翻页循环。

将页面下拉到底部,单击"下一页"按钮,在右侧的操作提示框中选择"循环点击下一页",如图 2-49 所示。

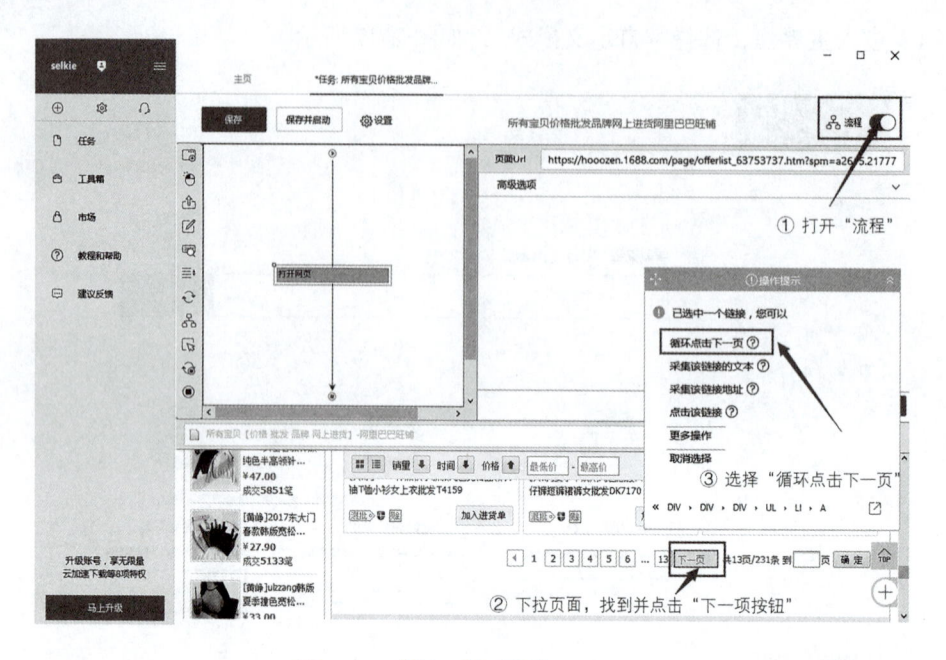

图 2-49 选择"循环点击下一页"

步骤 3：创建列表循环。

移动鼠标，选中页面里的第一条商品链接，接着再选中第 2、第 3 和第 4 条商品链接。待选中后，系统会自动识别页面里的其他相似链接。在右侧操作提示框中，选择"循环点击每个元素"来创建一个列表循环，如图 2-50 所示。

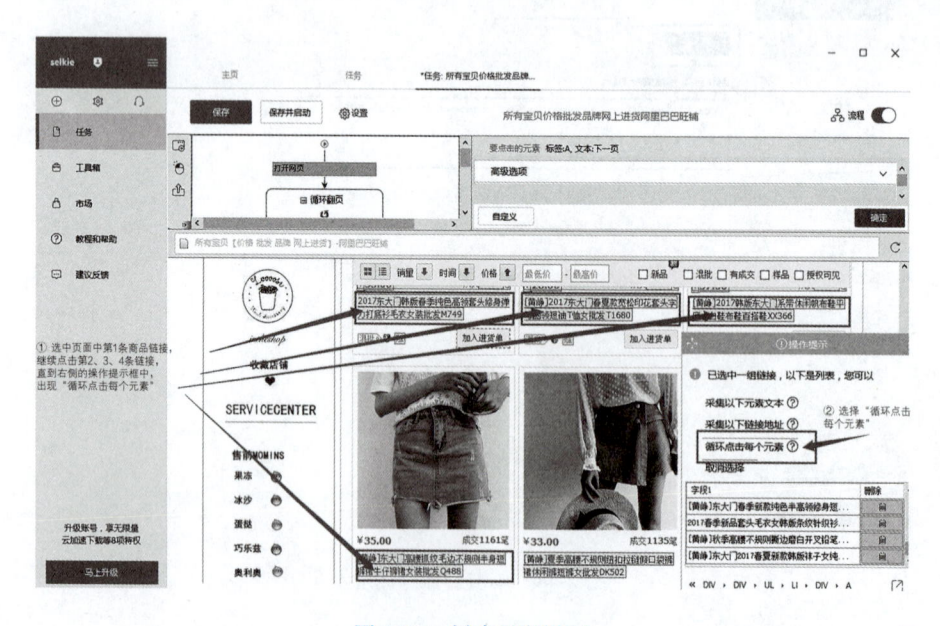

图 2-50 创建列表循环

步骤 4：提取商品信息。

（1）在创建列表循环后，系统会自动点击第一条商品链接，然后进入商品详情页。接下来选中需要的字段信息,在页面右侧的操作提示框中选择"采集该元素的文本",如图 2-51 所示。

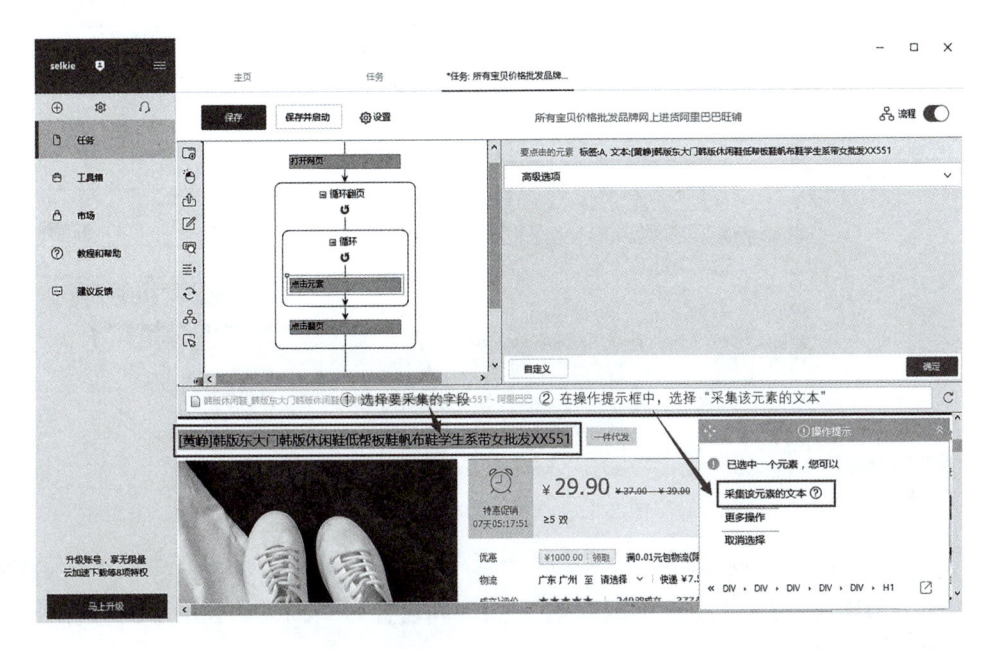

图 2-51　选择"采集该元素的文本"

(2)继续选中要采集的字段,选择"采集该元素的文本"。采集的字段会自动添加到上方的数据编辑框中。选中相应的字段,可以进行字段的自定义命名,如图 2-52 所示。

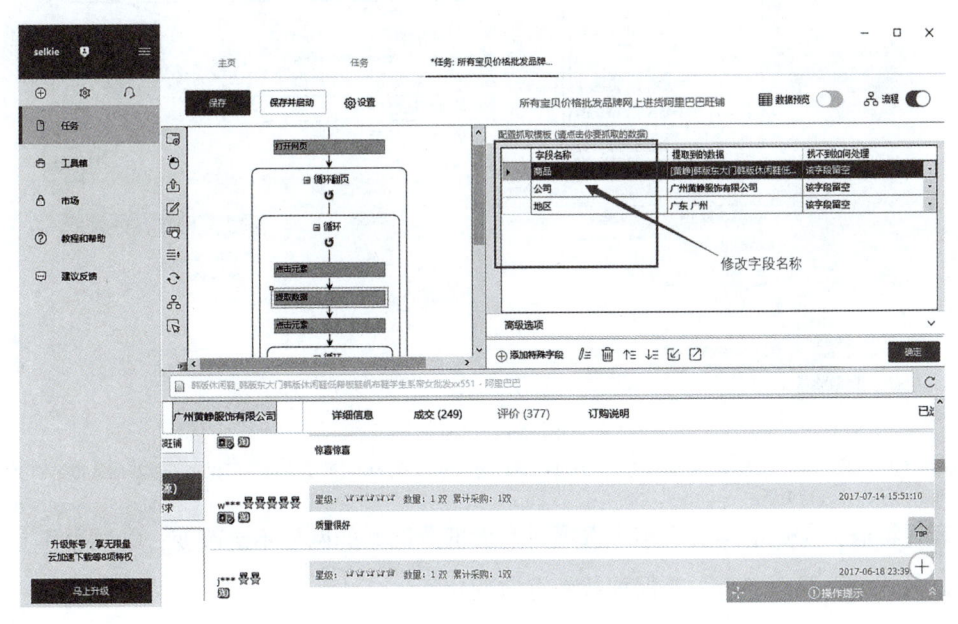

图 2-52　自定义命名

(3)下拉页面并单击"评价"按钮,在操作提示框中选择"点击该链接",如图 2-53 所示。

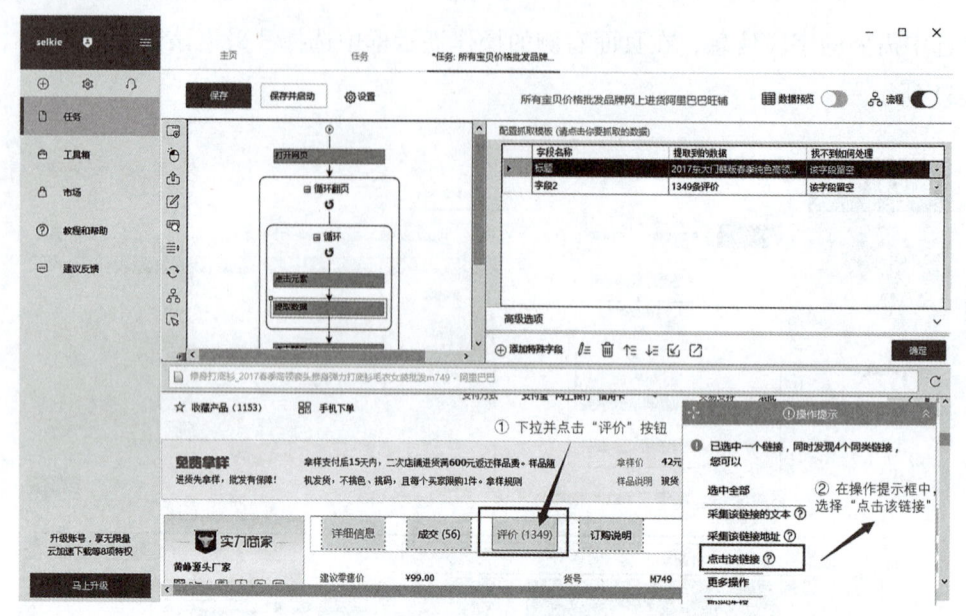

图 2-53 选择"点击该链接"

由于此网页涉及 Ajax 技术，需要进行一些高级选项的设置。选中"点击元素"步骤，打开"高级选项"，勾选"Ajax 加载数据"，将时间设置为"2 秒"，如图 2-54 所示。

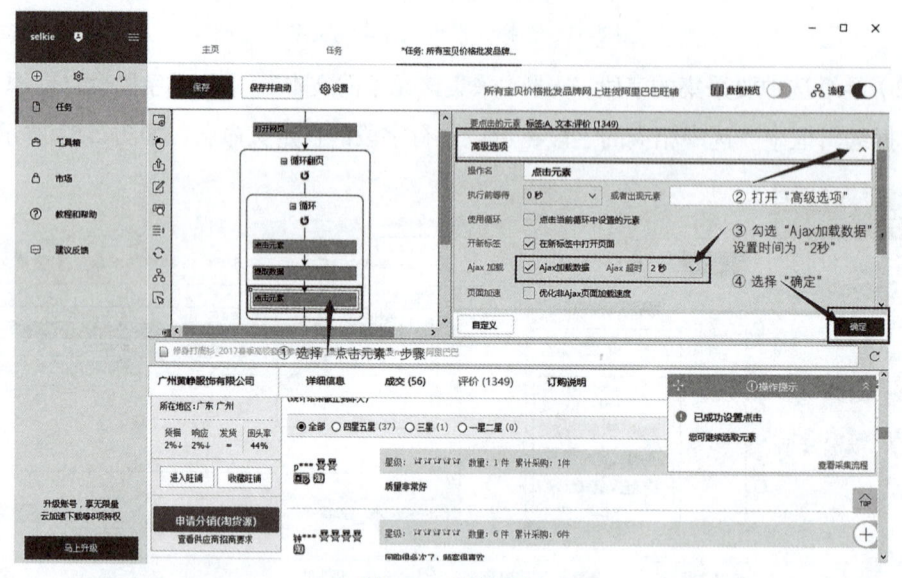

图 2-54 设置时间

注：Ajax 即延时加载、异步更新的一种脚本技术，通过在后台与服务器进行少量数据交换，可以在不重新加载整个网页的情况下，对网页的某部分进行更新。

表现特征：①点击网页中某个选项时，大部分网站的网址不会改变；②网页不是完全加载，只是由于局部进行了数据加载而有所变化。

验证方式：进行点击操作后，在浏览器的网址输入栏中不会出现"加载中"或者"转圈"状态。

步骤 5：提取商品评价。

（1）单击"评价"按钮后，页面出现商品评价。下拉页面，找到并单击"下一页"按钮，选择"循环点击下一页"，以建立一个翻页循环，如图2-55所示。

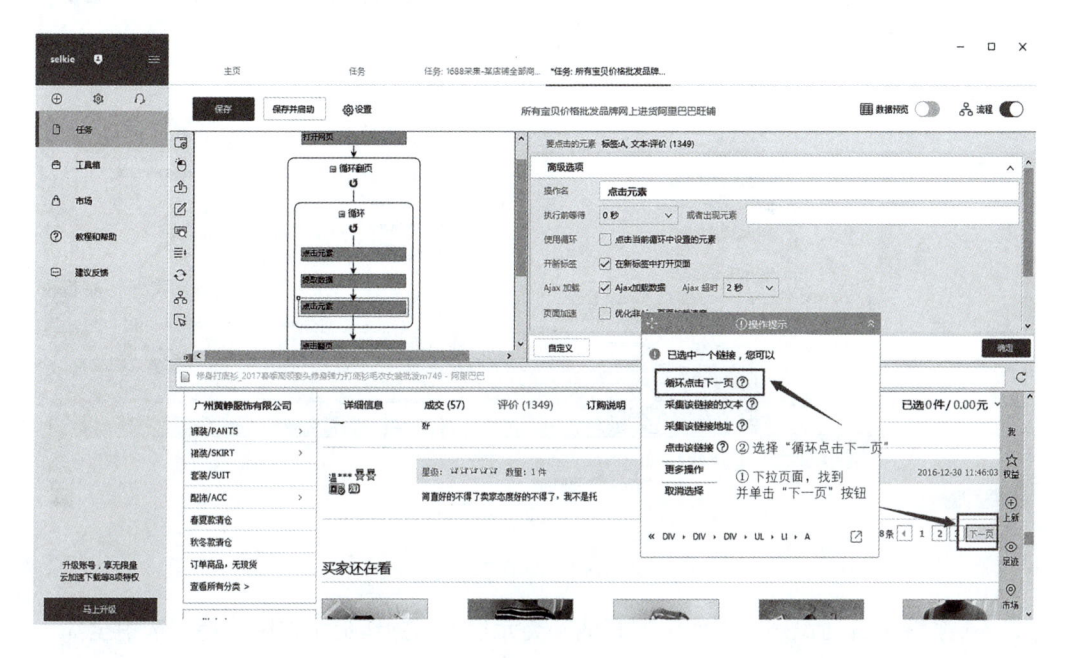

图2-55　建立翻页循环

由于此网页涉及Ajax技术，选中"点击翻页"步骤，打开"高级选项"，勾选"Ajax加载数据"，将时间设置为"2秒"，如图2-56所示。

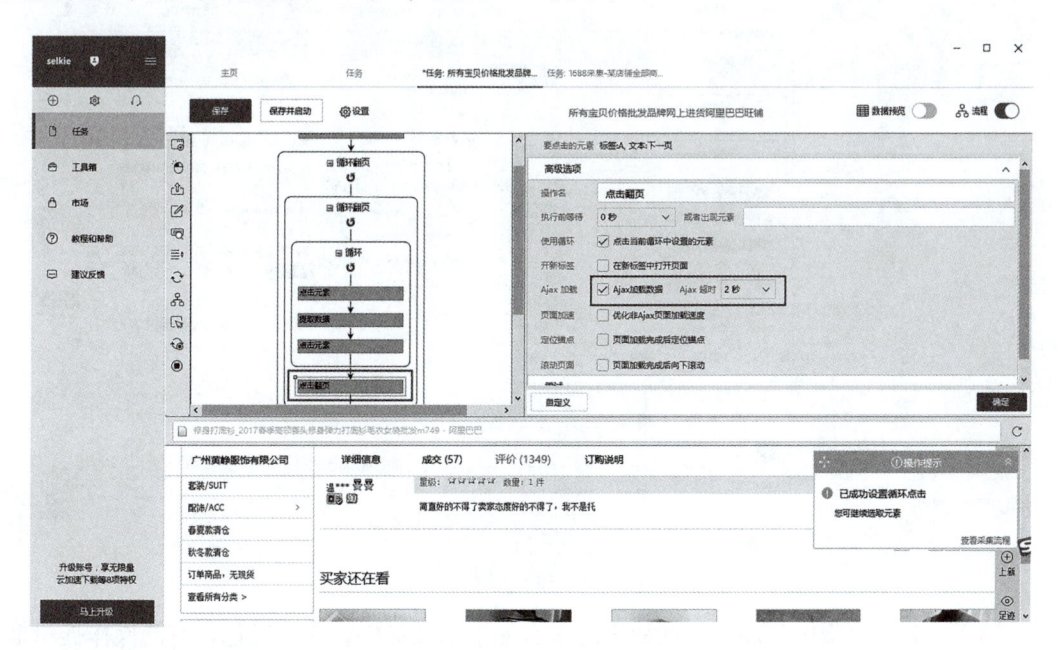

图2-56　建立翻页循环时间

（2）选中页面中第一个评价区块，选择"选中子元素"，如图2-57所示。

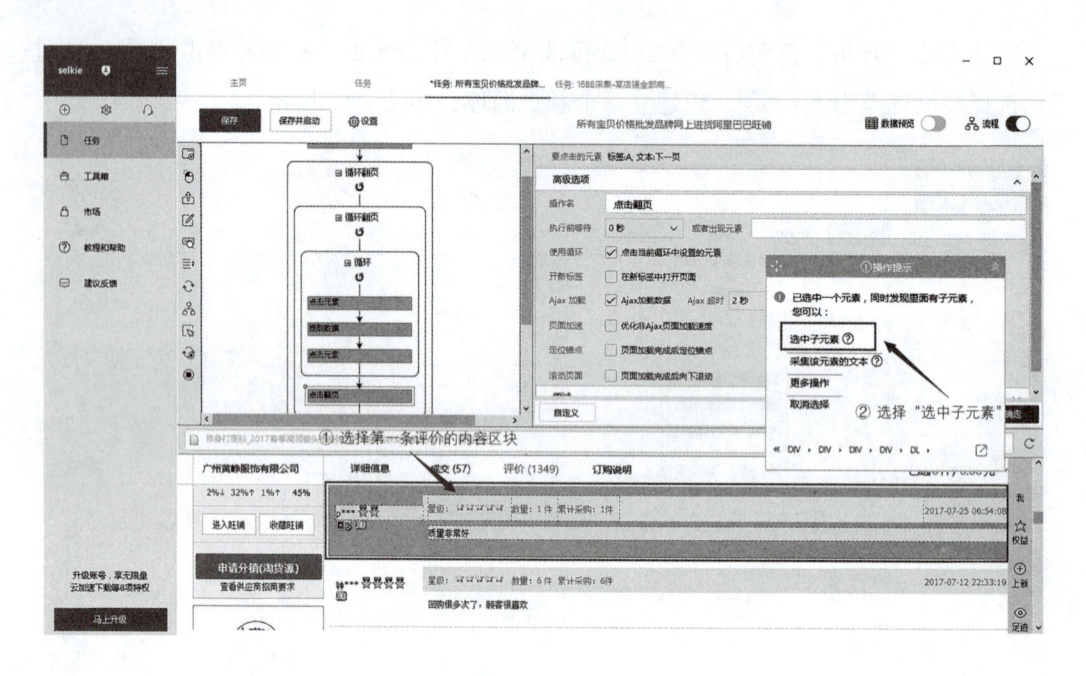

图 2-57　选中子元素

（3）系统会自动识别出页面中的其他同类元素，在操作提示框中选择"选中全部"来建立一个列表循环，如图 2-58 所示。

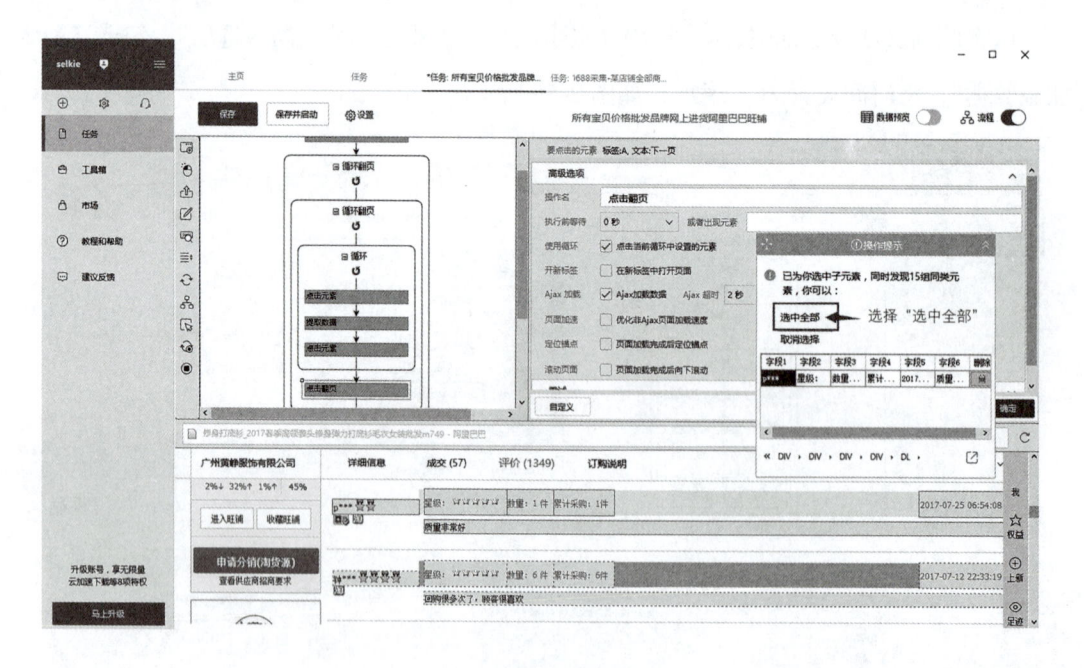

图 2-58　建立列表循环

（4）此时，页面中商品评价区块里的所有元素均被选中，变为绿色。右侧操作提示框中，出现字段预览表，将鼠标移到表头，单击"垃圾桶"图标，便可删除不需要的字段。待字段选择完成后，再选择"采集以下数据"，如图 2-59 所示。

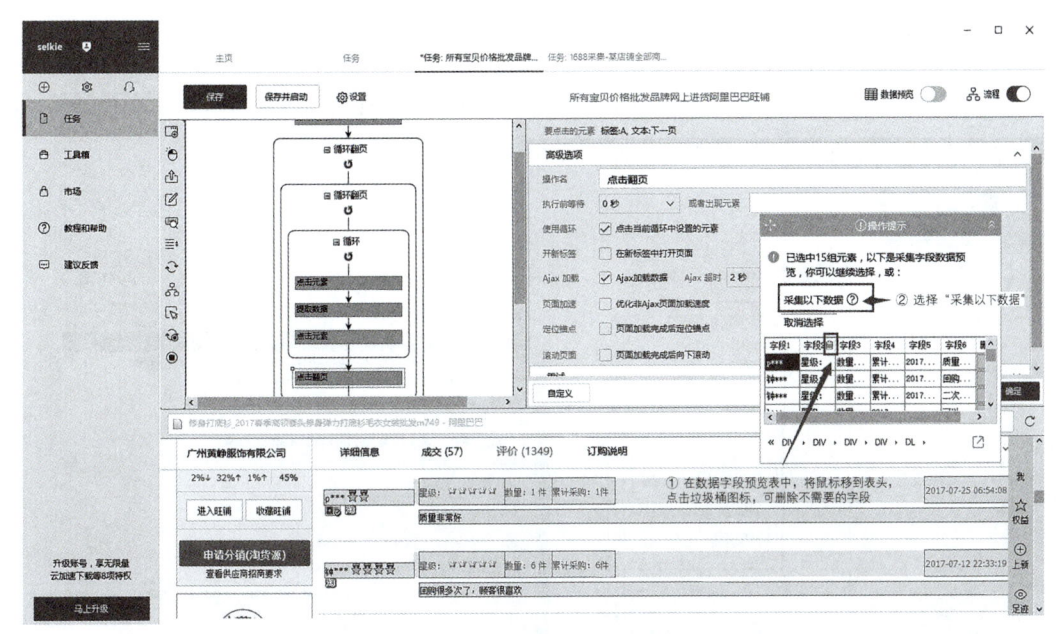

图 2-59　建立列表循环

（5）待字段选择完成后，选中相应的字段便可以进行字段的自定义命名，如图 2-60 所示。

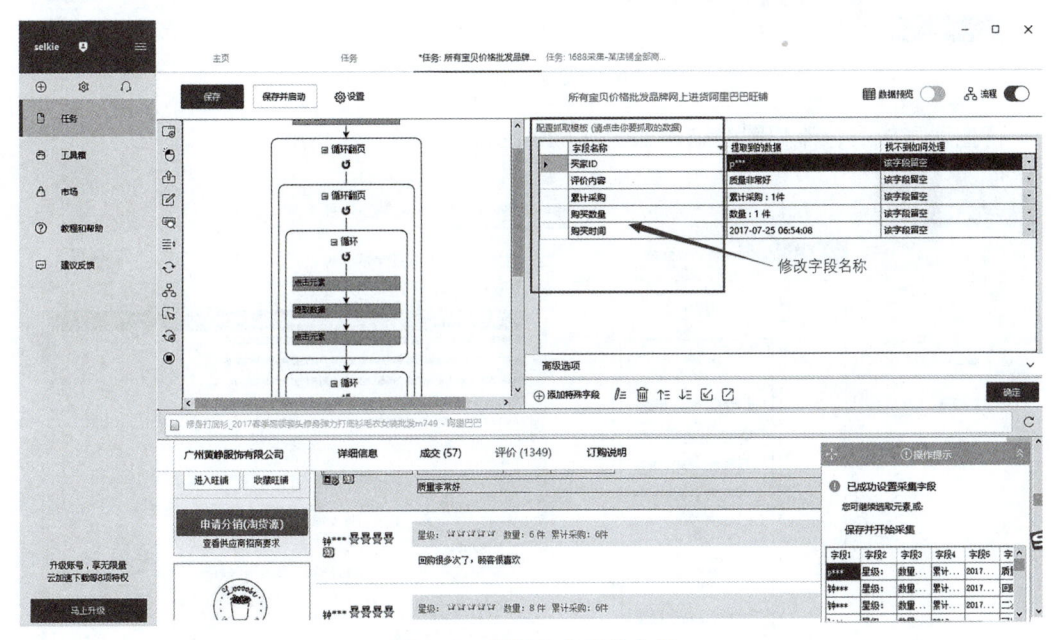

图 2-60　字段的自定义命名

步骤 6：调整流程图结构。

回顾采集过程，操作思路是：打开要采集的网页 > 建立商品链接的翻页循环 > 建立商品链接的循环列表 > 点击商品链接，进入商品详情页 > 建立商品评价的翻页循环 > 建立商品评价的列表循环 > 提取评价。

由于已有的流程图没有遵循此逻辑，需要手动调整结构。

（1）选中整个"循环"步骤（商品链接的循环列表），将其拖入第 1 个"循环翻页"步骤和第 2 个"循环翻页"步骤之间，如图 2-61 所示。

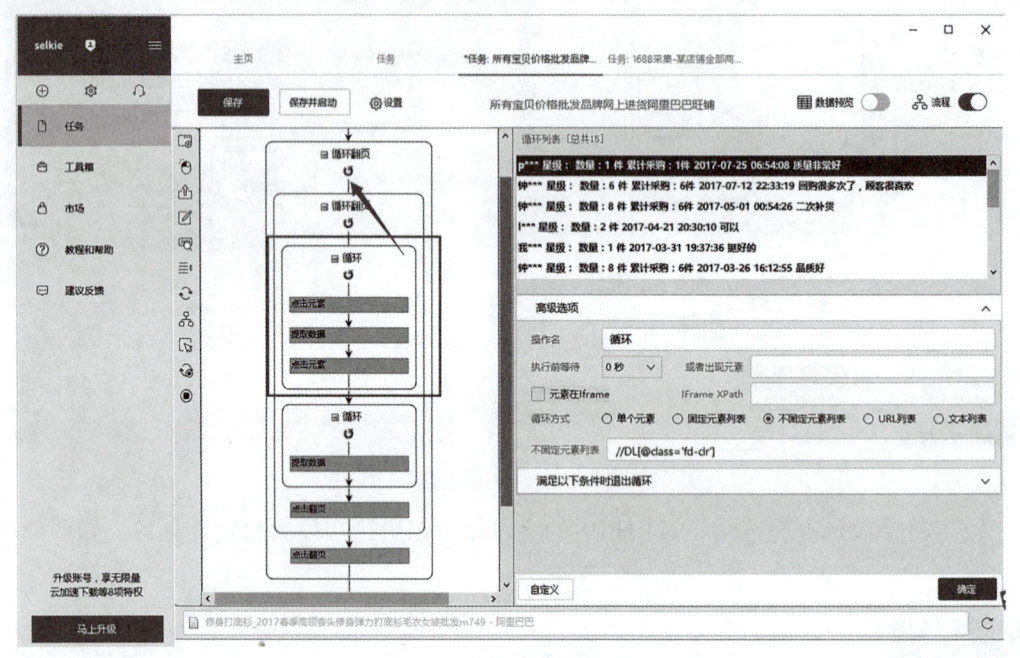

图 2-61　拖动"循环翻页"

待拖动完成后，流程图的结构如图 2-62 所示。

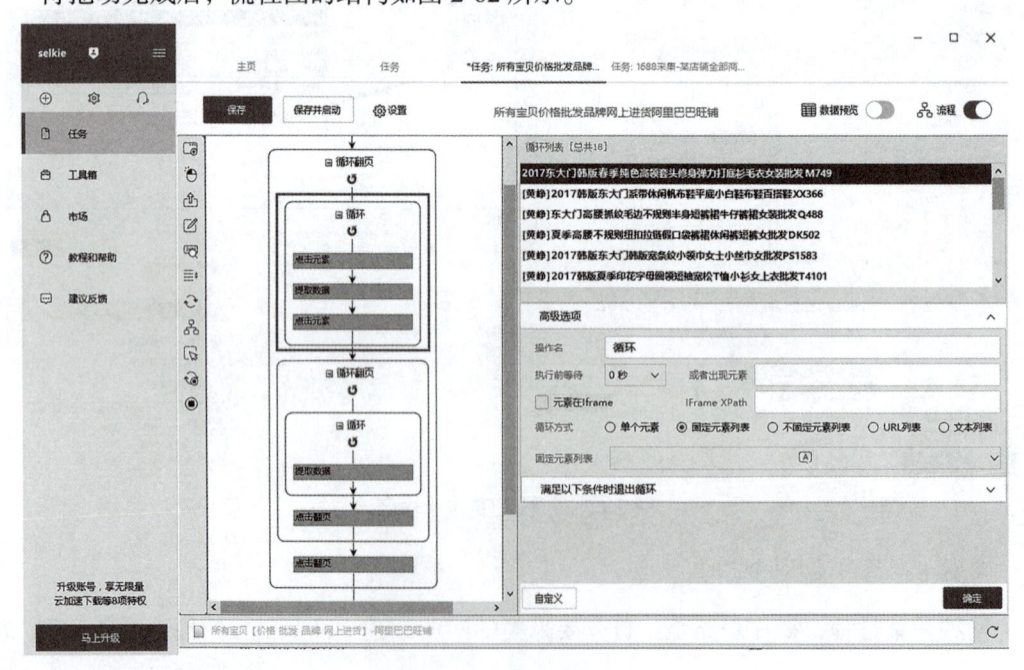

图 2-62　调整流程图结构

（2）选中整个"循环翻页"步骤（商品评价的循环翻页），将其拖入整个"循环"（商品链接的循环列表）步骤中，如图 2-63 所示。

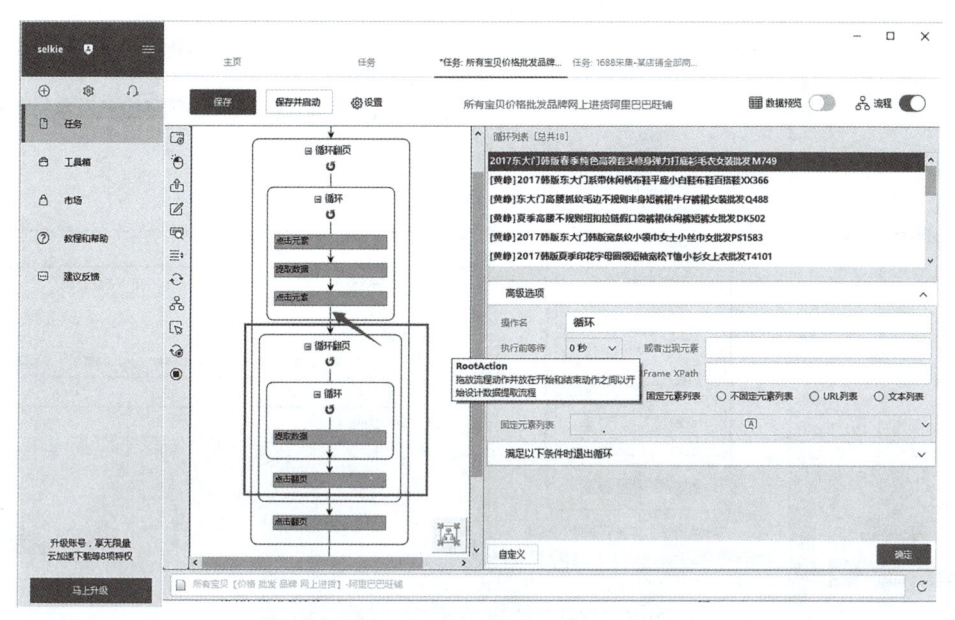

图 2-63　拖动商品链接的循环列表

待拖动完成后，流程图的调整便可完成，如图 2-64 所示。

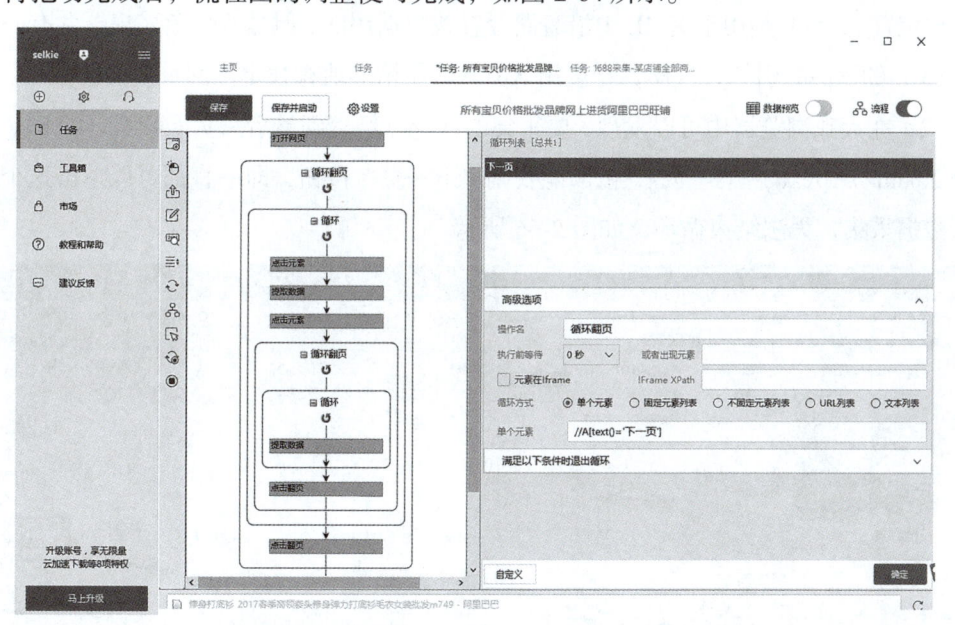

图 2-64　完成流程图调整

步骤 7：修改 Xpath。

单击页面左上角的"保存并启动"，选择"启动本地采集"。在采集过程中可以发现，采集的数据出现大量的重复。

（1）选中整个"循环翻页"步骤，打开"高级选项"，将单个元素列表中的 Xpath: //A[text()='下一页']复制粘贴到火狐浏览器中的相应位置，如图 2-65 所示。

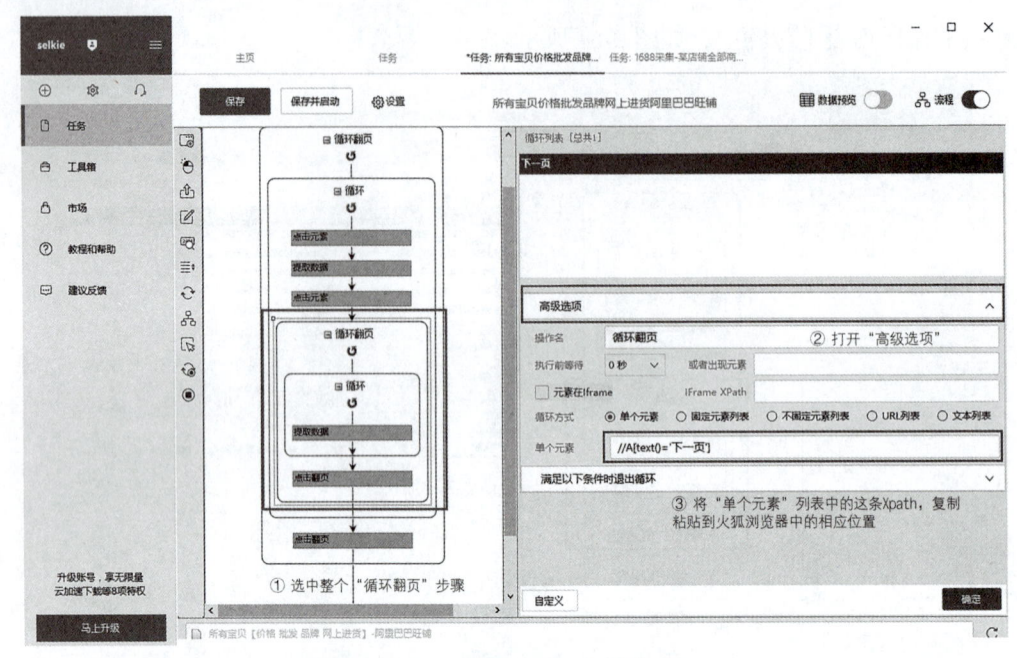

图 2-65 打开"高级选项"复制粘贴 Xpath

注意，Xpath 是一种路径查询语言，简单地说就是利用一个路径表达式找到我们需要的数据位置。Xpath 是用于 XML 中沿着路径查找数据用的，但是八爪鱼采集器含有一套针对 HTML 的 Xpath 引擎，这样，直接用 Xpath 就能精准地查找定位网页里面的数据。

（2）在火狐浏览器中可以发现，要采集的评论已经翻到最后一页（第 11 页）时，使用此条 Xpath：//A[text()='下一页']，依旧能找到"下一页"按钮，即一直都可以单击这个按钮进行数据采集，无法结束循环，如图 2-66 所示。

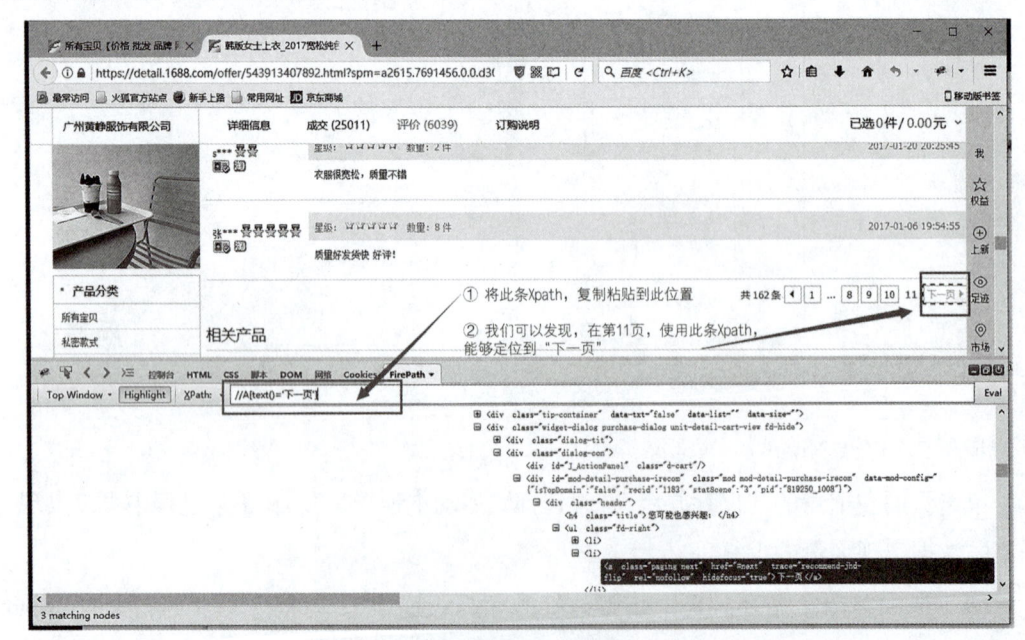

图 2-66 循环采集

（3）返回八爪鱼采集器，选择"自定义"，如图2-67所示。

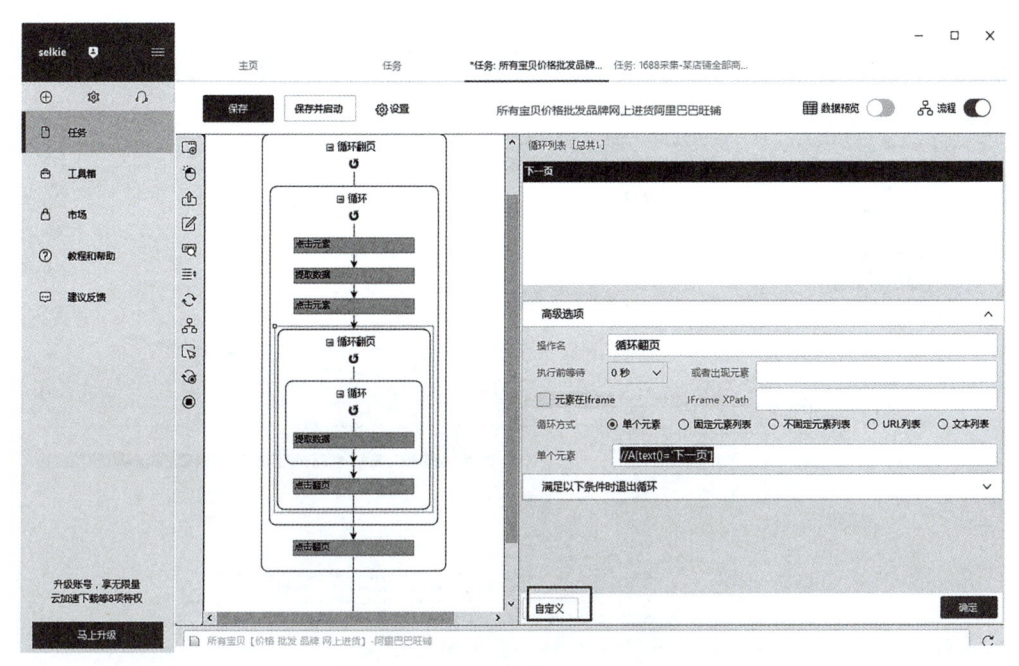

图2-67 "自定义"页面

勾选"元素Class=next"，此时元素匹配的Xpath为："//A[@class='next']"，如图2-68所示。

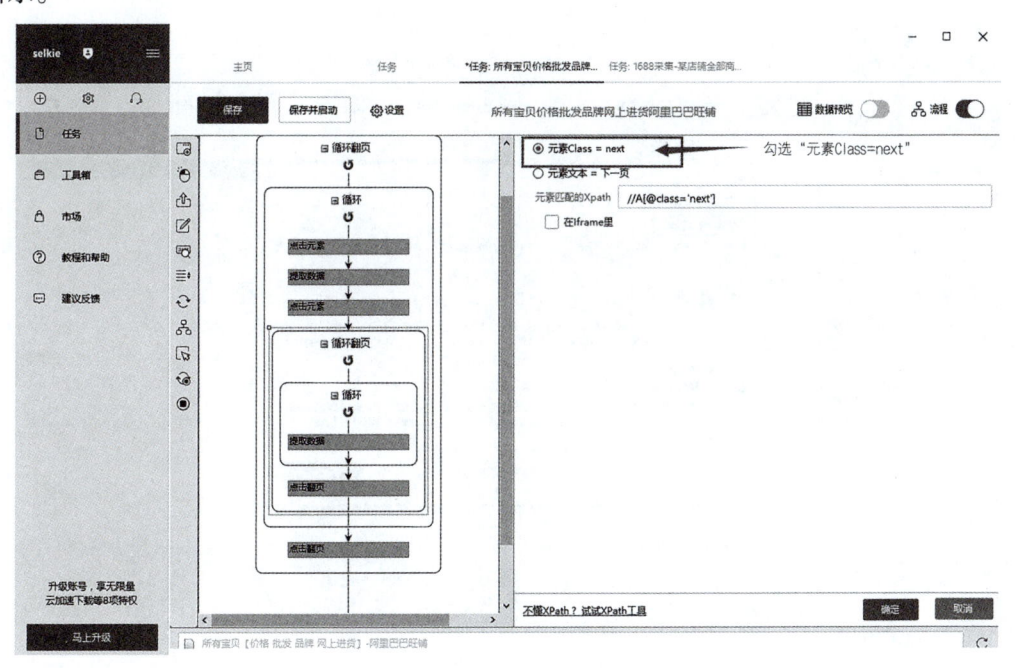

图2-68 勾选"元素Class=next"

（4）将修改后的Xpath：//A[@class='next']复制粘贴到火狐浏览器中。当评论位于第1～10页时，均能够定位到"下一页"。而当翻到最后一页（第11页）时，则不能定位到"下一页"。因此，翻页死循环的问题得到了解决，如图 2-69 所示。

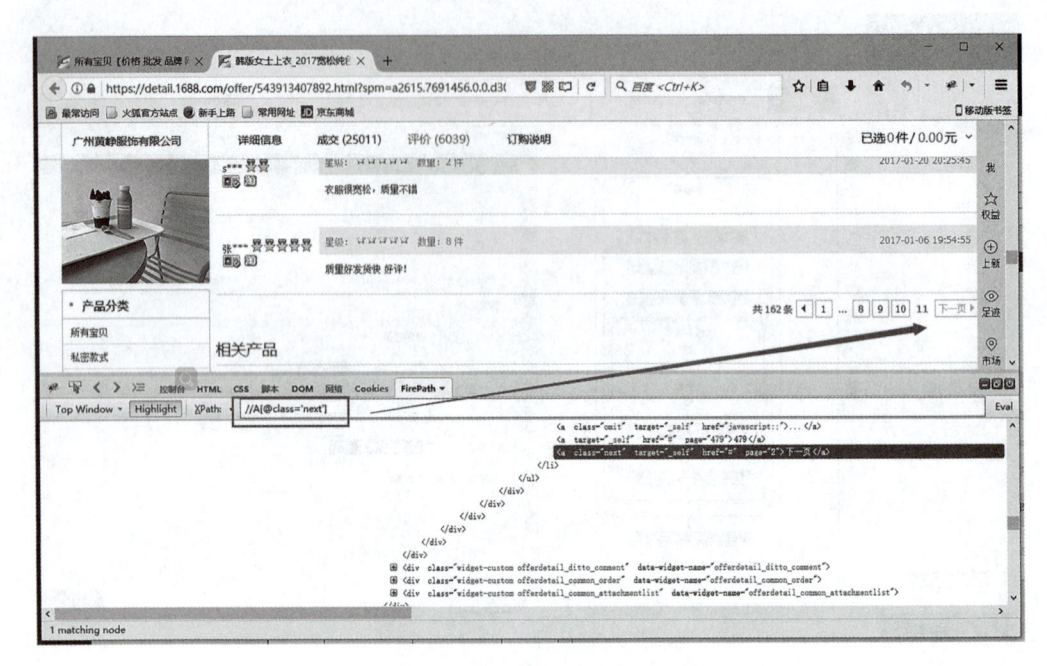

图 2-69　修改 Xpath

（5）单击页面左上角的"保存并启动"，选择"启动本地采集"，再次启动本地采集任务，如图 2-70 所示。

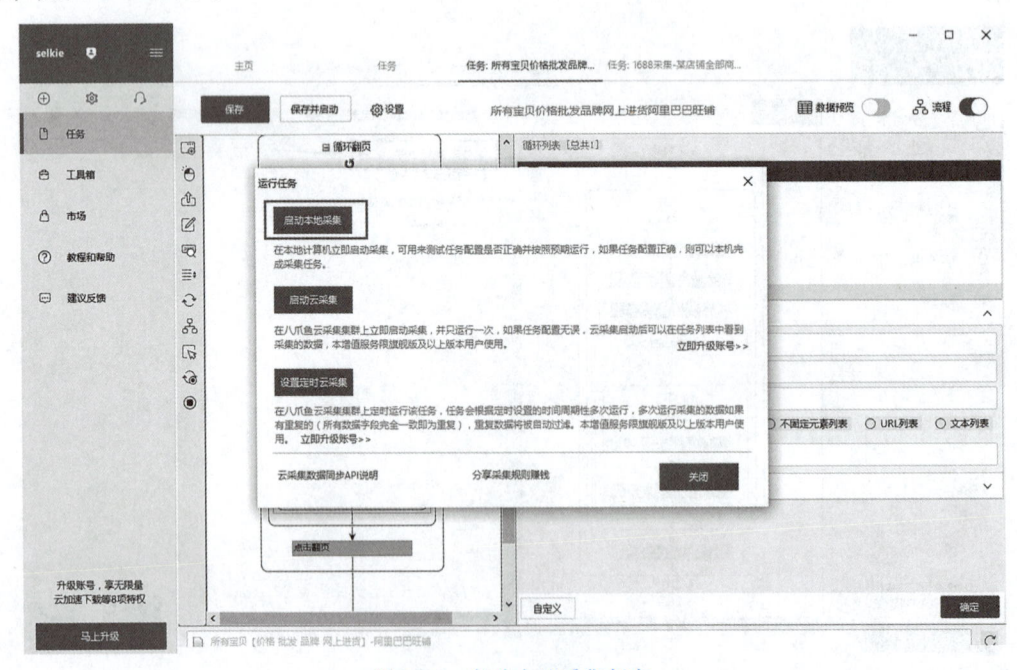

图 2-70　启动本地采集任务

步骤 8：导出数据。

（1）当采集完成后，页面会跳出提示，让用户选择"导出数据"。现在，选择"合适的导出方式",将采集好的数据导出,如图 2-71 所示。

图 2-71　导出数据

(2)这里选择 Excel 作为导出格式,数据导出后便如图 2-72 所示。

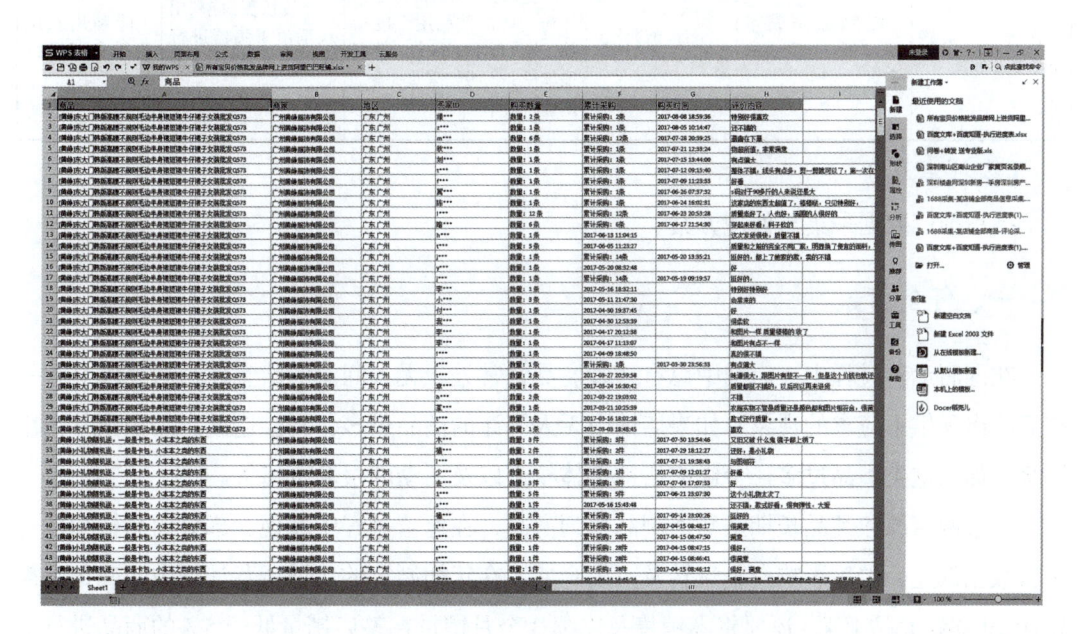

图 2-72　选择 Excel 格式作为导出格式

【项目总结】

本项目介绍了商务数据采集的来源与渠道,使学生可以掌握常见数据的采集方法,并着重讲解了采集各类数据的过程。

数据被誉为"未来的石油",商务数据则具备更广阔的应用场景。通过分析数据,企业不仅可以发现企业内部、客户体验及营销手段的问题,还可以了解客户的内在需求。在网络时代,数据来自各个方面,庞大而复杂。产品的整个寿命周期(包括从市场调研到售后服务和最终处置的各个过程)都需要进行数据分析。"工欲善其事,必先利其器",电商平台中的数据是公开、共享的,但数据间的各种信息传输和分析需要有一个采集整理的过程,熟练运用采集器,可以更迅速地获取更多的商务数据,掌握商场的主动权。在数据采集过程中,应恪守电子商务法律法规,在学习的过程中要谦虚谨慎,刻苦钻研业务,采集数据时要坚持实事求是的工作作风,在各个环节都要求准确、如实反映客观实际,从客观存在的事实出发,这也是商务数据分析行业的职业责任和修养。

【任务考核/评价】

理解并能选择合适的数据采集工具采集相关网店数据,撰写数据采集报告和完成收集采集任务。

任务考核/评价

任务名称	考核点	建议考核方式	评价标准		
			优	良	及格
任务三 实施商务数据收集	能熟练完成市场、产品、运营数据采集	分组与讨论、实操考核	态度认真,团队协作能力优秀,能高效利用百度指数、八爪鱼采集器完成数据采集任务,数据采集完整、正确、科学	态度认真,能利用八爪鱼采集器进行数据采集,采集数据完整	能利用八爪鱼采集器进行数据采集

【实操实训】

撰写推广数据采集与处理方案。

一、任务背景

在网店运营过程中,店铺中总有一些商品常常处于无人问津的状态,当然,也会有一些商品出现供不应求的现象。如果店铺中无人问津的商品过多,则会造成商品积压并占用资金。如果这类商品过多还会影响店铺整体权重以及活动的报名资格等。

淘宝网店原牧纯品长期经营肉制品系列商品,在运营过程中发现,部分商品持续数月销售数据低迷,严重影响资金流转及占用仓库。在年初制定的店铺运营计划中明确每月需要让10款新商品上架,还要将零销售及连续3个月销量在整店销量低于5%的商品进行下架处理,以确保店铺商品的动销率稳中有升。

二、任务分析

该任务中要求找出月销量与低于店铺平均水平50%的商品,通过分析可以得到该任务中首先需要获取到每个商品的销售数据，计算出月度平均销量，并将每个商品的月销量与平均销量进行比对，找出其中低于平均值50%的商品。销量数据可以通过店铺后台直接下载获取。

三、操作步骤

撰写运营数据采集与处理方案，其操作步骤和关键节点展示如下。

步骤1：制定数据分析目标。

根据推广部门提交的数据分析需求，对其进行归类、整理、分析，梳理出可执行的数据需求，并进一步确定数据分析目标。

步骤2：确定数据指标。

将数据分析需求转化为数据指标，并将数据指标转化为可直接采集的数据指标。

步骤3：确定数据来源及数据采集工具。

根据数据分析需求及指标，确定数据来源渠道及采集工具。

步骤4：撰写运营推广数据采集与处理方案。

店铺商品销售数据采集与处理方案见表2-8。

表 2-8　店铺商品销售数据采集与处理方案

背景介绍	
分析目标	
数据分析指标	
数据来源渠道及采集工具	

【拓展训练】采集淘宝商品列表页。

采集内容：在淘宝首页，输入商品关键词搜索，采集搜索后得到的商品列表数据。

采集字段：店铺名称、地理位置、商品名称、商品价格、付款人数、商品链接、当前时间。

（示例网址：https: //s.taobao.com/search?q=%E8%BF%9E%E8%A1%A3%E8%A3%99&imgfile=&commend=all&ssid=s5-e&search_type=item&sourceId=tb.index&spm=a21bo.2017.201856-taobao-item.1&ie=utf8&initiative_id=tbindexz_20170306）

采集方法1：智能识别

步骤1：输入网址，八爪鱼自动打开网页。可以看出，淘宝是一个需要登录才能访问所需数据的平台。可使用浏览器模式＋Cookie登录。

在浏览器模式下输入自己的淘宝账号和密码可以登录，也可扫码登录（本示例使用扫码的方式登录），如图 2-73 所示。

图 2-73　八爪鱼网站首页

登录完成后，记住 Cookie。

步骤 2：开始使用智能识别，可以看出，八爪鱼自动识别出了网页上的数据和翻页，如图 2-74 所示。

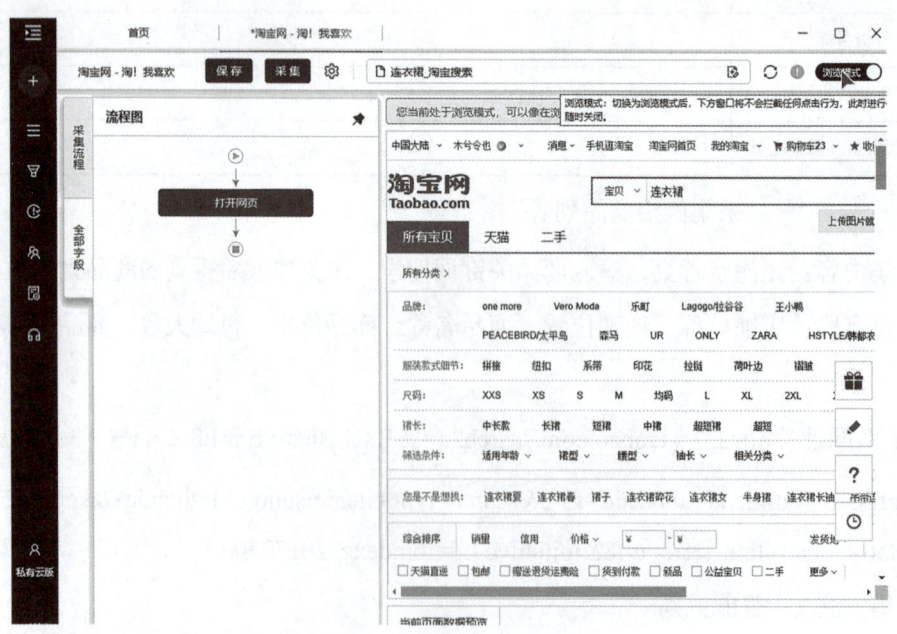

图 2-74　八爪鱼自动识别淘宝页面

步骤 3：启动采集，查看采集结果，如图 2-75 所示。

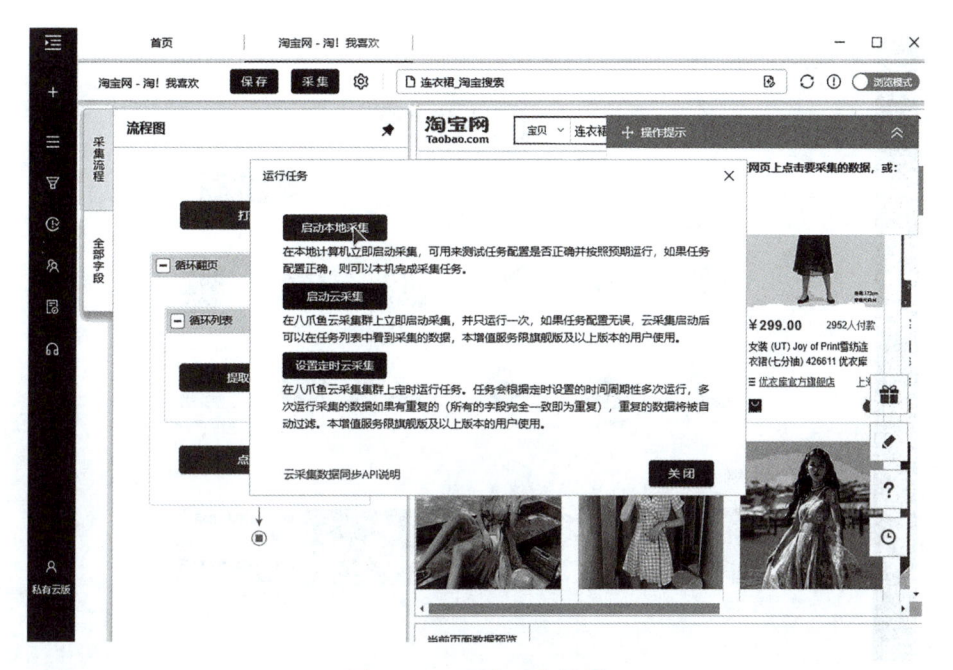

图 2-75　八爪鱼采集结果

待采集完成后，以需要的格式导出即可，如图 2-76 所示。

图 2-76　选择格式导出识别数据结果

采集方法 2：使用采集模板"淘宝网-商品列表页采集"

步骤 1：选择"淘宝网-商品列表页采集"模板，如图 2-77 所示。

图 2-77 选择"淘宝网-商品列表页采集"模板

步骤 2：按照说明输入采集参数，这个模板有 4 个参数：商品名称（可以同时输入多个，每行 1 个即可）、淘宝账号、淘宝密码、翻页次数，如图 2-78 所示。

图 2-78 输入采集模板参数

步骤 3：参数设置完成后，单击"保存并启动"按钮，启动采集便可获取到所需数据，此处不再赘述。

【测一测】

习题答案

一、单选题

1. 以下属于内部数据获取渠道的是（　　）。

    A. 多多参谋　　　　　　　　B. 店侦探

    C. 百度统计　　　　　　　　D. 店数据

2. 下列数据获取渠道或工具中属于平台自身提供的是（　　）。

    A. 店数据　　　　　　　　　B. 生意参谋

    C. 店侦探　　　　　　　　　D. 逐鹿工具箱

3. 以下关于数据采集的说法正确的是（　　）。

    A. 爬虫类采集工具可以采集所有类型的数据

    B. 淘宝网店的运营数据可以通过使用友盟等统计工具采集

    C. 第三方电商网站可以使用百度统计采集店铺运营数据

    D. 店侦探可以获取店铺的详细销售数据

4. 某网店准备按照店铺商品的引流能力及盈利能力两项数据分别对商品进行排序，将两项数据指标排名均靠后的 5 款商品进行下架处理。根据以上情景，可将数据分析目标确定为（　　）。

    A. 分析店铺商品的引流能力和盈利能力

    B. 分析店铺商品中能够稳定获利的

    C. 分析店铺商品的展现量

    D. 分析店铺商品的推广效果

5. 并非所有需要的数据指标都可以在数据采集过程中采集到。在这种情况下，以下做法中正确的是（　　）。

    A. 可以使用能够反映该指标的其他数据替代

    B. 不需要采集

    C. 想尽一切办法寻找可以采集到该指标的数据渠道

    D. 忽略该数据的采集任务

6. 下列采集行为属于违法行为的是（　　）。

    A. 使用生意参谋工具导出自己店铺的运营数据

    B. 使用百度指数工具获取关键词搜索指数及客户画像数据

C. 通过技术手段进入竞争对手网站数据库获取网站流量及销售数据

D. 使用数据采集工具采集其他网站公开数据信息用于数据分析

7. 以下不属于推广数据指标的是（　　）。

  A. 直通车转化率　　　　　　B. 展现量

  C. 点击率　　　　　　　　　D. 库存周转率

8. 某淘宝店铺准备分析某商品一段时间内的复购率时，需要采集的数据指标不包含（　　）。

  A. 买家用户名

  B. 商品交易笔数

  C. 客户支付金额

  D. 下单时间

9. 通过数据库采集系统直接与企业业务后台服务器结合，将企业业务后台每时每刻产生的大量业务记录写入数据库中，最后由特定的处理系统进行数据分析，这类数据采集方法是（　　）。

  A. 系统日志数据采集

  B. 数据库采集

  C. 报表采集

  D. 调查问卷采集

10. 完成数据采集后应对数据进行复查或计算，并将其与历史数据进行比较。同时，还要检查字段的完整性，从而保证核心指标数据完整，这属于（　　）检查。

  A. 完整性检查

  B. 准确性检查

  C. 规范性检查

  D. 以上都不是

二、多选题

1. 行业发展数据来源主要依托于（　　）等。

  A. 网站流量统计工具

  B. 行业协会

  C. 数据公司发布的行业统计数据

  D. 行业调查报告

2. 采集产品行业数据的核心目的是了解该产品的市场需求变化情况，常用到的数据采集指标包括（　　）。

  A. 产品搜索指数

  B. 产品重复购买率

  C. 产品交易指数

  D. 产品收藏量

3. 以下属于指数工具的有（　　）。

  A. 百度指数　　　　　　　　B. 360趋势

  C. 搜狗指数　　　　　　　　D. 阿里指数

4. 目标客户数据通常会涉及目标客户的哪些数据指标？（　　）

  A. 地域分布

  B. 性别占比

  C. 年龄结构占比

  D. 职业领域占比

5. 使用爬虫类工具批量采集网页数据的流程包括（　　）。

  A. 寻找目标页面的网址规律

  B. 编写采集规则

  C. 实施采集

  D. 查看目标网站开发语言

项目三

商务数据预处理

商务数据预处理

【项目介绍】

　　截至2022年，我国宠物数量已达2.2亿只，预计到2024年，宠物经济市场规模将达到1810亿元，宠物用品蕴藏着巨大的商机。梅青也趁热在淘宝平台开了一家宠物用品店，为了制订更好的营销策略，她每个月都要对新增的店内数据与历史数据进行汇总。如何快速地完成这个重复工作呢？如何运用 Excel 工具，从店铺运营的大量数据中提取有用数据呢？

　　数据处理有广义和狭义之分。广义的数据处理包括所有的数据采集、存储、加工、分析、挖掘和展示等工作；而狭义的数据处理仅仅包括从存储的数据中筛选出有用的数据，对有用的数据进行加工的过程。一般数据处理就是对数据进行增加、删除、修改、查询等操作。

【知识目标】

1. 了解商务数据处理的概念；
2. 学会查找原数据存在的主要问题；
3. 掌握数据预处理的方法。

【技能目标】

1. 培养学生学会对数据处理的能力；
2. 掌握数据清洗的方法；
3. 学会查找数据存在问题的方法；
4. 能使用Excel对数据进行清洗。

【素质目标（思政目标）】

1. 培养学生以商务决策为导向的数据分析意识；

2. 培养学生对商务数据的敏感性；

3. 树立学生的商务数据安全意识，以及较强的数据判断能力；

4. 培养学生良好的职业道德，在进行数据处理时不弄虚作假。

【项目思维导图】

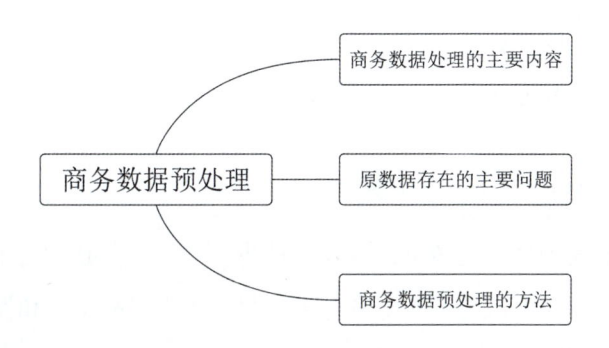

商务数据预处理
- 商务数据处理的主要内容
- 原数据存在的主要问题
- 商务数据预处理的方法

【项目预习】

刚采集回来的大量原始数据一般都存在杂乱无章、不完整、缺失、重复、异常等问题，所以，我们获取原始数据后，需要通过一定的方法对数据进行处理，从而提高数据的质量，使原始数据转换为可以直接应用的数据，为后期数据分析和挖掘做准备。

工作中经常遇到处理数据的问题，这些数据量通常不大，用 Excel 处理起来比较方便。如果再掌握一些方法，工作效率就能事半功倍。使用 Excel 工具进行数据处理的方法很多，如函数、数据透视、菜单中"数据→分列"和菜单中"数据→删除重复项"等。

1. 常用函数

一些经常使用的函数，每次使用完后，一定要对计算出来的数据进行复制，在原位置粘贴成数值，否则表格一有变动，公式就会重新计算，且有可能出现错误。数据量大时，重新计算会相当费时，而且若函数里引用了没有将公式转换成值的其他表格 A，将该表发给他人后，他人若没有表格 A，那么使用公式计算便会出现错误。

以下函数常用于数据处理。

1）MID 函数

MID 函数的功能是取一个字符串的一部分，例如第一列为身份证号，第二列要根据身份证号提取出生日期，这时可以使用该函数。注意开始位置从 1 开始计算。

MID 的用法是：MID（字符串，开始位置，长度）。

假设 A1 为数据，因此应当在 B1 中输入公式：

=MID(A1,7,8);

2）TRIM 函数

TRIM 函数，英语单词 TRIM 的意思是修剪，该函数在 Excel 中的意思即为去掉文字前后的空格，之所以要去掉空格，是因为进行对比时，空格也计算在内，比如"张三"和" 张三"进行对比时，是不相等的，因为后面的张三前面有一个空格。因此当两列数据进行对比时，应在右边插入一列，利用 TRIM 函数处理数据。

TRIM 的用法是：TRIM（字符串）

假设 A1 为数据，因此应当在 B1 中输入公式：

=TRIM(A1)

3）VLOOKUP 函数

做报表时，容易遇到这样的情况，表 A 中缺少一列，而表 B 中有此列，而且两个表中都有一列相同值，比如：某表只有工号和姓名，另一表中只有工号和性别，现在想在第一个表中添加性别，即可使用 VLOOKUP 函数。

如图 3-1 所示，VLOOKUP 有四个参数，第一个是要查找的值，即 A2 工号；第二个参数是要查询的区域，即$A$8：$B$11（通常为绝对引用）；第三个参数是查询到值后，显示同行第几列，要填写的是性别，所以是第二列；第四个参数为 FALSE，意为精确查询。

	A	B	C	D
1	工号	姓名	性别	
2	111	张三	男	
3	222	李四	女	
4	333	张三	男	
5	444	张三	女	
6				
7	工号	性别		
8	111	男		
9	222	女		
10	333	男		
11	444	女		

C2 =VLOOKUP(A2, $A$8:$B$11, 2, FALSE)

图 3-1　VLOOKUP 函数的使用

2. "数据→分列"

经常出现的数据为 CSV 格式，即分隔符为逗号、管道符等字符的数据，例如"ABC|234|23"。因此在计算之前，首先对数据进行整理。然后将数据粘贴到 Excel 中，单击"数据→分列"，选中数据的分隔符"|"，此处要注意的是，最好对每一列单独设置数据类型，比如上面的数据，第一列为文本、第二列为常规、第三列为常规，区分数据类型，是因为有"0"开头的数据、长数据（如身份证号），如果不设置成文本，那么在"0"开头的数据中，"0"会被删除；身份证号会被当成数字，将后面几位舍成"0"。再就是利用筛选功能，检查是否存在错列的现象，如果存在，便先删除，如图 3-2 所示。

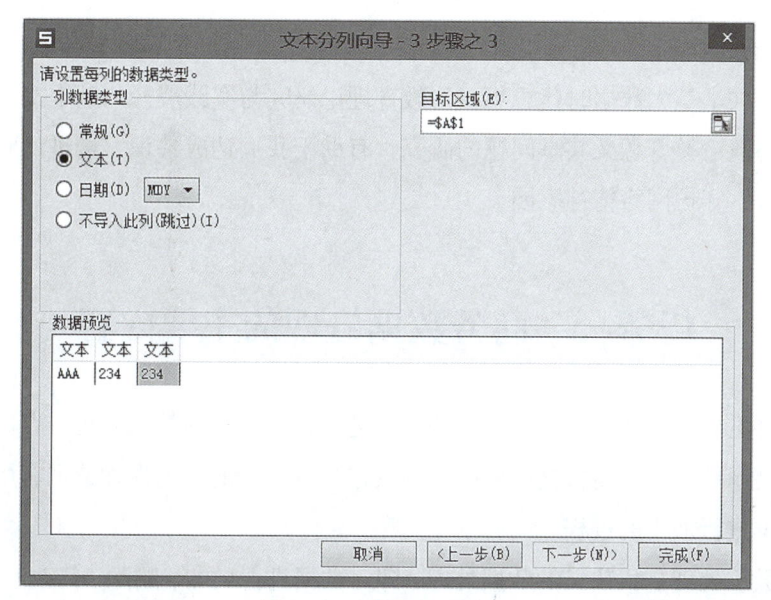

图 3-2 "数据→分列"

3. "数据→删除重复项"

处理数据时，经常遇到删除重复项的情况，2007 及以后的 Excel 版本本身提供了这项功能（数据→删除重复项），直接使用就能把重复的数据删除。删除时可以以某列或某几列作为条件进行删除，例如只选工号时，表示工号相同的即删除，而不论姓名是否相同。删除时为整行删除，所以大可不必担心因为删除重复项而导致数据错行，如图 3-3 所示。

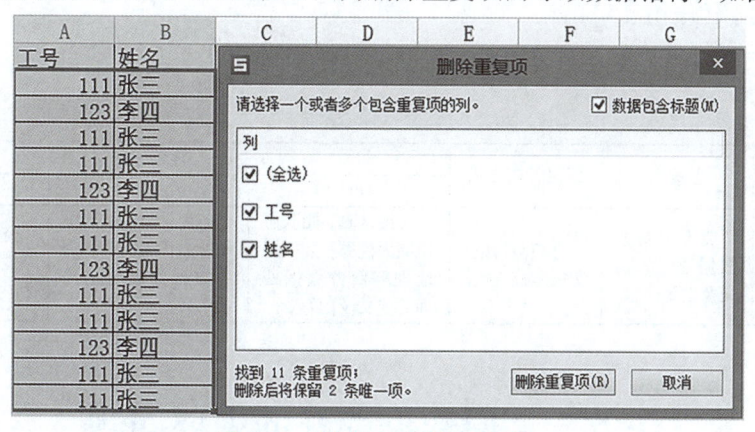

图 3-3 "数据→删除重复项"

【案例导入】

张雷根据指导专家的建议，在部门同事的协调配合下，制定了明确的商业规划过程，但这只是目标实施的第一步。接下来，张雷面临更大的挑战，即是如何获取所需的特定数据，而获取数据之后又该对数据进行哪些处理呢？数据处理过程中需要注意哪些问题？运用哪些方法？带着这些问题，张雷重新开始了"取经"之路。

本项目主要介绍如何利用 Excel 进行数据清洗，为用户将来从事数据可视化与分析工作打下数据基础。

追求意义共享是大数据时代思想政治教育理论研究与实践展开的基本指向，加强对大数据时代思想政治教育意义共享问题的研究，有助于我们达成共识、增进认同，提高思想政治教育实效，守护网络精神家园。

任务一　商务数据处理的主要内容

配套数据

数据处理有广义和狭义之分，广义的数据处理包括所有的数据采集、存储、加工、分析、挖掘和展示等工作；而狭义的数据处理仅包括从存储的数据中筛选出有用的数据，并对有用的数据进行加工的过程。

常用的数据处理是指狭义的数据处理，即对数据进行增加、删除、修改、查询等操作。在目前大量数据背景下，数据处理工作往往是通过技术手段来实现的，如利用数据库对处理的数据进行增加、删除、修改、查询等。

在数据处理过程中最大的工作是对数据进行清洗，即将不清洁的数据进行清洁化，使得数据理更加规范，让数据结构更加合理，让数据的含义更加明确，并将数据处理成数学模型可用的状态。

【任务考核/评价】

理解数据处理的定义及主要内容。

任务考核/评价

任务名称	考核点	建议考核方式	评价标准		
			优	良	及格
任务一　商务数据处理主要内容	能理解商务数据处理的定义及主要内容	分组与讨论、实操考核	态度认真，团队协作能力优秀，能很好地理解商务数据处理的定义及内容	态度认真，团队协作能力优秀，了解商务数据处理的定义及内容	态度认真，了解商务数据处理的定义和内容

任务二　原数据存在的主要问题

通常采集到的数据不能直接用于数据分析，因为原数据会出现数据缺失、异常、冗余、不一致等现象，还得利用一些成熟的数据分析模型对数据进行处理才能满足数据分析模型的要求。因此，用来做数据分析的数据必须按照分析模型要求提前进行处理，一般对原数据进行以下几个方面的处理。

1. 处理重复的数据

重复数据是指在数据表中唯一标识记录的字段出现多次的数据。例如，在图 3-4 所示的会员信息表中，会员编号是可以唯一标识每条记录的指标。其中，会员编号"222222"出现了3次，为重复数据。

2. 缺失的数据

缺失的数据是指在实践过程中因没有能够获取相关信息而不完整的数据。例如，在抽样调查中，被调查对象拒绝提供相关信息；又如，在某些实验中，因各种原因没能获取实验数据；或者数据录入、存储过程中的人为失误和系统硬件问题，都可能造成数据缺失。缺失的数据会影响分析结果的可信度，甚至使分析结果出现严重偏差。例如，在图3-4所示的会员信息表中，会员编号为"2490531"中的"性别""联系手机"及"收货地址"是缺失的数据，如图3-4所示。

会员信息表					
会员编号	年龄	性别	联系手机	收货地址	
97485	40	男	137****8004	广东省 深圳市 大鹏新区	
190695	45	女	158****5099	广东省 深圳市 福田区	
489376	30	女	136****8028	广东省 深圳市 龙岗区	
222222	29	男	137****0703	广东省 广州市 白云区	
493834	47	女	139****2634	广东省 深圳市 龙岗区	
558903	36	女	187****4577	广东省 中山市 小榄镇	
559569	48	男	135****1048	广东省 广州市 花都区	
893869	29	女	186****1665	广东省 梅州市 梅县区	
1333727	33	女	181****8906	广东省 广州市 白云区	
222222	29	男	137****0703	广东省 广州市 白云区	
2263904	33	男	150****1945	广东省 深圳市 罗湖区	
2310007	32	女	186****0221	广东省 深圳市 南山区	
2490531	33	—	—	—	
2689842	30	男	151****5892	广东省 深圳市 龙岗区	
2925852	27	男	138****0278	广东省 中山市 小榄镇	
3061820	20	男	138****6726	广东省 阳江市 江城区	
3139245	24	男	151****8770	广东省 东莞市 东城街	
222222	42	女	138****6726	广东省 深圳市 福田区	
4153242	32	女	137****2026	广东省 东莞市 石龙镇	
4153485	34	女	156****8632	广东省 梅州市 五华县	
4153595	24	男	150****9225	广东省 江门市 江海区	
4290542	30	女	134****8287	广东省 深圳市 龙岗区	
4313145	33	女	183****1965	广东省 东莞市 石龙镇	
4313496	26	女	151****8770	广东省 东莞市 东城街	
4372630	41	male	159****9830	广东省 广州市 黄埔区	
4414023	40	男	135****1029	广东省 梅州市 五华县	
4717133	43	女	134****0987	广东省 惠州市 惠阳区	

图3-4 重复数据

3. 异常的数据

异常值也叫离群点，是指所获得的数据中与平均值的偏差超过两倍标准差的数据。异常值产生的原因有很多，如录入数据误将"80"录入为"800"，那么如果数据均为"100"左右的数据时，"800"就会被识别为异常值。异常值的存在会严重影响数据分析的结果，如使平均值偏高或偏低，使方差增大，影响数据模型的拟合优度等。此外，若异常值不是错误数据，就应是数据人员关注的焦点。

4. 冗余的数据

冗余数据一方面指多个数据集合并时，同一条数据命名或者编码方式不同，如某个数据集中的变量名称为"用户编码"而在另一个数据集中为"ID"；另一方面指数据集合中的两个或多个变量之间存在相关或者推导关系。冗余数据会使数据重复或使分析结果产生偏差。

5. 不一致的数据

数据不一致的情况往往是由于没有遵循单维数据表的原则导致的。例如，同一条信息被记录在不同的数据表中，当对此条信息进行更改后，由于没有同时对所有的数据表做出相同的更改，而导致出现数据不一致的情况。

6. 数据格式标准不统一

所谓数据格式标准不统一，是指在录入数据时使用了错误的格式。例如，在录入日期时，由于格式不规范，计算机不能自动识别为日期格式。这种情况的一般处理方式为，在信息系统中设定相关的数据校验，如果录入的数据格式不一致，则系统会弹出数据录入格式错误的警告。

【任务考核/评价】

通常采集到的数据不能直接用作数据分析，因为原数据会出现数据缺失、异常、冗余、不一致等现象，能通过 Excel 工具中的方法查找数据存在的主要问题。

任务考核/评价

任务名称	考核点	建议考核方式	评价标准		
			优	良	及格
任务二 原数据主要存在的主要问题	能运用 Excel 中的函数、筛选等方法，熟练查找原始数据存在的主要问题	分组与讨论、实操考核	态度认真，团队协作能力优秀，能运用 Excel 工具中的函数、筛选等方法，熟练查找原始数据存在的主要问题	态度认真，团队协作能力优秀，能运用 Excel 工具查找原始数据存在的主要问题	态度认真，团队协作能力优秀，会查找原始数据存在的主要问题

任务三　商务数据预处理的方法

通过数据分析过程获得结果不只依赖算法，还依据数据的质量。好数据胜过复杂的模型，所以在进行数据分析之前对采集的数据进行清洗和处理显得极为重要。针对采集的大量数据因存在问题不同，我们需要对数据的完整性、一致性和准确性进行重新审查和校验，对不符合要求的数据，如缺失数据、重复数据、错误数据等进行删除、纠正处理，以保证数据的一致性，数据处理的主要方法有商务数据统计特征处理、商务数据集成、转换和规约、商务数据清洗等。

以下围绕数据清洗的目的，从缺失数据、重复数据和错误数据3个方面出发，通过运用简单的统计学检验和Excel来发现"脏数据"，并对这些数据进行处理，以提高数据的质量，如图3-5所示。

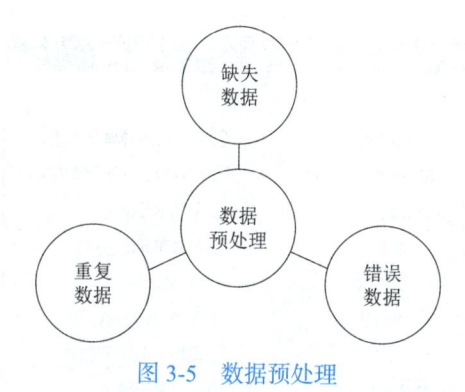

图 3-5　数据预处理

1. 缺失数据的清洗

在实际的数据采集过程中，缺失值常常表示为空值或者错误标识符（#DIV/0!），为了保证数据的完整性，可以运用一些统计学方法查找缺失数据并对其进行处理。在查找缺失数据时，可以直接使用【Ctrl + G】组合键调出Excel的定位功能，选择其中的错误或空值，就可以进一步查找到数据表中的错误值和空白值。那么，面对缺失数据，应该如何处理呢？缺失数据的处理方法如图3-6所示。

图 3-6　缺失数据的处理方法

下面通过采用一个样本统计量的数据代替缺失数据的方法进行说明。在实际操作中，如果样本较大，缺失数据较多，可以先利用【Ctrl + G】组合键定位出样本中的所有空值，然后利用【Ctrl + Enter】组合键在选中的空值单元格中一次性输入样本平均值。当缺失数据较少时，也可通过选取数据前后若干天的数据取平均值作为缺失数据进行填充，如图3-7

所示。

日期	订购数量	平均消费金额	销售总量
2021.9.1	1765	33.48895184	59108
2021.9.2	—	#DIV/0!	55888
2021.9.3	1890	33.62433862	63550
2021.9.4	1813	34.63816878	62799
2021.9.5	—	#DIV/0!	—
2021.9.6	—	#DIV/0!	45778
2021.9.7	1588	16.18261965	25698
2021.9.8	—	#DIV/0!	—

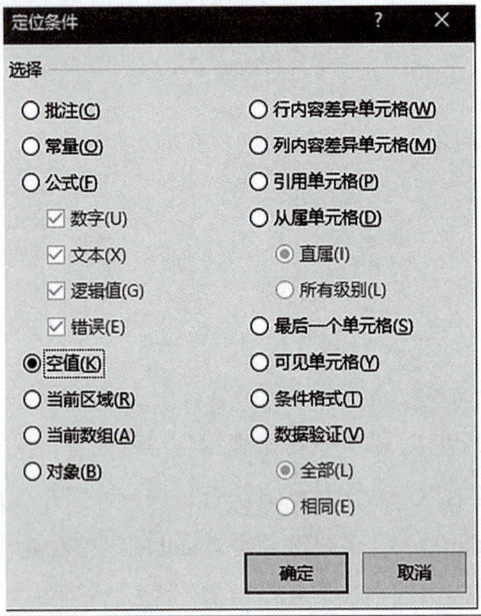

图 3-7　缺失数据的处理方法

在 Excel 中也可以单击"开始"选项卡的"编辑"功能区，通过"查找和选择"→"定位条件"→"空值"→"确定"，将缺失的数据一次性选定。若出现错误标识符，则需根据存储文件特征查找原因，如在 Excel 中，"####"表示单元格中的数据超出了该单元格的宽度，或者单元格中的日期时间公式产生了负值；"#DIV/0!"表示当公式运算时，除数有了数值零，指向了空单元格等。

2. 重复数据的清洗

重复数据可以分为实体重复和字段重复，实体重复是指所有字段完全重复，字段重复是指某个或多个不该重复的字段重复。重复数据的检测方法有很多，以 Excel 为例，可采用筛选、条件格式、数据透视表法和 COUNTIF 函数实现。

在完成重复数据查找后，便可删除重复数据了。删除重复数据的方法分为 3 种，如图3-8 所示。

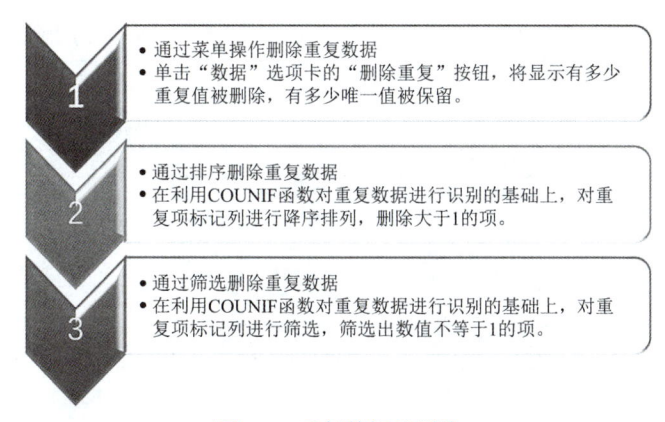

- 1
  - 通过菜单操作删除重复数据
  - 单击"数据"选项卡的"删除重复"按钮，将显示有多少重复值被删除，有多少唯一值被保留。

- 2
  - 通过排序删除重复数据
  - 在利用COUNIF函数对重复数据进行识别的基础上，对重复项标记列进行降序排列，删除大于1的项。

- 3
  - 通过筛选删除重复数据
  - 在利用COUNIF函数对重复数据进行识别的基础上，对重复项标记列进行筛选，筛选出数值不等于1的项。

图 3-8　重复数据的删除

下面以图 3-9 中的会员信息表为例，对重复数据进行检测删除。

1）通过"删除重复值"功能删除重复数据

第 1 步：选中 A2:E33 数据区域，打开"数据"选项卡，在"数据工具"组中单击"删除重复值"按钮，打开"删除重复值"对话框，在"列"区域选择"会员编号"选项。

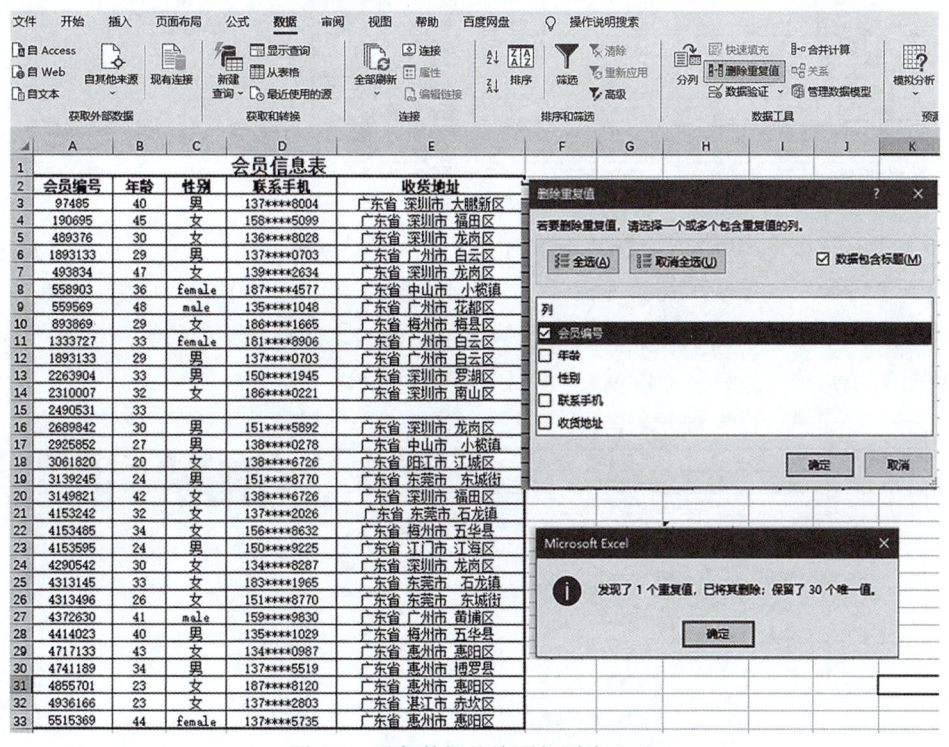

图 3-9　重复数据的检测与删除（1）

第 2 步：Excel 将弹出删除重复值提示，指出删除重复值和保留唯一值的数量（图 3-9），单击"确定"按钮便可删除重复值。

2）通过筛选删除重复数据

该方法是在利用 COUNTIF 函数计算出重复项和多次重复项的基础上，对"多次重复项"字段下大于 1 的数据所在的记录进行删除，如图 3-10 所示。

图 3-10 重复数据的检测与删除（2）

第 1 步：在图 3-10 所示的数据表基础上，选择"多次重复项"字段所在单元格 H2，然后打开"开始"选项卡，在"编辑"组中单击"排序和筛选"中的"筛选"选项。

第 2 步：单击"多次重复项"列标签的下拉菜单，勾选不等于 1 的值，单击"确定"按钮将重复项筛选出来，并删除所在行，如图 3-11 所示。

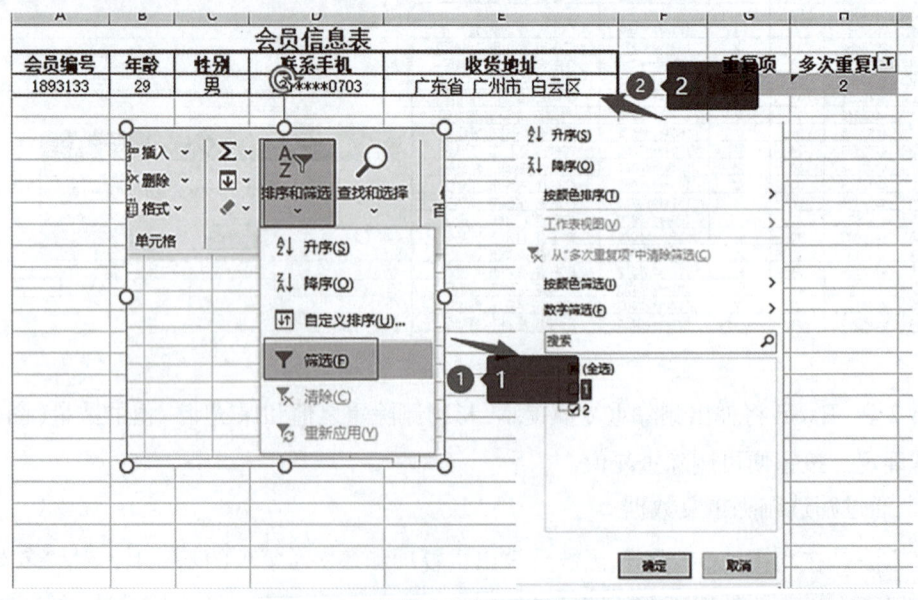

图 3-11 重复数据的检测与删除（3）

3. 错误数据的清洗

除了缺失数据及重复数据外，其他可能出现数据不规范的现象还有很多，如数据不规范、数据不一致、数据标准不统一、数据格式不标准等，为了保证数据的准确性，我们需要对错误数据进行处理。例如，同样是李明，有的地方记录为"李明"，有的地方记录为"李明"。这种情况有时也会发生在字段里，例如，会员信息表中的字段为"入会时间"，由于每个人有不同的喜好和记录数据的方式，所以一些入会时间的录入不规范，应该给"入会时间"字段统一数据录入的格式，如图3-12所示。

会员编号	年龄	性别	联系手机	收货地址	入会时间
97485	40	男	137****8004	广东省深圳市大鹏新区	2021/10/11
190695	45	女	158****5099	广东省深圳市福田区	2021年10月12日
489376	30	女	136****8028	广东省深圳市龙岗区	2021/10/13
222222	29	男	137****0703	广东省广州市白云区	二〇二一年十月十四日
493834	47	女	139****2634	广东省深圳市龙岗区	2021/10/15
558903	36	female	187****4577	广东省中山市小榄镇	10/16/21
559569	48	male	135****1048	广东省广州市花都区	2021/10/11
893869	29	女	186****1665	广东省梅州市梅县区	2021年10月12日
1333727	33	female	181****8906	广东省广州市白云区	2021/10/13
222222	29	男	137****0703	广东省广州市白云区	二〇二一年十月十四日
2263904	33	男	150****1945	广东省深圳市罗湖区	2021/10/15
2310007	32	女	186****0221	广东省深圳市南山区	10/16/21
2490531	33	—	—	—	2021/10/11

图3-12　错误数据的清洗

本项目主要介绍了商务数据处理的概念及主要内容，介绍了原数据存在的主要问题及问题数据处理的主要方法。

首先获取原数据，寻找问题数据，再对问题数据进行预处理，从而获得高质量的数据，为后期数据分析和挖掘做准备。因此，数据预处理是指通过一定的方法使原数据转换为可以直接应用的数据，利用分析工具进行数据分析和挖掘的高质量数据处理过程。

【任务考核/评价】

能围绕数据清洗的目的，针对缺失数据、重复数据和错误数据等问题数据，通过运用简单的统计学检验和Excel表格工具来发现"脏数据"，并对这些数据进行处理，以提高数据的质量。

任务考核/评价

任务名称	考核点	建议考核方式	评价标准		
			优	良	及格
任务三　商务数据预处理的方法	能运用不同的方法，查找出有问题的数据并对其进行清洗和处理。例如处理缺失数据、重复数据和错误数据	分组与讨论、实操考核	态度认真，团队协作能力优秀，能熟练运用不同的方法，查找出有问题的数据并对其进行清洗和处理	态度认真，团队协作能力优秀，能运用不同的方法，对问题数据进行清洗和处理	态度认真，团队协作能力优秀，会对问题数据进行清洗和处理

【拓展训练】

请查找原数据中存在的主要问题，再运用数据处理的办法，对表 3-1 和表 3-2 中的原始数据进行清洗，并阐述数据处理过程。

表 3-1 会员信息表

会员编号	年龄	性别	联系手机	收货地址
97485	40	男	137****8004	广东省 深圳市 大鹏新区
190695	45	女	158****5099	广东省 深圳市 福田区
489376	30	女	136****8028	广东省 深圳市 龙岗区
1893133	29	男	137****0703	广东省 广州市 白云区
493834	47	女	139****2634	广东省 深圳市 龙岗区
558903	36	female	187****4577	广东省 中山市 小榄镇
559569	48	male	135****1048	广东省 广州市 花都区
893869	29	女	186****1665	广东省 梅州市 梅县区
1333727	33	female	181****8906	广东省 广州市 白云区
1893133	29	男	137****0703	广东省 广州市 白云区
2263904	33	男	150****1945	广东省 深圳市 罗湖区
2310007	32	女	186****0221	广东省 深圳市 南山区
2490531	33	—	—	—
2689842	30	男	151****5892	广东省 深圳市 龙岗区
2925852	27	男	138****0278	广东省 中山市 小榄镇
3061820	20	女	138****6726	广东省 阳江市 江城区
3139245	24	男	151****8770	广东省 东莞市 东城街
3149821	42	女	138****6726	广东省 深圳市 福田区
4153242	32	女	137****2026	广东省 东莞市 石龙镇
4153485	34	女	156****8632	广东省 梅州市 五华县
4153595	24	男	150****9225	广东省 江门市 江海区
4290542	30	女	134****8287	广东省 深圳市 龙岗区
4313145	33	女	183****1965	广东省 东莞市 石龙镇
4313496	26	女	151****8770	广东省 东莞市 东城街
4372630	41	male	159****9830	广东省 广州市 黄埔区
4414023	40	男	135****1029	广东省 梅州市 五华县
4717133	43	女	134****0987	广东省 惠州市 惠阳区
4741189	34	男	137****5519	广东省 惠州市 博罗县
4855701	23	女	187****8120	广东省 惠州市 惠阳区
4936166	23	女	137****2803	广东省 湛江市 赤坎区
5515369	44	female	137****5735	广东省 惠州市 惠阳区

表 3-2 会员消费汇总表

ID	男	消费金额/元	消费次数	线下次数	线下金额/元	线上次数	线上金额/元
97485	女	123930.9	57	18	26426.79	39	97504.11
190695	女	12190.56	128	81	3599.56	47	8591

续表

ID	男	消费金额/元	消费次数	线下次数	线下金额/元	线上次数	线上金额/元
489376	男	71840.14	134	76	70373.14	58	1467
493834	女	23762.49	132	111	7925.41	21	15837.08
558903	女	27332.7	8	7	12638.7	1	14694
559569	男	—	114	91	—	23	
893869	女	3816.36	159	149	3756.48	10	59.88
1333727	女	84944.22	92	88	13790.43	4	71153.79
1893133	男	3596.43	141	138	3418.52	3	177.91
2263904	男	23314.97	127	96	13282.47	31	10032.5
2310007	女	12301.06	133	81	11340	52	961.06
2490531	—	26070.64	167	133	9032.76	34	17037.88
2689842	男	19644.2	145	97	15553.8	−48	4090.4
2925852	男	75718.24	93	49	5069.64	44	70648.6
3061820	女	59738.14	344	175	20032.15	169	39705.99
3139245	男	28428.04	159	137	28287.06	22	140.98
3149821	女	44622.53	108	98	12:43:12	10	10000
4153242	女	5728.98	165	108	4324.27	57	1404.71
4153485	女	5280.84	119	102	5172.54	17	108.3
4153595	男	7986.8	−173	91	1235.2	82	6751.6
4290542	男	8178.42	177	143	7892.32	34	286.1
4313145	女	16941.63	137	87	9304.95	50	7636.68
4313496	女	37471.8	148	123	15081.54	25	22390.26
4372630	男	37498.7	159	122	21697.42	37	15801.28
4153485	男	5280.84	119	102	5172.54	17	108.3
4414023	女	3996.73	130	89	3953.02	41	43.71
4717133	男	41585.41	106	50	11342.81	56	30242.6
4741189	女	27688.39	85	77	27323.39	8	365
4855701	女	103277.03	175	174	96716.03	1	6561
4936166	女	3138.75	131	105	3037.53	26	101.22
5515369	女	18284.87	124	31	2495.37	93	15789.5

从表 3-3 "全校名单（字段匹配）"中提取数据完成表 3-4 中的"成绩查询（字段匹配）"数据，采用函数方法。

数据信息表 2

表 3-3　全校名单（字段匹配）

姓名	学号	性别	身份证号码	出生日期	高考分数
艾城	1514120801	—	12010219970130××××	1997/1/30	299
白有成	1514121501	—	13010419960208××××	1996/2/8	311
毕程青	1514821524	—	14112319970916××××	1997/9/16	259
蔡志涛	1514820832	—	15151219970918××××	1997/9/18	232
曹峰	1514121601	—	21111219960511××××	1996/5/11	243

续表

姓名	学号	性别	身份证号码	出生日期	高考分数
曹志丽	1514140101	—	22120219960806××××	1996/8/6	343
柴鹏程	1515141401	—	23010419961212××××	1996/12/12	246
陈成晟	1515122719	—	31010619960106××××	1996/1/6	318
陈楚宇	1514120802	—	32211419960912××××	1996/9/12	365
陈芳颖	1514121502	—	33151619960727××××	1996/7/27	230
陈昊	1515141402	—	34184819970309××××	1997/3/9	324
陈虎	1515141403	—	35126319960529××××	1996/5/29	411

表 3-4　成绩查询（字段匹配）

高考成绩查询	
学号：	1515141401
高考总分：	—

【测一测】

一、单选题

1.（　　）是指对数据集中可能存在的重复数据、缺失数据及异常值进行必要的处理。

　　A. 商务数据统计特征处理　　B. 商务数据集成

　　C. 商务数据清洗　　D. 商务数据转换和规约

2. 以下哪一项不是处理缺失数据可采用的方法？（　　）

　　A. 用一个样本统计量去代替缺失数据

　　B. 将有缺失数据的记录删除，不让其参加数据分析

　　C. 随便填充一个数据

　　D. 利用由某些统计模型计算得到的比较合理的值来代替

二、多选题

1. 关于原始数据存在问题的表现描述错误的有（　　）。

　　A. 缺失数据：缺少数据或者缺少属性

　　B. 冗余数据：同一主体不同表述

　　C. 异常值：与同属性数据间差异明显

　　D. 不一致数据：全部或部分信息出现多次

2. 以下关于商务数据预处理的说法正确的有（　　）。

A. 数据集中缺失值占整体数据的比例很小或者某个数据在多个变量上都有缺失，可以删掉缺失值

B. 不一致数据可以进行字段合并

C. 异常数据需要回溯数据源，如果来源真实，就不需要修改，但要密切关注

D. 将不参与后续分析的变量删掉，或者构造新变量以精简变量个数属于数据转化

3. 商务数据预处理主要包括哪些方法？（　　）

A. 统计特征处理　　　　　　B. 商务数据转换和规约

C. 商务数据集成　　　　　　D. 商务数据清洗

三、判断题

1. 通过各种渠道收集来的商务数据不需要处理，可直接为分析所用。（　　）

2. 商务数据集成主要解决多个数据集或不同数据来源中不同结构的原始数据合并导致的数据冗余，以及部分数据不一致的问题。（　　）

3. 商务数据规约的意义在于克服无效、错误数据对数据建模造成的影响，提高建模的准确性；大幅缩减数据挖掘所需的时间；降低储存数据的成本。（　　）

四、操作题

商城会员消费数据问题检测，为了解商城会员销售额下降的原因，数据分析人员收集了商城会员信息表（数据处理方法–实训素材）及近期一年的消费数据。请学生以小组为单位，将商城会员信息表作为研究对象，检测数据存在的问题，并给出相应的数据预处理方法，针对缺失数据和异常数据进行清洗，填入表 3-5 中。

数据处理方法-实训素材

表 3-5　操作题表格

存在问题	问题所在位置（标注会员编号、ID、字段名）	解释	预处理方法	数据清洗的具体操作
重复数据				
缺失数据				
异常值				
冗余数据				
不一致数据				
……				

项目四

行业商务数据分析

行业商务数据分析

【项目介绍】

行业商务数据分析是根据经济学原理，应用统计学等分析工具对行业经济的运行状况、市场情况等进行深入分析，发现行业规律，预测行业发展趋势。行业商务数据分析的要点主要包括行业数据采集、市场需求调研、产业链分析、细分市场分析、市场生命周期分析、行业竞争分析、市场分析报告等。根据不同的目标，在进行行业分析时会有所侧重，但分析的核心是真实详尽地呈现数据和得出具有指导意义的结论。

【知识目标】

1. 了解行业数据采集的方式方法；
2. 掌握市场需求调研的方式和过程；
3. 了解什么是产业链和如何分析产业链；
4. 了解细分市场；
5. 掌握市场生命周期应对策略；
6. 掌握行业竞争分析方法。

【技能目标】

1. 理解数据分析在商业活动中的意义；
2. 运用多种方式采集企业相关信息数据；
3. 制作细分市场分析报告。

【素质目标（思政目标）】

1. 掌握市场需求调研的方式和过程；
2. 分析产业链，梳理国家产业链发展演变历程；

3. 掌握行业竞争分析方法，践行社会主义核心价值观；

4. 形成较强的数据分析专业素质，具备良好的职业道德；

5. 培育团队协作精神，具备良好的业务素质和敬业精神。

【项目思维导图】

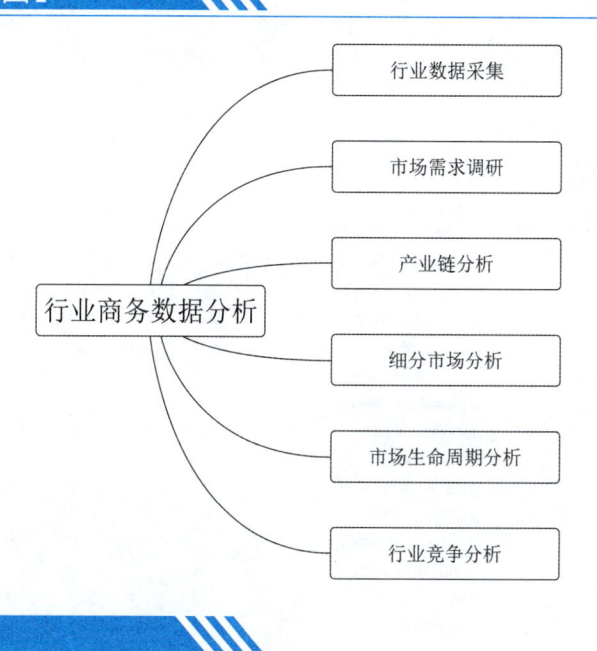

```
                    ┌─ 行业数据采集
                    │
                    ├─ 市场需求调研
                    │
                    ├─ 产业链分析
   行业商务数据分析 ─┤
                    ├─ 细分市场分析
                    │
                    ├─ 市场生命周期分析
                    │
                    └─ 行业竞争分析
```

【项目分析】

行业商务数据分析是为了了解一个行业的基本状况，是行业研究的重要组成部分，可以帮助投资者弄清楚行业环境和行业资源，掌握行业规律和发展趋势，以便制定正确的投资策略。行业分析是系统的、综合的过程，分析的要点主要包括行业数据采集、市场需求调研、产业链分析、细分市场分析、市场生命周期分析、行业竞争分析、市场分析报告等。

任务一　行业数据采集

【任务描述】

行业数据采集是根据行业特性来确定数据采集范围，使用合适的方式采集数据并完成数据报表。行业数据一般应包含行业规模、龙头企业等典型行业信息。

【任务实施】

当我们想了解某个行业的信息，获取行业数据，可以从以下几个方面来采集行业数据。

一、整理和收集政府部门等公开的信息

可以通过国家统计局官网（图4-1）查询行业信息。进入国家统计局官网，然后在网站

最上方的菜单栏统计数据中找到并点击"数据查询",最后在展现出的搜索栏中输入需要查询和收集的行业市场数据名称即可。

图 4-1 国家统计局官网

还可以通过网络搜索市场机构发布的研究报告和相关公司发布的年报信息来采集行业商务数据。

二、通过相关行业的门户网站、信息发布网络等数据聚合平台采集行业数据

根据企业所属行业划分,在专业的网站或者论坛中查询和收集到的数据一般都比较准确,针对性强。相较于利用搜索引擎等工具而言,可以有效避免一些无效信息的干扰,提高行业市场数据查询和收集的效率。如中国互联网络信息中心(CNNIC)、互联网数据中心(DCCI)、麦肯锡咨询公司、中国投资网等。

三、购买专业的产品化数据库

目前市场上很多财经咨询公司可以为用户提供产品化的数据库,借助科技手段进行跨机构信息数据的获取、整合与管理,如 Bloomberg、OneSource、Wind 等,通过这些专业的产品化数据库,可以系统快速地获取上市公司数据库、宏观经济数据报告、商品分析报告、

行业新闻等数据。

四、使用专业的行业市场动态监测软件

使用大数据舆情分析工具进行信息采集、信息分析以及重大信息预警等，为企业实现行业市场数据的主动和自动查询与收集，并进行信息分析，为企业做出正确的营销战略规划提供参考。比如识微商情监测系统就是一个专业的大数据舆情监测工具，可以为企业提供互联网信息挖掘分析服务，提供舆情监测、竞品监测、行业监测、营销监测等服务，解决企业对于信息查询、收集和整理的问题。

五、采用行业数据采集软件、调查问卷等其他形式

可以通过各类数据采集软件来快速收集商业数据，比如可以通过淘宝采集器搜集卖家的旺旺、商铺名称、好评率、产品信息等，还可以导出 Excel 等形式的数据文件进行进一步分析。还可以通过有偿咨询行业专家、发放调查问卷等形式来采集数据。

【任务考核/评价】

了解行业数据采集的全过程并完成相关任务。

任务考核/评价

任务名称	考核点	建议考核方式	评价标准		
			优	良	及格
任务一 行业数据采集	完成一份行业数据采集报告，可以是采购经理指数，可以是社会消费品零售总额等。	数据采集方式	多种方式	一种或多种方式	一种方式
		报告格式	格式整齐规范	格式基本整齐	格式不够整齐
		图表	有多种图表分析趋势	有图表	图表少或不够典型
		数据	有详细数据分析趋势	有相应数据	数据不够充分

任务二　市场需求调研

【任务描述】

市场需求调研是对市场需求情况的调查、了解、分析和论证，是正确制订产品销售策略的基础。市场需求调研的主要内容包括：市场商品最大的和最小的需求量，商品的各类需求构成，顾客和用户现有和潜在的购买力，购买原因或动机，同类产品市场占有率的分布，以及同种商品的品种、花色、规格、包装、价格和服务项目等。市场需求调查的关键问题是社会商品购买力，因为它集中反映着市场商品需求的总量。

【任务分析】

在确定目标市场后，分析产品是否能够获取市场的认可，达到预期目标，就需要思考：

谁是我们的潜在客户？为什么会购买我们的产品？只有明白了这一点，才能了解客户的首要问题及需求，而只有很好地了解客户需求，才能达到客户甚至超过客户的预期。

要想知道客户心里想什么需要什么，就需要进行市场调研。做好市场调研，才能知道面向的客户是谁，他需要的是什么。

所以我们需要学会市场调研的方式方法，投入企业资源去完成市场调查研究，获取市场数据。

那么，当我们需要在短时间内了解一个行业，摸清一个行业的特征和行业发展趋势，并出具研究报告时，有哪些方法可以操作呢？

【任务实施】

下面举一个例子。

任务：家具市场，摸清市场交易行情和特征，找到市场转型方向；

目标市场：佛山市顺德区佛山国际家居博览中心（图4-2）；

时间：一周；

佛山陶瓷简介：佛山市顺德区乐从镇地处珠江三角洲腹地，位于广东省佛山市中南部，处于佛山中心城区南部，距离华南地区重要的铁路运输枢纽佛山站 10 千米、佛山西站 20 千米、广州南站 30 千米，铁路货运可达全国各地。距香港、澳门各仅 100 多千米，地理位置优越、交通便利。

佛山乐从人借着改革开放的春风，抓住我国城乡"家具热"的市场机遇，吸取国内外家具业发展的成功经验，在 S121 佛山大道南乐从境内南半段两侧开始建起了家具买卖的集散地。

佛山乐从家具城发展至今，已延绵十余里，经营商铺面积达 200 多万平方米，容纳海内外 3000 多家经销商户，展示 2 万多种各式家具。

图4-2　佛山国际家居博览中心

面对这样一个规模庞大的家具市场，该如何进行调研呢？

对于这种专业市场调研，我们主要通过收集数据和实地走访来了解这个行业。

第一步，通过线上收集相关资料。

通过线上搜集相关研究机构出具的行业研究报告，甚至获取官方的行业统计数据，是快速了解行业状况市场信息的最快捷途径。

针对这个案例，我们的资料收集包括如下几点：

（1）家具行业基本知识；

（2）行业新闻，行业前几名企业的一些情况；

（3）家具产业的整个供应链构成；

（4）行业研究报告；

（5）政府官方发布的产业规划和统计数据等；

（6）市场分布和规模等资料。

通过采集市场行业信息、市场相关新闻、行业统计报告类的数据，我们可以了解这个行业的基本情况。

第二步：实地走访行业市场，了解市场交易情况、商铺情况、市场分布等信息，找出市场归属类型，有针对性地对该市场开展实地调研。

实地调研时，首先要进行市场观察。

（1）市场规模有多大？商铺有多少？布局如何？

（2）市场的交易时间特征；人流情况怎样？

（3）市场品种主要有哪些？

（4）卖家与买家的情况，如年龄，性别，口音等；

（5）实际观察几个交易达成和未达成的过程。

通过市场观察，我们了解了市场特征，也建立起了自己对市场行情、交易特征的初步印象，那么接下来，便需要通过寻找一些调研对象来验证我们的想法和初步的一些数据。

再进行抽样访谈。我们的目标是交易双方的买主、卖主，对于多数访谈，我们并不能亮明我们的目的和身份特征，只能以买主或者同行的身份，通过比较随意的聊天来获取一些信息。在访谈前，可以通过其他方式先收集业内行家提供的意见和信息，再结合访谈数据进行验证。

聊天时需要采集的信息有：买主/卖主来自哪里？经营的品种有哪些？是做零售、经销、还是批发等，生意的规模如何？生意行情怎么样？早市是不是其主要卖货/买货方式，都还有哪些渠道？他们是如何看待这个市场的，拉长时间周期来看，现在行情和以往对比怎么样；交易方式是怎样的？对电商、微商等的接触情况……

最后，还需要真实地体验交易过程。通过观察和抽样访谈，能获取很多市场数据，但很多时候最好能实际体验一次真实的交易过程，既能验证我们获取的数据的真实性，也能更直观地感受到市场情况。

实地走访一个市场后，我们已基本了解其市场特征和交易情况，但了解得比较片面，还需要对多个市场进行走访验证，然后再和收集的数据进行对比分析，慢慢摸到真实的市场情况和规律。

接下来，要发放调研问卷，结合线上收集的数据和实地走访数据统计汇总，进行反复验证分析。

线上收集的数据和官方提供的数据有可能比较旧，会误导调研方向或者不够全面反映实际情况，那么我们通过网络调研、深度访谈等调研问卷形式收集数据，结合采集的数据和市场实际情况反复进行验证分析、数据清洗，得到真实可靠的样本数据，就可以在短期内有效了解一个区域的专业市场现状，并把握到该市场存在的问题和当前的发展规律。

【任务考核/评价】

了解并掌握市场需求调研的过程，并完成一次市场需求调研。

任务考核/评价

任务名称	考核点	建议考核方式	评价标准		
			优	良	及格
任务二 市场需求调研	完成一份家具市场调研报告，包含家具品类、消费者购买途径、消费者关注点、消费者对质量问题的处理等	数据采集方式	多种方式	一种或多种方式	一种方式
		报告格式	格式整齐规范	格式基本整齐	格式不够整齐
		图表	有多种图表分析数据趋势和各类占比	有基本图表	图表少或样式不够典型
		数据	数据全面，内容翔实	有基础数据	数据不够充分

任务三　产业链分析

【任务描述】

产业链是产业经济学中的一个概念，是各个产业部门之间基于一定的技术经济关联，并依据特定的逻辑关系和时空布局关系客观形成的链条式关联关系形态。产业链是一个包含价值链、企业链、供需链和空间链四个维度的概念。这四个维度在相互对接的均衡过程中形成了产业链，这种"对接机制"作为一种客观规律，仿佛一只"无形的手"调控着产业链的形成。

产业链的本质是用于描述一个具有某种内在联系的企业群结构，是某个产业中相关联的上下游企业组成的产业链结构。产业链中大量存在着上下游关系和相互价值的交换，上游环节向下游环节输送产品或服务，下游环节向上游环节反馈信息。

产业链与供应链不同。供应链是指围绕核心企业，从配套零件开始，制成中间产品以及最终产品，最后由销售网络把产品送到消费者手中，将供应商、制造商、分销商直到最终用户连成一个整体的功能网链结构。而产业链是产业经济学中的一个概念，是各个产业部门之间基于一定的技术经济关联，并依据特定的逻辑关系和时空布局关系客观形成的链条式关联关系形态。供应链从供应角度考察上下游企业之间的关系，而产业链则是对不同产业而言的。

【案例分析】

下面通过一个例子来认识一下产业链。

客户从某电商平台购买一件急需商品，完成了在线支付并选择次日达服务。电商平台立即组织厂家发货及时交付物流公司。根据物流时间要求，物流公司没有使用公路运输，而是选择航运。客户第二天即收到了商品，对配送表示满意。但是该商品用了两天，便出现故障导致无法使用，客户联系售后服务，因商品在质保期内，所以售后服务安排当地的维修部门进行上门维修，维修部门当天上门服务完成对商品的检测和维修。看到商品问题解决了，客户便对服务表示满意。

这个过程涉及了客户、电商平台、厂家、物流几方，这就是产业链，由一个产业推动着另一个不同的产业发展起来，不断地带动形成产业链条，简称"产业链"。

【任务实施】

如何进行产业链分析？进行产业链分析，主要从产业链结构、产业链结构变化趋势、产业链价值分配、波特五力模型等方面着手。

一、产业链结构

现有产业链结构，产业链各个环节是相互关联的行业，进行产业链分析，要先明晰上下游是谁；产业链的关键技术/核心竞争力把握在哪个环节，技术进展如何；目前产业链中各个环节的发展是否均衡，有哪些制约因素。

只有搞清产业链中实物、货币、信息的流通情况，当政策、需求、价格发生变化时，才能明晰这些变化在产业链上是如何传导的，对产业链各环节会产生怎样的影响。

二、产业链结构变化趋势

从产业链历史可以洞察发展趋势。产业链分工不是一成不变的，企业为了实现战略目的，经常会进行垂直整合。

企业的前向一体化有利于掌握市场，增强对需求的敏感性，提高企业产品的市场适应性；后向一体化有助于企业控制关键原材料的成本、质量。但也会增加退出障碍，提高内部管理成本。

以汽车产业链为例，核心技术正逐渐向供应商转移，全球供应商集中度提高，一级供应商数量减少，在产业链分工调整的过程中正受到挤压。

再以目前热门的电商为例。抖音、快手等短视频网站曾经一度为淘宝、天猫等电商平台引流，并提供流量接口。但他们的目标不止于此，快手小店、抖音小店的成立也显示出快手、字节跳动进入电商领域的决心。字节跳动在"618"购物节前也成立了电商事业部，电商部门将重点发力抖音小店，希望在抖音之上再建一个电商平台。

三、产业链价值分配

成熟的产业链在产业链内各行业有相对固定的价值分配比例，如电影行业的票房分账，重资产的影院要拿走50%左右。

通过产业链的价值分配可以大致估算该行业的市场空间，市场空间对于行业竞争态势有极大影响。巨头往往成长于广阔的市场，如淘宝、天猫、京东、拼多多等，社会零售品销售总额每月可达3万亿元。较小的市场空间只能撑起几家寡头，如线上售票行业的猫眼和淘票票，只有几十亿元的市场空间。

四、波特五力模型

波特五力模型将大量不同的因素汇集在一个简便的模型中，以此分析一个行业的基本竞争态势。五种力量模型确定了竞争的五种主要来源，即供应商的议价能力、购买者的议价能力、潜在进入者的威胁、替代品的威胁，以及来自目前同一行业内公司间的竞争。一种可行战略的提出首先应该包括确认并评价这五种力量，不同力量的特性和重要性因行业和公司的不同而变化，如图4-3所示。

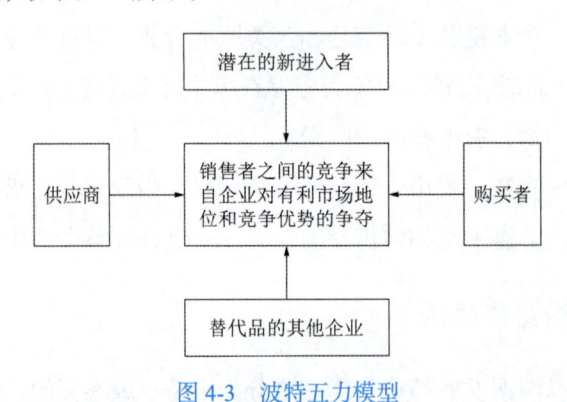

图4-3 波特五力模型

供应者和购买者讨价还价的能力大小，取决于他们各自以下几个方面的实力：
（1）买方（或卖方）的集中程度或业务量的大小；
（2）产品差异化程度与资产专用性程度；
（3）纵向一体化程度及能力；

（4）信息掌握的程度。

上下游的行业的集中度、产能利用情况都会影响公司的话语权。

如果企业的下游集中度更高，谈判能力就强，中游就会被迫采取赊销政策，为下游提供营运资本，甚至不得不大量负债，承担负债的融资成本，进一步压缩原有的利润空间。

如果上游出现产能过剩，公司就有更大的话语权与供应商议价。

定价权是将成本通过产业链向下游传导的能力。如果一家公司提高价格，不会对需求有负面影响，这个成本就转移给下游，这个公司在产业链中就拥有较高的地位。

定价权可以从企业和上下游的赊销关系中看出来。如果一家公司购买原材料，不付款供应商就不发货；而不采取赊销政策，下游客户就会转而从其他供应商进货，这家公司在产业链中的话语权就是缺失的。而有的企业可以赊购原材料，预收经销商货款，就是"两头吃"，这种公司甚至不需要有息负债，通过占用供应商和下游购买者的营运资金便可实现资金周转。

供应商或者购买者一般通过议价和企业展开竞争，随着技术等的变革或出于战略考量，他们也会通过纵向一体化进入该行业。

潜在进入者，替代品以及来自目前同一行业内其他公司的竞争更为直接。

潜在进入者的进入障碍包括结构性障碍和行为性障碍。

结构性障碍包括：

（1）规模经济；

（2）现有企业对关键资源的控制（资金、专利、原材料、分销渠道、学习曲线）；

（3）现有企业的市场优势（品牌优势、政策优势）。

行为性障碍包括：

（1）限制进入定价（现有企业采取降价措施）；

（2）进入对方领域。

替代品会导致企业通过提高售价来提升利润的方法受到限制，对产品质量也提出了更高的要求。替代品价格越低，质量越好，用户转换成本越低，产生的竞争压力越大。

产业内现有企业的竞争在下面几种情况下可能很激烈：

（1）产业内有众多的或势均力敌的竞争对手；

（2）产业发展缓慢；

（3）顾客认为所有的商品都是同质的；

（4）产业中存在过剩的生产能力；

（5）产业进入障碍低而退出障碍高。

对产业链进行分析，要了解产业链结构以及产业链的演变趋势，进而分析产业链价值在产业链各环节的分配情况，从而估计出各环节的市场空间。具体到某个环节，可以利用波特五力架构，分析五种竞争力量，通过公司的财务表现可以推知该公司在产业链中的话语权。

【任务考核/评价】

根据所学内容完成产业链分析的过程。

任务考核/评价

任务名称	考核点	建议考核方式	评价标准		
			优	良	及格
任务三 产业链分析	完成一份产业链分析报告，比如选择造纸行业，内容包括造纸行业产业链简介、上游、中游、下游行业运行对本行业的影响	数据采集方式	多种方式	一种或多种方式	一种方式
		报告格式	格式整齐规范	格式基本整齐	格式不够整齐
		图表	有多种图表分析数据趋势和各类占比	有基本图表	图表少或样式不够典型
		数据	数据全面，内容翔实	有基础数据	数据不够充分

任务四　细分市场分析

【任务描述】

随着社会产业发展，行业划分越来越细，行业分工也越来越细，各企业对市场信息需求也就越来越细，但是很多细分行业既没有权威的官方数据统计，也没有相关行业协会/学会数据统计，包括业内企业和专家对市场规模、竞争格局、细分产品规模、企业产品归类、行业细分产品划分、企业排名、下游客户群、上游原材料供应等信息不甚了解，各方说法不一，保守者太过谨慎，将市场规模评估得过小，有些企业意图搅局，将市场规模评估得很大，这让很多真正想投资这一行业的企业摸不清底细。

【任务分析】

在这种情况下，随着客户需求越来越多，便逐渐延伸出一些咨询公司专门从事细分市场的研究，通过市场调研，依据消费者的需要和欲望、购买行为和购买习惯等方面的差异，把某一产品的市场整体划分为若干消费者群的市场分类，运用专业的市场调查方法、渠道资源、信息资源、高校专家学者、相关行业协会专家、政府部门管理者、上下游行业推理等，多方验证数据信息的真实性和准确性，使最终得到的成果数据更加接近于市场真实性，为企业把握市场发展动态、发展趋势、机会与风险做出正确的投资决策，明确企业发展方向。

【任务实施】

一、细分市场分析主要包括的方面

1. 正确选择市场范围

企业根据自身的经营条件和经营能力确定进入市场的范围，如进入什么行业，生产什么产品，提供什么服务。明确自己产品的市场范围，并以此作为市场细分研究的整个市场边界。

2. 列出市场范围内所有潜在顾客的需求情况

根据细分标准，比较全面地列出潜在顾客的基本需求，作为以后深入研究的基本资料和依据。

（1）人口特征变数：年龄、性别、收入、职业、教育、婚姻、家庭人口等。
（2）地理特征变数：居住区域、城市规模、经济水平、气候等。
（3）消费心理特征：生活方式、个性、社会阶层等。
（4）消费行为特征：产品/品牌利益、使用率、品牌忠诚度等。

3. 分析潜在顾客的不同需求，初步划分市场

企业针对所列出的各种需求，通过抽样调查进一步搜集有关市场信息与顾客背景资料，然后初步划分出一些差异最大的细分市场，至少从中选出三个分市场。例如，综合社会阶层、年龄和使用率三个变数来细分市场。

4. 筛选

根据有效市场细分的条件，对所有细分市场进行分析研究，剔除不合要求、无用的细分市场。

5. 为细分市场定名

为便于操作，可结合各细分市场上顾客的特点，用形象化、直观化的方法为细分市场定名，如某旅游市场分为商人型、舒适型、好奇型、冒险型、享受型、经常外出型等。

6. 复核

进一步对细分后选择的子市场进行调查研究，充分认识各细分市场的特点，本企业所开发的细分市场的规模、潜在需求，还需要对哪些特点进一步分析研究等。

7. 决定细分市场规模，选定目标市场

企业在各子市场中选择与本企业经营优势和特色相一致的子市场，作为目标市场。没有这一步，就没有达到细分市场的目的。

经过以上7个步骤，企业便完成了市场细分的工作，就可以根据自身的实际情况确定目标市场并采取相应的目标市场策略。

二、细分市场可以解决的问题

1. 得到有效的市场细分

（1）同一细分人群的需求具有相似性。
（2）不同人群之间的需求和对营销组合的反应差异是明显的，蕴藏市场机会，并值得提供不同的营销组合。
（3）人群差异是可以识别的，至少是可以通过营销组合体现出来。

2. 对不同细分市场进行潜力评估

（1）了解不同细分市场的需求满足程度。

（2）估算不同细分市场的市场容量。

（3）评估企业资源水平与细分市场中的竞争环境的匹配性。

3. 检测市场细分的变化

通过不断检测消费者需求，得到细分市场的变化趋势，为把握市场动向提供依据。

【任务考核/评价】

详细了解细分市场，并进行细分市场分析。

任务考核/评价

任务名称	考核点	建议考核方式	评价标准		
			优	良	及格
任务四 细分市场分析	完成一份细分市场案例分析，比如选择家具行业，内容包括根据地理要素细分市场（国内与国外文化习俗和生活理念对家具材质款式的需求），根据人口要素细分市场（儿童、青少年、老年）、使用场景、健康环保	数据采集方式	多种方式	一种或多种方式	一种方式
		报告格式	格式整齐规范	格式基本整齐	格式不够整齐
		图表	有多种图表分析数据趋势和各类占比	有基本图表	图表少或样式不够典型
		数据	数据全面，内容翔实	有基础数据	数据不够充分

任务五　市场生命周期分析

【任务描述】

市场生命周期是由四个不同的阶段所组成，即兴起、成长、成熟及衰退。市场生命周期分析就是根据市场历史数据判断市场所处的生命周期，通过行业资讯、专家意见和历史数据分析市场所处生命周期的机遇与挑战，并给出正确的建议。

【任务分析】

市场生命周期包含市场（market）从出现、兴盛至消失所经历的各个阶段。

范例：施乐公司（Xerox Corporation）在认识到碳粉纸和油印机并不能完全满足大量制作文件副本的需求后，这家业界的先驱在1947年获得了静电印刷影像技术。一年后施乐公司生产并开始卖出它的第一台影印机。一个新市场从此便诞生了。

市场的成长阶段可从销售和竞争的增加得到证明。所有竞争者都试图发现并满足市场的各个细节。在影印机的成长阶段，竞争者开始提供手提式和彩色影印机，以吸引不同市场区隔的人士。当每个区隔的需求都已被满足，而竞争者开始竞食彼此的销售额时，市场就迈入了成熟阶段。而当对目前产品的需求（Demand）渐减或是新科技开始侵蚀旧产品市场时，则表示市场已衰退。最后，旧科技必须要让路，而新市场继之而起。

【任务实施】

不同市场生命周期阶段有各自适用的行销策略。

在启动期阶段，行销策略主要有以下三点：

（1）设计出能够吸引市场中小部分消费者群体的产品，适合小公司避免与先驱者直接竞争；

（2）同时推出两种或多种产品以抓住市场中的多个消费者群体，适合消费者偏好存在较大差异性的情形；

（3）设计一个具有最大吸引力的产品来打入市场，适合拥有较大资源和配销能力的大型公司。

在成长期阶段，行销策略主要有以下三点：

（1）利用行销策略专门经营一个小的消费者群体；

（2）和市场的先驱者直接竞争；

（3）同时经营市场中的多个小型消费者群体。

当市场进入成熟阶段，竞争性策略的焦点应该放在寻找创意新产品或降低价格以争取市场占有率。

在衰退阶段，竞争者必须决定是否要进入另外一个市场，或是趁其他公司另辟战场时大举扩张市场占有率。

"生命周期"的概念在计算机和通信业界代表另一种意义，这些行业素来以产品淘汰速度很快而著称。不过感受到这种市场挤压的并不只是消费者。在一项由 *OEM* 杂志于 1996 年所进行的调查指出，有 3/4 的受访者希望产品的发展速度能够加速，从而缩短产品的市场周期。不过也有不到一半的受访者期望增加研发经费。

【任务考核/评价】

了解市场生命周期，并对其进行分析。

任务考核/评价

任务名称	考核点	建议考核方式	评价标准		
			优	良	及格
任务五 市场生命周期分析	以家用电脑为例分析生命周期不同阶段的应对策略	兴起、成长、成熟、衰退分析	能分析各阶段的特点以及应对策略	能较好分析各阶段的特点以及应对策略	能基本分析各阶段的特点和应对策略

任务六　行业竞争分析

【任务描述】

行业竞争分析的目的在于进行同类企业与本企业市场相关性与差异性的分析，分析企业自身的机遇与挑战，更好地创造市场价值与竞争优势，从而赢得市场。

【任务实施】

行业竞争分析可以从以下五个方面进行：

（1）供应商的议价能力；

（2）购买者的议价能力；

（3）新进入者的威胁；

（4）替代品的威胁；

（5）同业竞争者的竞争程度。

我们用波特行业竞争结构分析模型来进行行业竞争分析。

波特在行业竞争五力分析的基础上制定了行业竞争结构分析模型，从而可以使管理者从定性和定量两个方面分析行业竞争结构和竞争状况，从而达到以下两个目的：

（1）分析确定五力中影响企业成败的关键因素；

（2）企业高层管理者从与这一集团因素相关的各因素中找出需要立即对付或处理的威胁，以便及时采取行动。

波特认为，"在任何产业里，无论是在国内还是在国外，无论是生产一种产品还是提供一项服务，竞争规律都寓于如下五种竞争力量之中：新竞争者的进入，替代品的威胁，买方的讨价还价能力，供方的讨价还价能力和现有竞争者之间的竞争"。整个行业的竞争态势取决于这五种行业竞争结构要素的相互作用关系。

行业竞争结构分析就是一种可以帮助企业解决这一问题的工具之一，行业竞争结构分析模型，它是一个统计表格，表格的左边是五种竞争力量及其各自包括的若干内容的陈述，右边是对这些陈述的态度，企业决策人员可以根据自己的态度打分。坚决同意：1分，一般同意：2分，不同意也不反对：3分，一般反对：4分，坚决反对：5分。

每类关键因素最终得分是按以下公式计算的：

$$每类关键因素最终得分 = \sum 五力分析得分$$

每个利益相关者的得分多少说明了该相关者对企业成功重要性的影响大小。某一陈述或项目的得分越高，越说明这个问题需要尽快解决或被认真对待，这个模型可供高层管理者个人和集体使用。

1. 潜在进入者

（1）进入这个行业的成本很高。

（2）与我们的产品有很大的差异性。

（3）需要大量资本才能进入这个行业。

（4）客户更换供应者的成本高。

（5）取得销售渠道十分困难。

（6）很难得到政府批准经营与我们同样的产品。

（7）进入这个行业对本企业的威胁性不大。

2. 行业中的竞争者

（1）本行业中有许多竞争者。

（2）本行业中所有竞争者几乎一样。

（3）产品市场增长缓慢。

（4）本行业的固定成本很高。

（5）我们的客户转换供应者十分容易。

（6）在现有生产能力上再增加十分困难。

（7）本行业中没有两个企业是一样的。

（8）本行业中大部分企业要么成功，要么垮台。

（9）本行业中大多数企业准备留在本行业。

（10）其他行业干什么对本企业并不产生多大的影响。

3. 替代产品

（1）与本企业产品用途相近似的产品很多。

（2）其他产品有和我们产品相同的功能和较低的成本。

（3）生产和本企业产品功能相同产品的企业在其他市场有很大利润。

（4）我们非常关心与本企业产品功能相同的其他种类的产品。

4. 购买者

（1）少量客户购买本企业的大部分产品。

（2）我们的产品占了客户采购量的大部分。

（3）本行业大部分企业提供标准化类似的产品。

（4）客户转换供应者十分容易。

（5）客户产品的利润率很低。

（6）我们的一些大客户可以买下本企业。

（7）本企业产品对客户产品质量贡献很小。

（8）客户了解我们的企业以及可以赢利多少。

（9）诚实地说，客户对本企业供应者的影响很小。

5. 供应者

（1）本企业需要的重要原材料有许多可供选择的供应者。

（2）本企业需要的重要原材料有许多替代品。

（3）在需要得最多的原材料方面，我们公司是供应者的主要客户。

（4）没有一个供应者对本公司是关键性的。

（5）我们可以很容易地变换大多数的原材料供应者。

（6）相对于我们的公司来说，没有一家供应者是很强大的。

（7）供应者是我们经营中的重要部分。

【任务考核/评价】

任务考核/评价

任务名称	考核点	建议考核方式	评价标准			
			优	良	及格
任务六 行业竞争分析	以家具行业为例分析市场竞争	对竞争环境（国内外市场现状）、竞争结构（潜在进入者、替代品等）、竞争策略等方面进行分析	数据翔实，典型，分析全面	较好分析该行业的竞争特点以及应对策略	基本分析该行业的竞争特点和应对策略

【拓展训练】

训练1：理解数据分析在商业活动中的意义

浏览淘宝网和天猫网，通过观察网页内容，感受两者的相同与区别；通过搜索某种商品，感受网站在商品推荐、浏览记录、精准广告等项目的功能，分析电商平台是如何将数据分析应用在平台的各项服务中。

训练2：运用多种方式采集企业相关信息数据

选择一家感兴趣的企业，运用多种方式采集企业相关信息数据，从政治法律环境、经济环境、社会文化环境、科技环境等方面分析企业现状、优势、劣势、机会和风险。

训练3：完成一份细分市场分析报告

细分市场分析报告模板

第一章 ××细分市场概况

    第一节 ××细分市场构成

        一、产品定义

        二、产品分类

    第二节 ××细分市场主要法规政策

        一、行业管理体制

        二、主要政策影响

    第三节 ××细分市场发展历程及周期性分析

        一、××细分市场发展历程

        二、产品周期分析

第二章 ××细分市场规模分析

    第一节 ××××—××××年××细分市场规模统计

        一、市场规模及增长率

        二、产品影响因素

    第二节 ××××—××××年我国××细分市场规模预测

        一、市场规模及增长率

二、产品影响因素

第三节 ××细分市场潜力研究

第三章 ××细分市场进出口调查

第一节 ××××-××××年××细分市场进口调查

一、进口量

二、进口金额

三、进口区域

第二节 ××××-××××年××细分市场进口调查

一、出口量

二、出口金额

三、出口区域

第三节 ××××-××××年××进出口环境

一、税率

二、贸易保护

第四章 ××细分市场上下游行业关联性调查

第一节 ××细分市场与上游关联性调查

一、××细分市场上游关联性

二、上游行业供应量调查

三、上游行业市场新增项目调查

四、上游行业市场价格

五、上游行业市场集中度

六、上游供给模式

第二节 ××细分市场与下游关联性调查

一、下游客户构成

二、××细分市场消费模式

三、下游市场价格

第五章 ××细分市场技术工艺调查

第一节 ××细分市场主流技术调查

第二节 国内外××细分市场技术对比

第三节 ××细分市场技术壁垒调查

第四节 ××细分市场工艺流程调查

第五节 ××细分市场技术工艺环保性调查

第六章 ××细分市场业务模式调查

第一节 ××细分市场业务流程
第二节 ××细分市场采购模式
第三节 ××细分市场生产模式
第四节 ××细分市场营销模式

第六章 ××细分市场盈利模式

第七章 ××细分市场主要企业调查
第一节 企业一
一、产品产量
二、销售收入调查
三、市场份额
四、企业优劣势调查
第二节 企业二
一、产品产量
二、销售收入调查
三、市场份额
四、企业优劣势调查
……
第五节 企业五
一、产品产量
二、销售收入调查
三、市场份额
四、企业优劣势调查

第八章 ××细分市场前景预测
第一节 ××××-××××年××细分市场前景预测
第二节 ××××-××××年××细分市场技术前景预测
第三节 ××××-××××年××细分市场盈利前景预测

【测一测】

简答题

1. 进行行业数据采集的方法有哪些？

2. 简述市场生命周期各阶段的特点。

习题答案

项目五

客户商务数据分析

客户商务数据分析

【项目介绍】

客户数据分析是根据客户数据来分析客户特征、评估客户价值，从而为客户制定相应的营销策略与资源配置计划。通过合理、系统的客户分析，企业可以知道不同的客户有着怎样不同的需求，分析客户消费特征与经济效益的关系，使运营策略得到最优的规划；更为重要的是可以借此机会发现潜在客户，从而进一步扩大商业规模，使企业得到快速发展。

【知识目标】

1. 了解客户数据采集的目的、内容、方法；
2. 了解客户画像的含义、作用；
3. 掌握客户画像的方法；
4. 了解客户行为分析；
5. 掌握客户价值分析的方法；
6. 熟悉精准营销与效果评估。

【技能目标】

1. 掌握客户数据采集的方法；
2. 掌握客户画像的方法；
3. 掌握客户价值分析的方法。

【素质目标（思政目标）】

1. 掌握客户数据采集的方法；
2. 掌握客户画像和客户价值分析的方法，具备较强的专业素质和良好的职业道德；
3. 培育团队协作精神，具备良好的业务素质和敬业精神。

【项目思维导图】

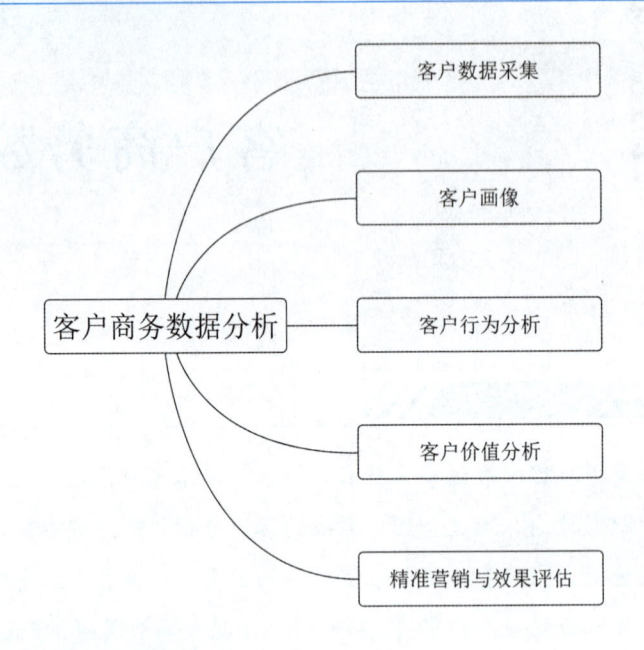

```
                          ┌──────────────┐
                       ┌──┤ 客户数据采集  │
                       │  └──────────────┘
                       │  ┌──────────────┐
                       ├──┤   客户画像   │
                       │  └──────────────┘
 ┌──────────────┐      │  ┌──────────────┐
 │客户商务数据分析├──────┼──┤ 客户行为分析 │
 └──────────────┘      │  └──────────────┘
                       │  ┌──────────────┐
                       ├──┤ 客户价值分析 │
                       │  └──────────────┘
                       │  ┌──────────────────┐
                       └──┤ 精准营销与效果评估│
                          └──────────────────┘
```

【项目分析】

汇总客户相关信息和数据来了解客户需求，分析客户特征，评估客户价值，帮助企业制定客户管理策略，分析客户消费特征与经济效益的关系，优化资源配置，使运营策略规划实现最优。

任务一 客户数据采集

【任务描述】

客户数据收集是企业营销活动的一项系统性工作，根据企业各部门的客户数据需求，通过客户的访问、交易、评价、交流等行为数据进行客户属性的归纳整理，通过真实的数据来源与合适的数据采集方式获得、维护、更新客户数据，为后续客户数据分析提供基础数据。

【任务分析】

客户数据采集包含如下内容：

1. 描述性数据

描述性数据主要是用来理解客户基本属性的信息，见表 5-1。

表 5-1 客户类型及对应的项目（1）

客户类型	项目
个人客户	姓名、地址、性别、出生年月、电话、邮箱、账号、工作类型、收入水平、婚姻状况、家庭成员情况、信用情况、客户类型等
企业客户	公司名称、公司基本情况（注册资本、员工数、年销售额、收入及利润等）、经营项目、经营规模、经营时间、信用级别、付款方式；总部及相应机构营业地址、电话、传真；主要联系人姓名、头衔及联系渠道；关键决策人姓名、头衔及联系渠道；公司其他部门和办公室电话；资金实力、固定资产、厂房所有权、发展潜力、经营观念、经营方向、经营政策、内部管理状况、经营历史等

2. 行为性数据

客户的行为性数据一般包括客户购买服务或产品的记录、客户的服务或产品的消费记录、客户与企业的联系记录，以及客户的消费行为等信息，见表 5-2。

表 5-2 客户类型及对应的项目（2）

客户类型	项目
个人客户	商品、货号、数量、总金额、平均单价、订单号、订单状态、支付状态、发货状态、下单日期、实付金额等；促销活动名称、活动有效期、活动执行时间、参加活动人数、操作人、促销活动反应等
企业客户	客户类型（分销商、咨询者、产品协作者等）；银行账号、信贷限额及付款情况；购买过程；与其他竞争对手的联系情况等

3. 关联性数据

客户的关联性数据是指与客户行为相关的，反映和影响客户行为和心理等因素的相关信息，见表 5-3。

表 5-3 客户类型及对应的项目（3）

客户类型	项目
个人客户	感兴趣的话题、评论内容、品牌偏好、位置偏好、时间偏好等；生活方式、特殊爱好、对企业产品和服务的偏好、对问卷和促销活动的反应、其他产品偏好、试用新产品的倾向等
企业客户	忠诚度指数、潜在消费指数、对新产品的购买倾向等

【任务实施】

对一个企业来讲，可以有很多方式找到并获取相关的客户信息。这些信息一般可以通过购买、租用或是合作的方式来收集。以下是企业收集客户信息的一些常用方法：

（1）向数据公司租用或购买。

（2）向目录营销与直复营销组织购买。

（3）从零售商处获取客户信息。

（4）从信用卡公司获取客户信息。

（5）从信用调查公司获取客户信息。

（6）请专业调查公司调查客户信息。

（7）向消费者研究公司购买客户信息。

（8）与其他相关行业的企业交换客户信息。

（9）通过杂志和报纸获取客户信息。

（10）通过政府机构获取客户信息。

【任务考核/评价】

了解客户数据采集过程并可以进行客户数据采集。

任务考核/评价

任务名称	考核点	建议考核方式	评价标准		
			优	良	及格
任务一 客户数据采集	使用各种方式采集某类客户的数据	数据采集方式	多种方式	一种或多种方式	一种方式
		以表格形式展现	数据规范、有效	数据较完整	数据基本完整
		图表	运用多种图表方式展示数据	有基本图表	图表少或样式不够典型
		数据	数据全面、典型、体现客户特征	能较好体现客户特征	基本体现客户特征

任务二　客户画像

【任务描述】

客户画像，又称用户画像，是根据用户社会属性、生活习惯和消费行为等信息而抽象出的一个标签化的用户模型，对用户特征进行多维度描述。构建客户画像的核心工作即是给客户贴"标签"，而标签是通过对客户信息分析而来的高度精练的特征标识，如图 5-1 所示。

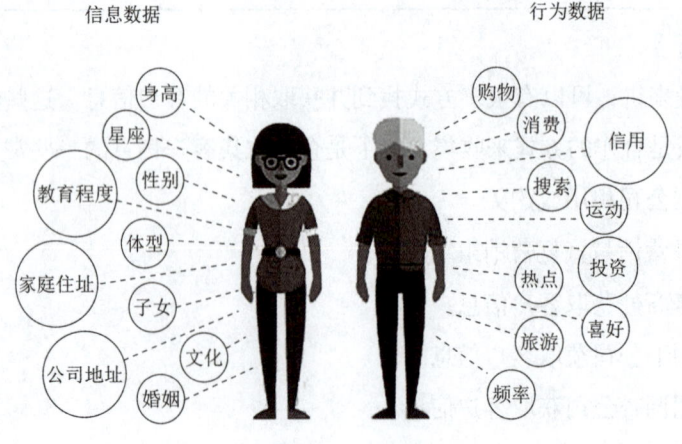

图 5-1　客户画像

【任务分析】

客户画像有如下作用：

1. 精准营销

精准营销是客户画像或者标签最直接和有价值的应用。当明确客户的基本特征，了解客户的消费行为特征，给各个用户打上各种"标签"之后，广告主就可以通过我们的标签圈定他们想要触达的客户，进行精准的广告投放。

2. 助力产品

产品经理需要懂用户，除了需要知道客户与产品交互时点击率、跳失率、停留时间等行为之外，客户画像能帮助产品经理透过客户行为表象看到客户深层的动机与心理。

3. 行业报告与客户研究

分析客户画像可以了解行业动态，比如"90后"人群的消费偏好趋势分析、高端客户青睐品牌分析、不同地域品类消费差异分析等。这些行业的洞察可以指导平台更好地运营、把握大方向，也能给相关公司提供细分领域的深入洞察。

【任务实施】

客户不会站在我们面前让我们为他们画像，也不会主动提供资料让我们描述，所以需要采集客户的基本资料、交易信息等数据，通过特定的流程和方法对客户进行画像。

客户画像的流程如下：

（1）基础数据采集：客户数据信息分类，静态客户数据收集，动态客户数据收集。

（2）分析建模：客户数据分析建模，构建客户画像。

（3）客户画像呈现：客户画像输入展现，客户画像输出展现。

在这个过程中，一要明确营销需求，二要确定客户画像的维度和维度度量指标，三要对客户进行画像和营销分析。

明确营销需求，包括流量问题、转化问题、客单价问题、复购率问题。

流量问题，解决如何让客户来的问题，知道客户在哪里，从而精确地安排推广资源。

转化问题，解决如何让客户买的问题，知道客户的需求和喜好，为不同的客户推送不同的商品。

客单价问题，解决如何让客户多买的问题，知道哪些客户会多买，匹配不同价位、不同搭配方案给客户。

复购率问题，解决如何让客户再买的问题，知道哪些客户再次购买的概率更高，见表5-4。

表 5-4 各种客户画像方法的步骤和优缺点

方法	步骤	优点	缺点
定性客户画像	1. 定性研究：访谈 2. 细分客户群 3. 建立细分群体的客户画像	省时省力、简单，需要专业人员少	缺少数据支持和验证
经定量验证的定性客户画像	1. 定性研究：访谈 2. 细分客户群 3. 定量验证细分群体 4. 建立细分群体的客户画像	有一定的定量验证工作，需要少量的专业人员	工作量较大，成本较高
定量客户画像	1. 定性研究 2. 多个细分假说 3. 定量收集细分数据 4. 基于统计的聚类分析来细分客户 5. 建立细分群体的客户画像	有充分的佐证、更加科学、需要大量的专业人员	工作量较大，成本高

【任务考核/评价】

了解并掌握客户画像的方法并将其实现。

任务考核/评价

任务名称	考核点	建议考核方式	评价标准		
			优	良	及格
任务二 客户画像	根据采集的客户信息进行客户画像并进行精准营销	分析类型	建立用户视图，全方位体现客户信息	较好体现客户信息	基本体现客户信息
		建立标签	准确、典型	较准确	基本准确
		行为本质	归纳行为本质	较好分类	基本分类
		针对方法	针对不同类型采取不同营销方式	方式合理有效	方式基本合理

任务三 客户行为分析

【任务描述】

客户行为分析是对客户的购买行为、交易行为、评价行为、商品喜好等行为进行分析，根据客户行为数据分析制定不同的客户模式，设计合理的营销方式。现代营销学之父菲利普·科特勒（Philip Kotler）指出，消费者购买行为是指人们为满足需要和欲望而寻找、选择、购买、使用、评价及处置产品、服务时介入的过程活动，包括消费者的主观心理活动和客观物质活动两个方面，如图 5-2 所示。

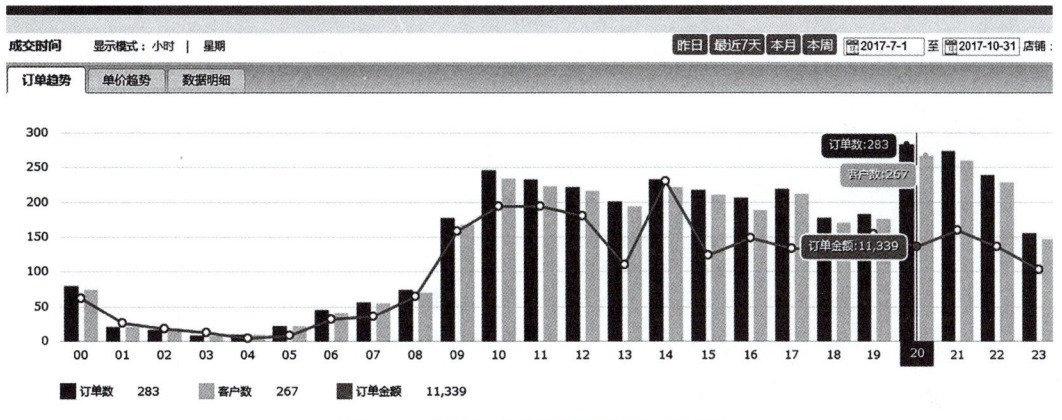

图 5-2　某网店客户购买时段分布情况

【任务分析】

市场营销学中把消费者的购买动机和购买行为概括为 6W 和 6O，从而形成消费者购买行为研究的基本框架，如图 5-3 所示。

市场需要什么（What）
有关产品（Objects）是什么
研究企业应如何提供适销对路的产品去满足消费者的需求。

为何购买（Why）
购买目的（Objectives）是什么
通过分析购买动机的形成，了解消费者的购买目的，采取相应的市场策略。

购买者是谁（Who）
购买组织（Organizations）是什么
分析购买的产品供谁使用，根据分析，组合相应的产品、渠道、定价和促销。

如何购买（How）
购买组织的作业行为（Operations）是什么
分析购买者对购买方式的不同要求，有针对性地提供不同的营销服务。

何时购买（When）
购买时机（Occasions）是什么
分析购买者对特定产品的购买时间的要求，把握时机，适时推出产品。

何处购买（Where）
购买场合（Outlets）是什么
分析购买者对不同产品的购买地点的要求。

图 5-3　行为分析框架

【任务实施】

客户购买行为分析步骤如下：

（1）购买行为环节模式描绘；

（2）确定各环节的关键影响因素；

（3）确定各环节的关键营销推动行为；

（4）得到完整的消费者分布结构；

（5）确定营销活动的实施策略。

【任务考核/评价】

了解并掌握客户行为分析的过程并将其实现。

任务考核/评价

任务名称	考核点	建议考核方式	评价标准		
			优	良	及格
任务三 客户行为分析	根据某类客户的购买行为分析其特点与模式	从需求的零星性、波动性、非专业性和行为的多样性、复杂性分析购买行为的特点	分析全面，内容翔实，数据准确	较好	基本符合要求
		从购买频率和态度要求划分客户类型	分析全面，内容翔实，数据准确	较好	基本符合要求
		从外界影响、以往经验的倾向和态度分析客户心理和下一次购买行为	分析全面，内容翔实，数据准确	较好	基本符合要求

任务四　客户价值分析

【任务描述】

从客户价值的方面来看，不同的客户能够为企业提供的价值是不同的，企业要想知道哪些是企业最有价值的客户，哪些是企业的忠诚客户，哪些是企业的潜在客户，哪些客户的成长性最好，哪些客户最容易流失，企业就必须对自己的客户进行细分。

【任务分析】

从企业的资源和能力的角度来看，如何对不同的客户进行有限资源的优化应用是每个企业都必须考虑的，所以在对客户进行管理时非常有必要对客户进行统计、分析和细分。客户细分能使企业所拥有的高价值的客户资源显性化，并能够就相应的客户关系对企业未来盈利的影响进行量化分析，为企业决策提供依据。

【任务实施】

客户价值分析的方法有如下几种：

1. 最近一次消费

最近一次消费是指上一次的消费时间和计算当天的间隔（记为R）。最近一次消费的计算方式是以计算当日减去客户上一次在店铺的消费日期。R值越小，说明客户下单间隔越小。如果R值为0，则可以说明该客户天天在本店铺下单；如果R值很大，则可认为该客户已经遗忘了本店，如图5-4所示。

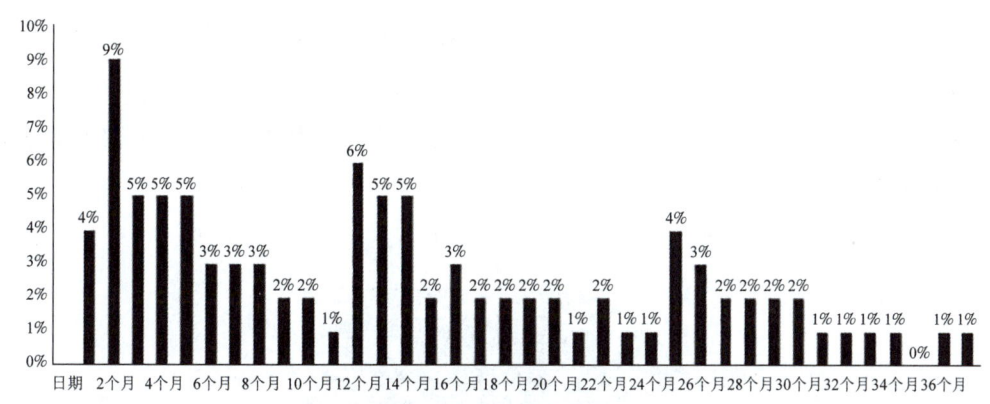

图 5-4　最近一次消费分析

2. 消费频率

消费频率是指客户在固定时间内的购买次数（记为F）。消费频率的高低是客户品牌忠诚度和店铺忠诚度的体现。然而，决定消费频率高低的另一个重大因素是品类宽度。对于大平台而言，其涉及的售卖品类会比较丰富；而对于一般小平台而言，一般只会涉足某一细分品类。平台毕竟有限，故对于一般网店而言，会用顾客的"累计购买次数"替换F值，如图 5-5 所示。

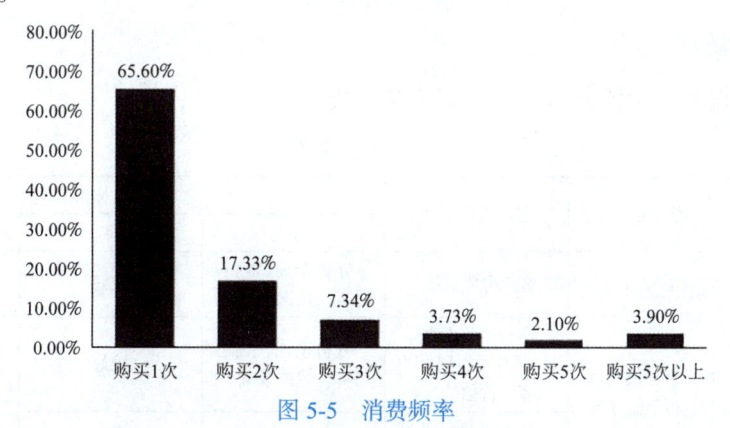

图 5-5　消费频率

3. 消费金额

消费金额统计的是某一客户在一段时间内的平均消费额。消费金额数值越大，代表客户对店铺的价值贡献和消费能力越高，如图 5-6 所示。

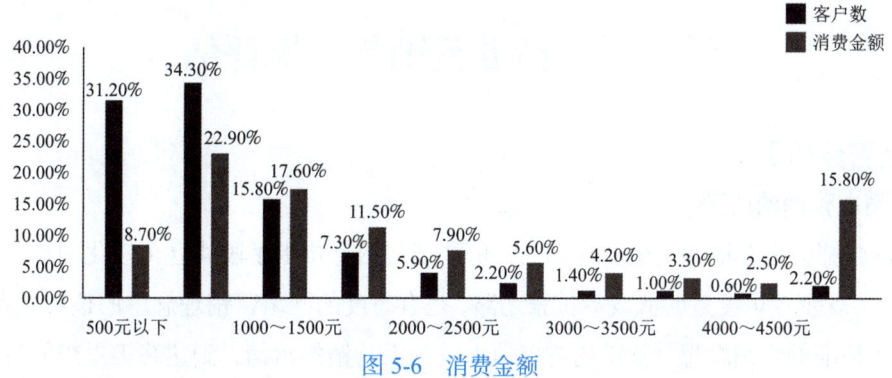

图 5-6　消费金额

在获取所有客户三个指标的数据以后，需要计算每个指标数据的均值，通过将每位客户的三个指标与均值进行比较，可以将客户按价值细分为 8 种类型：重要价值客户、重要发展客户、重要保持客户、重要挽留客户、一般价值客户、一般发展客户、一般保持客户、一般挽留客户，如图 5-7 所示。

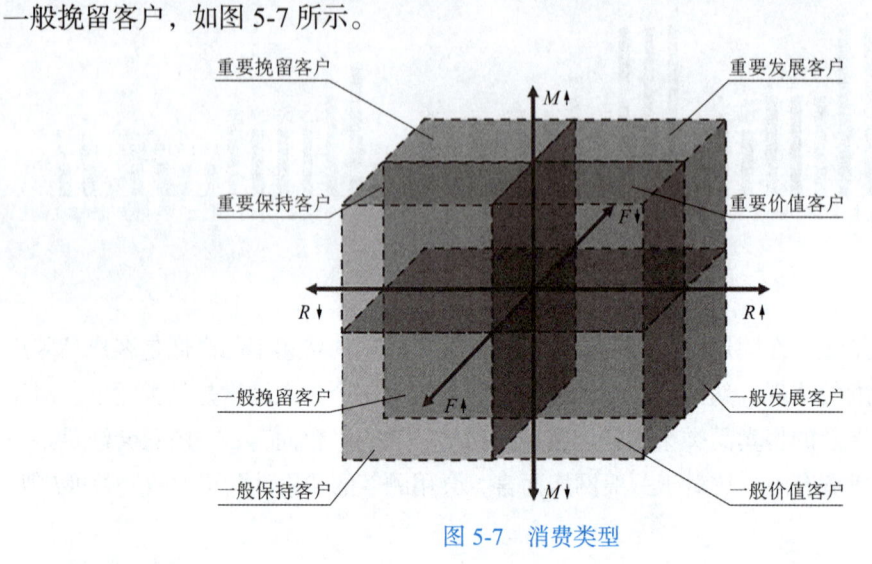

图 5-7　消费类型

【任务考核/评价】

了解并掌握客户价值分析并可以完成全过程。

任务考核/评价

任务名称	考核点	建议考核方式	评价标准 优	良	及格
任务四　客户价值分析	根据客户数据，对客户进行价值分析	客户分类	分析全面，内容翔实，数据准确	较好	基本符合要求
		进行特征分析，比较不同类别客户的客户价值	分析全面，内容翔实，数据准确	较好	基本符合要求
		对不同价值的客户提供个性化服务，制定相应的营销策略	分析全面，内容翔实，数据准确	较好	基本符合要求

任务五　精准营销与效果评估

【任务分析】

1. 精准营销的内涵

精准营销就是在精准定位的基础上，依托现代信息技术手段建立个性化的顾客沟通服务体系，实现企业可度量的低成本扩张之路，是有态度的网络营销理念中的核心观点之一。

（1）精准的营销思想，营销的终极追求就是无营销的营销，到达终极思想的过程就是逐步精准的过程。

（2）精准营销是实施精准的体系保证和手段，而这种手段是可衡量的。

（3）就是达到低成本可持续发展的企业目标。

2. 精准营销典型应用场景

应用场景 1：客户价值识别（用户特征）

通过收集客户交易历史数据进行识别；

进行 RFM 分析，定位最有价值客户群及潜在客户群。对最具价值客户，要提高其忠诚度；对潜在客户，应主动营销促使产生实际购买行为。对客户价值低客户群，在营销预算少的情况下考虑不实行营销推广。

通过因子分析发觉影响客户重复购买的主要因素，从类似价格因素、口碑原因、评论信息等信息中识别主要因素及影响权重，调整产品或市场定位。查明促使客户购买的原因；指导调整宣传重点或组合营销方式。

应用场景 2：客户行为指标跟踪

通过收集客户行为数据进行跟踪；

通过客户行为渠道来源进行自动追踪：系统可自动跟踪并对访客来源进行判别分类，根据三大营销过程对付费搜索、自然搜索、合作渠道、横幅广告、邮件营销等营销渠道进行营销跟踪和效果分析。

营销效用方面：知道具体的用户身受哪种媒体营销的影响，他们怎样进入特定网站，跨屏、浏览某个网站时他们会做什么。

根据地理位置分别设定目标，比如大多数中上层人士，居住位置比较集中。

应用场景 3：个性化关联分析

通过收集客户购买了什么产品、浏览了什么产品、如何浏览网站等网站行为数据进行分析；通过分析客户群需求相似度、产品相似度，使用个性化推荐引擎向客户推荐那些他们感兴趣的产品或服务。

3. 营销效果评估

营销效果是营销活动对消费者所产生的影响。狭义的营销效果是指营销活动取得的经济效果，即营销达到既定目标的程度，就是通常所包括的传播效果和销售效果。从广义上说，营销效果还包含了心理效果和社会效果。心理效果是营销活动对受众心理认知、情感和意志的影响程度，是营销活动的传播功能、经济功能、教育功能、社会功能等的集中体现。营销活动的社会效果是营销活动对社会道德、文化教育、伦理、环境的影响。良好的社会效果也能给企业带来良好的经济效益。营销效果评估一般是通过对预设的关键绩效点（KPI）如 ROI、CPA、转化率、回购率等进行考察，进而评价营销活动的经济效果，如图 5-8 所示。

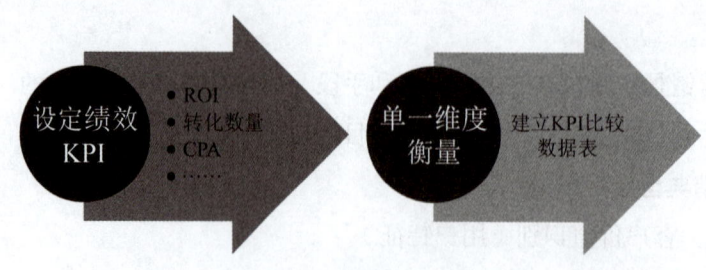

图 5-8 关键绩效点（KPI）

【任务考核/评价】

了解和掌握精准营销与效果评估过程并可独立运用。

任务考核/评价

任务名称	考核点	建议考核方式	评价标准		
			优	良	及格
任务五 精准营销与效果评估	以某产品为例分析精准营销与效果评估	从客户画像和新媒体方面分析精准营销现状	分析全面，内容翔实，数据准确	较好	基本符合要求
		从客户行为、营销效果评估体系、广告文案等方面分析精准营销优化策略	分析全面，内容翔实，数据准确	较好	基本符合要求

【拓展训练】

训练一：分析客户购买行为

通过数据采集，分析客户购买行为。

（1）通过对客户性别、年龄、区域和消费阶层等方面的分析，可以更加准确地定位店铺客户群，有针对性地调整店铺商品结构和销售策略，从而提高店铺收益。

（2）通过对新老客户人数变化、老客户销售占比和客户喜欢的促销方式等方面的分析，可以了解店铺目前的经营状态，采取正确的经营策略，以获得更大的利润。

（3）通过分析客户购买行为因素及不同性别买家的需求，可以及时调整店铺的销售策略。

训练二：分析店铺的会员年龄构成和地域分布情况

采集淘宝客户运营平台中的会员数据，然后按以下步骤处理：

（1）统计出各年龄段的会员人数。利用 COUNTIF 函数统计各个年龄段的会员人数。

（2）分析年龄构成比例。创建饼图分析各个年龄段会员人数占比情况。

（3）分类汇总不同地域的会员人数。利用 Excel 的分类汇总功能，按不同的地域汇总出会员人数。

（4）分析不同地域的会员占比。创建柱形图分析不同地域的会员占比情况。

训练三：分析退货客户数据

商品被退货是商家最不希望发生的事情，所以减少损失首先要从减小退货率开始。

退货率是指产品售出后由于各种原因被退回的数量与同期售出的产品总数量之间的比率。

从交易明细中收集退货数据，经过清理和整理，建立客户退货数据表，先分析退货客户的地域分布、年龄分布、性别分布，再分析客户退货的商品数据和快递公司的退货率，再分析客户退货的原因，最后筛选出客户退货的主要因素，并针对退货的主要因素制定相应的措施。在退货措施实施一段时间后，比较退货措施实施前后的退货率，检验进行退货客户数据分析产生的效果。

【测一测】

简答题

1. 简述客户数据采集的内容有哪些方面。
2. 简述客户画像的作用。
3. 分析如何进行精准营销。

习题答案

项目六

产品商务数据分析

产品商务数据分析

【项目介绍】

做产品运营做数据分析最重要的就是具备数据分析思维、掌握数据分析方法、会使用数据分析工具。产品商务数据分析包括竞争对手分析、用户特征分析、产品需求分析、产品生命周期分析和用户体验分析等内容，其作用是在分析竞争对手、用户特征、产品需求、产品生命周期、用户体验等各个环节后，对产品开发及市场走向进行预测并提出建议。

【知识目标】

1. 通过本项目教学及实训，学生可以明确产品商务数据分析的目的；
2. 掌握产品数据分析的基本方法和原理；
3. 熟悉产品商务数据分析的应用情境。

【技能目标】

1. 能够运用数据分析的基本工具对竞争对手、用户特征、产品需求、产品生命周期、用户体验等各个环节进行分析；
2. 具备在商务产品领域工作时所需的数据化运营思维；
3. 具备在商务产品领域工作中解读和应用数据的能力。

【素质目标（思政目标）】

1. 养成产品数据化运营思维；
2. 能够形成团队合作、分担任务、相互学习的习惯；
3. 形成不断学习新知识、新技能、新规范的习惯；
4. 具备较强的产品商务数据分析专业素质，具备良好的职业道德；
5. 具备产品商务数据分析的工匠精神、爱国情怀、文化自信等。

【项目思维导图】

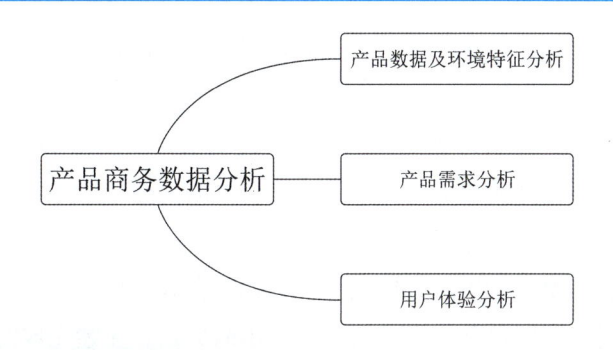

```
                    ┌── 产品数据及环境特征分析
                    │
产品商务数据分析 ────┼── 产品需求分析
                    │
                    └── 用户体验分析
```

【项目预习】

产品分析通常在产品、客服岗位完成,该岗位设置在产品部、运营部、客服部,与设计部、美工部、生产部等均有配合与合作。完成产品分析后,可以通过调研报告形成合理化建议,对产品开发及市场走向提出预测。

产品运营人员做数据分析时最重要的就是具备 3 方面工作能力:具备数据分析思维、掌握数据分析方法及会使用数据分析工具。

一、产品数据分析的思维

作为产品运营必须思考:数据本质的价值究竟在哪里?从这些数据中,我们可以学习到什么?又可以指导我们做什么?面对海量的数据,很多产品运营人员都不知道如何准备、如何开展,如何得出结论。下面就为大家介绍做数据分析时经典的五步走思路,如图 6-1 所示。

第一步,要先挖掘产品商务数据含义,理解数据分析的背景、前提以及想要关联的业务场景结果。

第二步,需要制定产品商务数据分析计划,即如何对场景进行拆分,如何进行推断。

第三步,从产品商务数据分析计划中拆分出需要的数据并进行分析。

第四步,从产品数据结果中判断并提炼出商务洞察。

第五步,根据数据结果洞察产出商业产品决策。

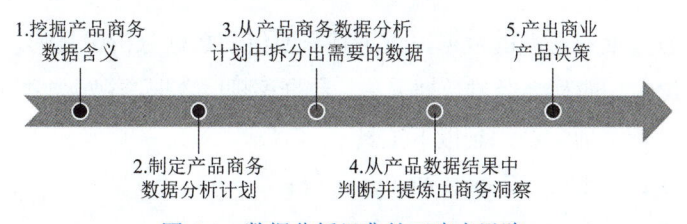

图 6-1 数据分析经典的五步走思路

二、产品数据分析的方法

这里给大家介绍数据分析常见的 4 种方法，掌握这 4 种方法，对于初中阶产品运营的人员来说基本够用。

我们以一个电子商务网站为例，用数据分析工具 GrowingIO 对该网站进行快速数据采集、清晰和可视化展示，然后给大家分享这 4 种常见的数据分析方法。

1. 数字和趋势

看数字、看趋势是最基础展示数据信息的方式。在数据分析中，我们可以通过直观的数字或趋势图表，迅速了解例如市场的走势、订单的数量、业绩完成的情况等，从而直观地吸收数据信息，有助于提升决策的准确性和实时性。

2. 维度分解

当单一的数字或趋势过于宏观时，我们需要通过不同的维度对数据进行分解，以获取更加精细的数据洞察。在选择维度时，需要仔细思考其对分析结果的影响。

3. 用户分群

针对符合某种特定行为或背景信息的用户，进行归类处理，是我们常常讲到的用户分群的手段。我们也可以通过提炼某一群用户的特定信息，创建该群体用户的画像。例如访问购物网站、寄送地址在北京的用户可以被归类为"北京"用户群体。而针对"北京"用户群体，我们可以进一步观察他们购买产品的频度、类别、时间，这样我们就创建出该用户群体的画像。

4. 转化漏斗

绝大部分商业变现的流程，都可以归纳为漏斗。漏斗分析是我们最常见的数据分析手段之一，无论是注册转化漏斗，还是电商下单的漏斗。通过漏斗分析可以从先到后还原用户转化的路径，分析每一个转化节点的效率。

其中，我们往往关注三个要点：

（1）从开始到结尾，整体的转化效率是多少？

（2）每一步的转化率是多少？

（3）哪一步流失最多，原因在什么地方？流失的用户符合哪些特征？

三、产品数据分析的工具

作为产品运营，面对海量的数据，肯定是需要借助数据分析工具的。

以前，产品运营一般都会经过数据采集、数据整理、数据透视、数据分析这四个步骤，来完成一次数据分析。通常会用到以下工具：

（1）数据采集：Python、Google Analytics 等；

（2）数据处理：Python、Excel、SQL 等；

（3）数据分析：Python、Excel、MATLAB 等；

（4）数据可视化：Python、Excel、PowerPoint 等。

在这个过程中，数据采集、处理、可视化基本会花费产品运营 70% 以上的时间，这就导致了最具价值的数据分析部分时间被挤压，为了在有限时间内完成数据分析工作，产品运营的数据分析价值可能会因此大打折扣。

四、产品生命周期分析

（一）产品生命周期的含义

产品生命周期（Product Life Cycle, PLC）是指产品的市场寿命。一种产品进入市场后，它的销售量和利润都会随时间推移而改变，呈现一个由少到多再由多到少的过程，就如同人的生命一样，由诞生、成长到成熟，最终走向衰亡，这就是产品的生命周期现象。所谓产品生命周期，是指产品从进入市场开始，直到最终退出市场为止所经历的市场生命循环过程。产品只有经过研究开发、试销，然后进入市场，它的市场生命周期才算开始。若产品退出市场，则标志着生命周期的结束，如图 6-2 所示。

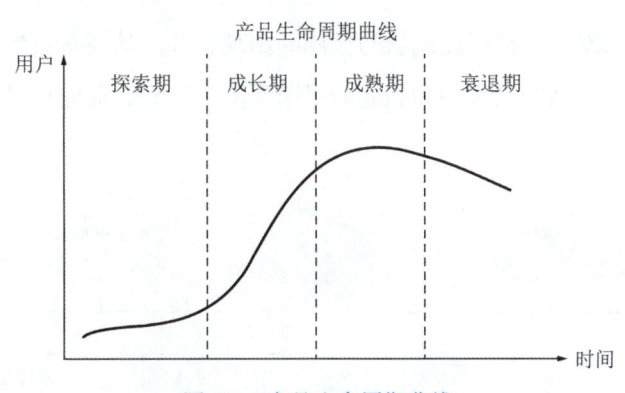

图 6-2 产品生命周期曲线

（二）产品生命周期的阶段

1. 产品投入期

新产品投入市场，便进入投入期。此时，客户对产品还不了解，只有少数追求新奇的客户可能购买，销售量很低。在这一阶段，由于技术方面的原因，产品不能大批量生产，因此成本高，销售额增长缓慢，企业不但得不到利润，还可能亏损。产品也有待进一步完善，如图 6-3 所示。

2. 产品成长期

这时客户对产品已经熟悉，大量的新客户开始购买，市场逐步扩大。产品大批量生产，生产成本相对降低，企业的销售额迅速上升，利润也迅速增长。竞争者看到有利可图，将纷纷进入市场参与竞争，使同类产品供给量增加，价格随之下降，企业利润增长速度逐步减慢，最后达到生命周期利润的最高点，如图 6-4 所示。

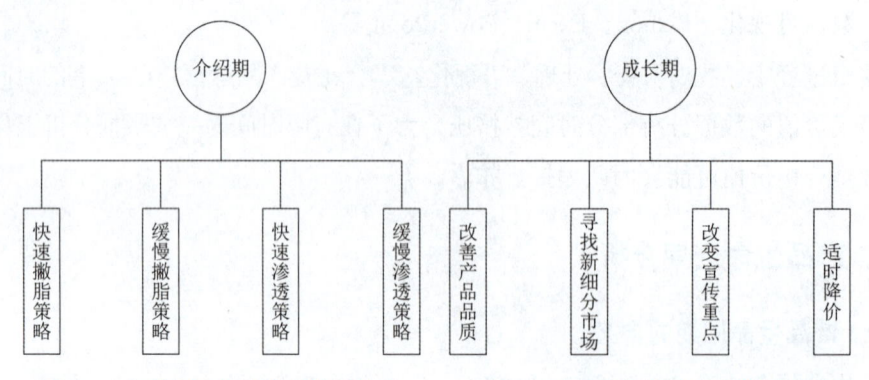

图 6-3　产品投入期阶段的营销策略　　图 6-4　产品成长期阶段的营销策略

3. 产品饱和期

市场需求趋向饱和，潜在的客户已经很少，销售额增长缓慢直至转而下降，标志着产品进入了成熟期。在这一阶段，竞争逐渐加剧，产品售价降低，促销费用增加，企业利润下降，如图 6-5 所示。

4. 产品衰退期

随着科学技术的发展，新产品或新的代用品出现，客户的消费习惯发生改变，转向其他产品，从而使原来产品的销售额和利润额迅速下降。于是，此时产品又进入了衰退期，如图 6-6 所示。

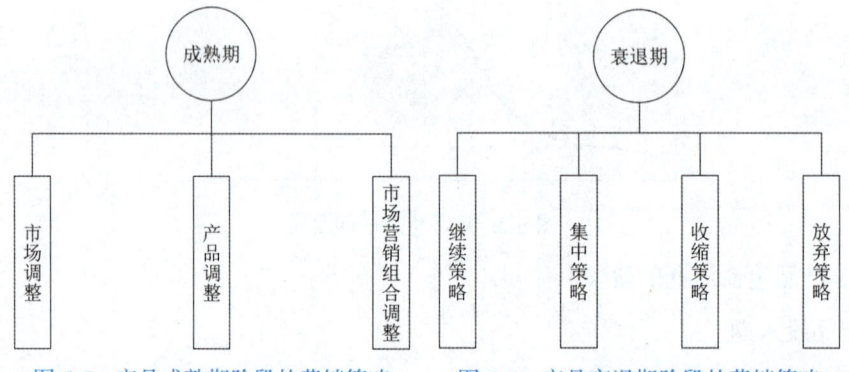

图 6-5　产品成熟期阶段的营销策略　　图 6-6　产品衰退期阶段的营销策略

利用 Excel 等工具汇总产品部、运营部、客服部等产品销售数据；密切监控季节、气温、地域等因素对产品销售周期性数据的变化及波动；协助指导采购、生产等部门合理安排采购及生产计划。

【案例导入】

【案例一】

某国内互联网金融理财类网站，市场部在百度和 hao123 上都持续投放广告，从而吸引网页端流量。最近，该公司内部同事建议尝试投放神马移动搜索渠道获取流量；还需要评估是否加入网络联盟进行深度产品广告投放。

在这种多渠道的投放场景下，如何进行深度决策？我们按照上面商业数据分析流程的五个基本步骤来拆解一下这个问题。

第一步：挖掘业务含义。

首先要了解市场部想优化什么，并以此为北极星指标去衡量。对于渠道效果评估，重要的是业务转化：对 P2P 类网站来说，是否发起"投资理财"要远重要于"访问用户数量"。所以无论是神马移动搜索还是金山渠道，重点在于如何通过数据手段衡量转化效果；也可以进一步根据转化效果，优化不同渠道的运营策略。

第二步：制定分析计划。

以"投资理财"产品为核心转化点，分配一定的预算进行流量测试，观察对比注册数量及最终转化的效果。可以持续关注这些人重复购买理财产品的次数，进一步判断渠道质量。

第三步：拆分查询数据。

既然分析计划中需要比对渠道流量，那么我们需要各个渠道追踪流量、落地页停留时间、落地页跳出率、网站访问深度以及订单等类型数据，进行深入的分析和落地。

第四步：提炼业务洞察。

根据数据结果，比对神马移动搜索和金山网络联盟投放后的效果，根据流量和转化两个核心 KPI，观察结果并推测业务含义。如果神马移动搜索效果不好，可以思考是否产品适合移动端的客户群体；或者仔细观察落地页表现是否有可以优化的内容等，需找出业务洞察。

第五步：产出商业决策。

根据数据洞察，指引渠道的决策制定。比如停止神马渠道的投放，继续跟进金山网络联盟进行评估；或优化移动端落地页，更改用户运营策略，等等。

每次做数据分析时，产品运营都可以参考这 5 步。

【案例二】

以婴儿电商产品的数据为对象，进行产品商务分析方法的学习。用 PEST 模型，即从政策（Political）、经济（Economic）、社会（Social）和技术（Technological）角度分析婴儿用品行业，如图 6-7 所示。

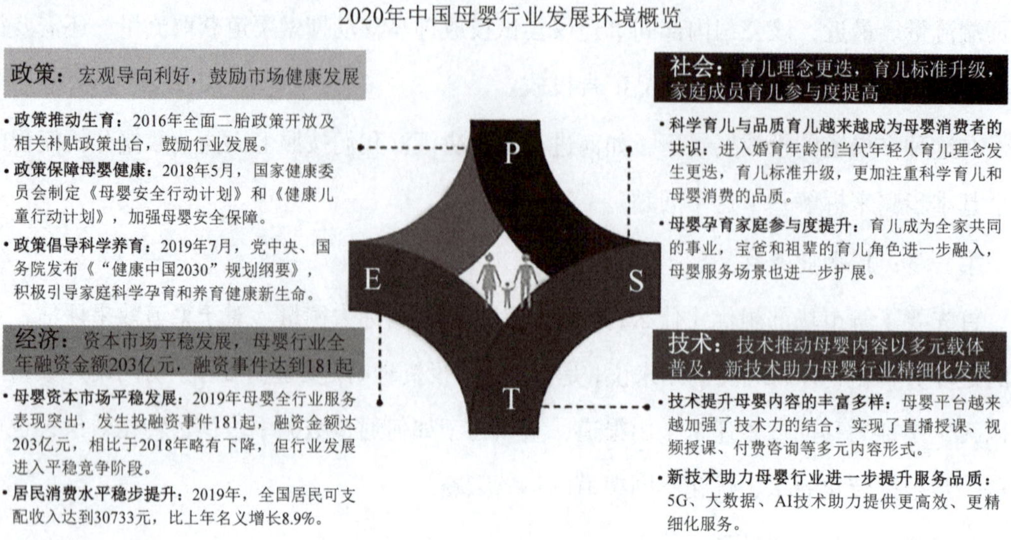

2020年中国母婴行业发展环境概览

政策：宏观导向利好，鼓励市场健康发展

- **政策推动生育**：2016年全面二胎政策开放及相关补贴政策出台，鼓励行业发展。
- **政策保障母婴健康**：2018年5月，国家健康委员会制定《母婴安全行动计划》和《健康儿童行动计划》，加强母婴安全保障。
- **政策倡导科学养育**：2019年7月，党中央、国务院发布《"健康中国2030"规划纲要》，积极引导家庭科学孕育和养育健康新生命。

经济：资本市场平稳发展，母婴行业全年融资金额203亿元，融资事件达到181起

- **母婴资本市场平稳发展**：2019年母婴全行业服务表现突出，发生投融资事件181起，融资金额达203亿元，相比于2018年略有下降，但行业发展进入平稳竞争阶段。
- **居民消费水平稳步提升**：2019年，全国居民可支配收入达到30733元，比上年名义增长8.9%。

社会：育儿理念更迭，育儿标准升级，家庭成员育儿参与度提高

- **科学育儿与品质育儿越来越成为母婴消费者的共识**：进入婚育年龄的当代年轻人育儿理念发生更迭，育儿标准升级，更加注重科学育儿和母婴消费的品质。
- **母婴孕育家庭参与度提升**：育儿成为全家共同的事业，宝爸和祖辈的育儿角色进一步融入，母婴服务场景也进一步扩展。

技术：技术推动母婴内容以多元载体普及，新技术助力母婴行业精细化发展

- **技术提升母婴内容的丰富多样**：母婴平台越来越加强了技术力的结合，实现了直播授课、视频授课、付费咨询等多元内容形式。
- **新技术助力母婴行业进一步提升服务品质**：5G、大数据、AI技术助力提供更高效、更精细化服务。

图 6-7　婴儿电商产品的数据分析

政策：政策推动生育、保障母婴健康、倡导科学养育，有利于市场健康发展；

经济：母婴市场平稳发展、居民消费水平稳步提升；

社会：母婴孕育家庭成员参与度提高，科学育儿与品质育儿越来越成为母婴消费者的共识；

技术：技术提升母婴内容的丰富多样性、新技术助力行业进一步提升服务品质。

任务一　产品数据及环境特征分析

根据研究目的，确定典型用户特征的分析内容；做好用户关于年龄、地域、消费能力、消费偏好等数据收集与整理工作；通过 Excel 等工具分析用户数据，赋予他们不同的人群标签。

一、用户特征分析的目的

通过用户生活形态分群的方法，按照用户的价值观和生活形态特征，对用户进行分群，形成具有典型性的细分群组，并且总结提炼出该群组用户的一般特征，清晰定位目标市场与目标用户群体，指导产品开发和创新。主要解决目标用户是谁，市场预期容量有多大的问题。在设计内容过程中，一切围绕着用户，以用户为中心，了解用户的需求，采集用户的特征信息，并倾听他们的想法或与他们需求的和使用方式相关的问题。根据研究目的，确定典型用户特征的分析内容，做好用户关于年龄、地域、消费能力、消费偏好等数据的收集与整理，赋予不同的人群标签。

了解 B 端（企业端）及 C 端（消费者端）的用户行为属性区别；通过用户的购买行为、

购买地域、购买金额、购买次数等行为对用户进行特征分析；熟悉地域、性别、年龄等用户基础属性，并进行相关归类分析；借助 Excel、CRM 等工具对用户特征进行挖掘分析及梳理，如图 6-8 所示。

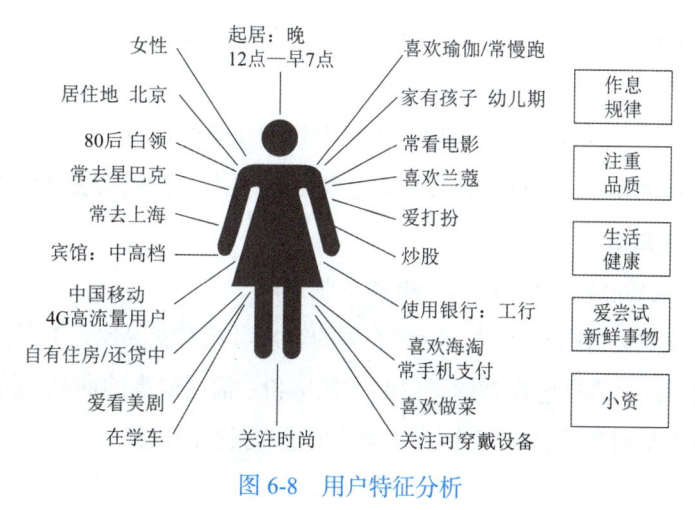

图 6-8　用户特征分析

二、用户特征分析的内容与步骤

1. 列出主要用户

（1）患者、健康、保健师、研究人员。

（2）家长、老师、学生。

（3）乘客、飞行员、机械师、机场工作人员。

（4）经常购买游戏装备的人，偶尔购买游戏装备的人。

（5）当地客户、外来游客。

（6）购物者、浏览者。

2. 收集用户的信息

（1）考虑网站的使命。让网站用户填写简短的问卷。

（2）观察用户，倾听用户的心声。

（3）对使用（或可能使用）网站用户进行访谈，如情景访谈、关键事件访谈。

（4）对现有内容进行可用性测试。

3. 列出每个用户的关键特征

（1）关键短语或语录。

（2）经验和专业知识。

（3）性情。

（4）价值观。

（5）技术水平。

（6）社会及文化背景。

（7）人口统计学信息（年龄等）

4. 关键短语或语录

例如：你希望我在编写网站内容时牢记你们的哪些信息？

客户甲：请牢记我很忙！

客户乙：我不关心内容的组织结构，我只想找到我要的信息。

客户丙：我喜欢看图片，如果图片没有足够的吸引力，我就会去其他网站。

5. 经验和专业知识

考虑用户的知识领域、网站操作经验和专业知识。

例如：对于游戏交易网站来说，经常购买的客户可能对交易网站非常熟悉，顺利完成交易不是最终的目的，客户想找到同类商品中最廉价、信用最高的商品。偶尔购买的客户：可能对交易网站不是很熟悉，仅仅想如何能够快速购买所需商品。

6. 性情

在一些情况下，人们的性情是非常重要的用户特征：充满热情的、急躁的、愤怒的、着迷的、紧张的、有压力的……

7. 价值观

掌握用户关注的问题或许有助于企业决定网站该包含哪些内容，以及该内容强调哪些信息。

客户甲：价格对我很重要，我需要知道购买价格费用。

客户乙：我需要信用高点的商品。

客户丙：我需要有图的商品信息。

8. 技术水平

网站用户在什么样的分辨率下工作的？他们的网速有多快？他们的网站链接是否稳定？在决定网站内容之前应该充分了解这些信息。

9. 社会及文化背景

另外，还应该知道用户查看网站内容的时间和地点。

一个人浏览还是和其他人一起？打算每天在类似你这样的网站搜索很长时间吗？是在什么地方上的网，家中还是单位？所有这些特征都很重要，在决定网站内容和内容表达方式时应加以考虑。

10. 人口统计学信息（年龄等）

年龄可能对网站有所影响。如果是针对特定年龄编写内容的话，如青少年，那么年龄影响设计风格和写作风格。

但是年龄不是统计学的全部信息，相同的年龄段用户之间也有很大的差别，如对网站经验、对网站的感觉（态度）、视力等方面的差别。网站在设计时应该是满足所有不同人的

（易用性）。

【任务实施】

对婴儿电商产品数据进行分析。

根据【案例二】，以婴儿电商产品的数据为对象，用 PEST 分析法进行产品商务分析方法的学习。

1. 明确问题

（1）后勤部：每个月的采购需求是怎样的？哪个月的采购需求最大？哪个月的采购需求最小？

（2）销售部：我们产品的主要目标客户是哪些群体？

（3）研发部：我应该把重心放在哪类产品的研发上？

2. 理解数据

表 6-1 是购买商品情况，表 6-2 是婴儿信息。

表 6-1　购买商品情况

用户 ID	物品编号	商品二级分类	商品一级分类	商品属性	购买数量	购买时间
2288344467	39769942518	50018831	50014815	21458:30992;23378:21671	10000	2014/11/13
117730165	20409520643	50012788	28	21458:30992;1628665:323	2800	2013/12/20
173701616	36505037679	50007016	50008168	122218042:50276;21475:1	2748	2014/9/20
1945590674	3920805463	50011993	28	21458:94840856;29127815	1500	2015/1/12
32141414	9716351898	50002524	28	124642090:29274;21458:4	1000	2013/7/1
119395773	21753712913	50005953	28	1628665:3233941;1628665	700	2014/10/21
300205516	8728039815	250822	28	11760865:27849256:12227	600	2013/2/22
300857121	38276597770	50023663	28	21458:30992;23378:21671	600	2014/7/2

表 6-2　婴儿信息

用户 ID	出生日期	性别	性别
2757	2013/3/11	0	女
415971	2012/11/11	0	女
1372572	2012/1/30	1	男
10339332	2011/9/10	0	女
10642245	2013/2/13	0	女
10923201	2011/8/30	1	男
11768880	2012/1/7	1	男
12519465	2013/7/5	1	男

"购买商品情况"可以反映货物的相关情况,通过"购买时间"和"购买数量"列,分析不同时点的商品销量,帮助后勤部门更好地进行进销存的把控。

"婴儿信息"可以反映客户的相关情况,以"出生日期"和"性别"为基础列,分析不同年龄、不同性别的客户,帮助销售部门更好地锁定客户群。

将"购买商品情况"和"婴儿信息"连接起来,通过"用户ID""出生日期""性别""商品一级分类"和"购买数量"字段,分析各种商品的受欢迎程度,帮助研发部进行个性化开发工作。

3. 数据清洗

第一步:选择子集。

由于auction_id(物品编号)和property(商品属性)对于当前的业务问题并没有什么帮助,所以可以将其隐藏:选中列→右击"隐藏"(在数据预处理过程中,尽量不删除数据,以保证数据的完整性)。

第二步:列名重命名。

商品表列名隐藏和重命名见表6-3,婴儿表列名隐藏和重命名见表6-4。

表6-3 商品表列名隐藏和重命名

用户ID	商品一级分类	商品二级分类	购买数量	购买时间
786295544	50014866	50022520	2	20140919
532110457	50011993	28	1	20131011
249013725	50012461	50014815	1	20131011
917056007	50018831	50014815	2	20141023
444069173	50013636	50008168	1	20141103
152298847	121394024	50008168	1	20141103
513441334	50010557	50008168	1	20121212

表6-4 婴儿表列名隐藏和重命名

用户ID	出生日期	性别
2757	20130311	1
415971	20121111	0
1372572	20120130	1
10339332	20110910	0
10642245	20130213	0

为了方便阅读,可以把性别字段中的数字通过IF函数改为文字,即:

=IF(C2=0,"女",IF(C2=1,"男","未知"))

第三步:删除重复值。

由于"购买商品情况"和"婴儿信息"是通过用户 ID 列连接起来的，但婴儿信息的用户 ID 列不存在重复值；而一个用户有多次购买行为是可以的。所以此项数据集中不需要删除重复值。

第四步：缺失值处理。

由于"购买商品情况"和"婴儿信息"不存在缺失值，此项数据集中不需要进行缺失值处理。

操作步骤：数据全选→【Ctrl + G】→定位条件→选择空值→确定，如图 6-9 所示。

第五步：一致化处理。

一致化处理：对数据列里没有统一格式的值进行处理。

观察发现，表 6-1 中的购买时间列和表 6-2 中的出生日期列的日期数据格式均为数值型，如图 6-10 所示。

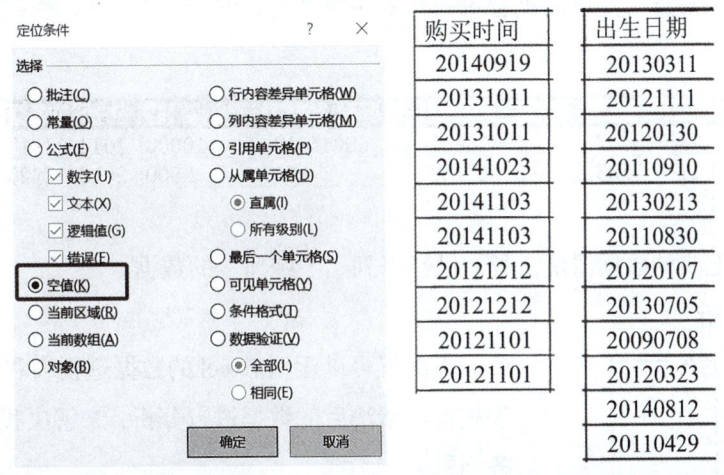

图 6-9 选择空值　　图 6-10 日期数据格式均为数值型

为方便之后的数据分析，需要将其转换为日期型格式，

操作步骤：选中列→数据→分列→下一步→下一步→列数据格式：日期：YMD→完成，如图 6-11 所示。

其结果如图 6-12 所示。

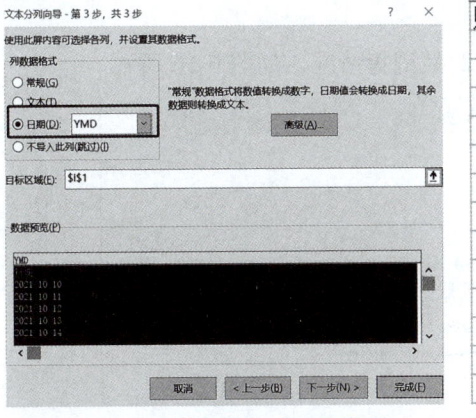

图 6-11 设置列数据格式为日期类型　　图 6-12 列数据格式为日期类型

第六步：数据排序。

此步骤可用于发现更多有价值的信息。

操作步骤：开始→排序和筛选→升序/降序。

通过对购买数量进行降序排列，可以发现用户 ID 为 2288344467 的用户在 2014/11/13 购买了 10000 份商品一级分类为 50014815、二级分类为 50018831 的商品，是 2012—2015 年间日消费数量的最大值，如图 6-13 所示。

用户ID	商品一级分类	商品二级分类	购买数量	购买时间
2288344467	50018831	50014815	10000	2014/11/13

图 6-13　日消费数量的最大值

第七步：异常值处理。

通过数据→筛选功能可以查看每列有哪些类别的数据。经过排查，并未发现有异常值，如图 6-14 所示。

用户ID	商品一级分类	商品二级分类	购买数量	购买时间
2288344467	50018831	50014815	10000	2014/11/13
117730165	50012788	28	2800	2013/12/20

图 6-14　未发现有异常值

经过以上七步的数据清洗，我们已经得到了"纯净"的数据。

4. 数据分析

购买时间	购买月份
2014/11/13	11
2013/12/20	12
2014/9/20	9
2015/1/12	1
2013/7/1	7
2014/10/21	10
2013/2/22	2
2014/7/2	7
2012/11/19	11
2014/10/7	10
2014/3/5	3
2013/11/29	11
2014/5/22	5

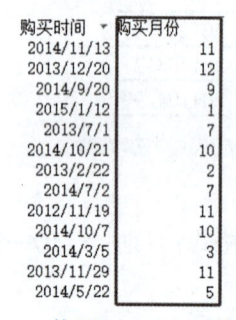

图 6-15　使用 MONTH 函数得到"购买月份"列

下面就可以运用 Excel 的数据透视表和 VLOOKUP 多表查询对清洗后的数据进行分析，来解决我们所关心的业务问题。

后勤部：各个月的采购需求是怎样的？哪个月的采购需求最大？哪个月的采购需求最小？

结论：11 月采购需求量最大，6 月份采购需求量最小。

（1）使用 MONTH 函数得到"购买月份"列，如图 6-15 所示。

（2）使用数据透视表得到各月的商品销售情况，如图 6-16 所示。

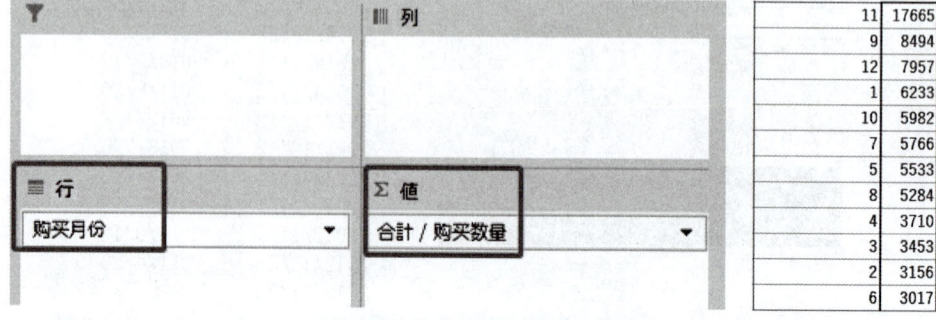

月份	合计/购买数量
11	17665
9	8494
12	7957
1	6233
10	5982
7	5766
5	5533
8	5284
4	3710
3	3453
2	3156
6	3017

图 6-16　各月的商品销售情况

销售部：我们产品的主要目标客户是哪些群体？

结论：年龄小于 3 岁的婴儿是主要客户，其数量超过其他年龄段的客户数量之和。

（1）使用 YEAR 函数得到出生年份，通过"2013-出生年份"得到年龄，如图 6-17 所示。

（2）使用 VLOOKUP 函数添加"年龄分组"列，如图 6-18 所示。

图 6-17　计算年龄

图 6-18　添加"年龄分组"列

（3）使用数据透视表得到各个年龄段的客户情况，如图 6-19 所示。

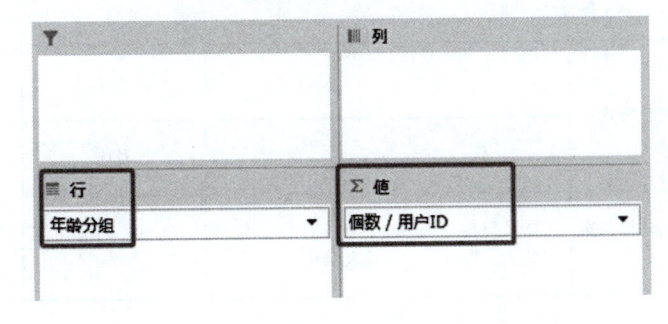

图 6-19　各个年龄段的客户情况

研发部：我应该把重心放在哪类产品的研发上？

结论：应该把重心放在"商品一级分类"编号为 50014815 的商品上。

已经得知小于 3 岁的婴儿是我们的绝对优势客户，所以接下来主要分析这个年龄段的婴儿的商品偏好。

（1）在表 6-2 中用 VLOOKUP 计算"商品一级分类"和"购买数量"列，如图 6-20 所示。

用户ID	出生日期	出生年份	年龄	年龄分组	性别	性别	商品一级分类	购买数量
2757	2013/3/11	2013	0	<3岁	0	女	50008168	
415971	2012/11/11	2012	1	<3岁	0	女	50008168	
1372572	2012/1/30	2012	1	<3岁	1	男	28	
10339332	2011/9/10	2011	2	<3岁	0	女	50014815	
10642245	2013/2/13	2013	0	<3岁	0	女	38	
10923201	2011/8/30	2011	2	<3岁	1	男	50008168	
11768880	2012/1/7	2012	1	<3岁	1	男	122650008	
12519465	2013/7/5	2013	0	<3岁	1	男	50014815	
13735440	2012/3/23	2012	1	<3岁	0	女		6
14905422	2011/4/29	2011	2	<3岁	1	男	50014815	

图 6-20 计算"商品一级分类"和"购买数量"列

（2）用数据透视图得到年龄分组在"<3岁"的客户对各类商品的消费数量，如图 6-21 所示。

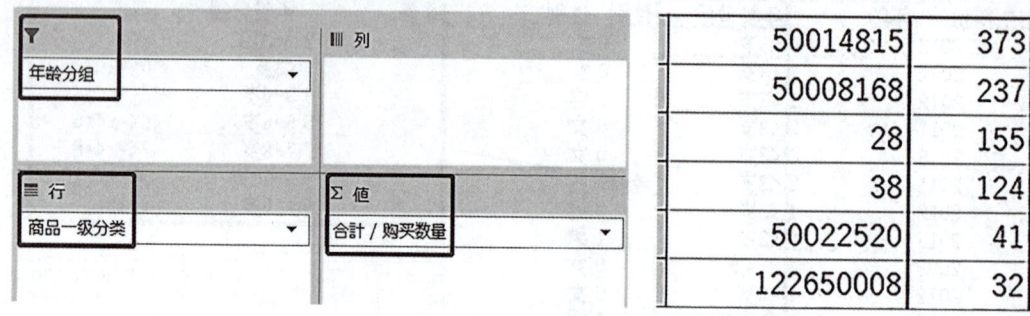

50014815	373
50008168	237
28	155
38	124
50022520	41
122650008	32

图 6-21 各类商品的消费数量

【任务考核/评价】

分组完成任务一，用 PEST 分析法进行产品商务分析方法的学习。

任务考核/评价

任务名称	考核点	建议考核方式	评价标准		
			优	良	及格
任务一 产品数据及环境特征分析	产品数据及环境特征分析	分组与讨论、实操考核	分组与讨论及操作态度认真	有参与分组与讨论及操作	极少参与分组与讨论及操作

任务二 产品需求分析

一、产品需求分析内容

根据典型用户特征分析结果，收集用户对产品需求的偏好。通过整理分析需求偏好，提出产品开发的价格区间、功能卖点、产品创新、包装等建议，通过产品的不断升级和迭代，树立用户对产品及品牌持久的黏性。

二、产品需求分析的步骤

1. 需求采集

在实际项目中，采集需求的主要方式有自身产品定位、用户调研、竞品分析、用户画像、用户反馈、产品销售数据等，如图 6-22 所示。

```
                    方式
      ——————————————按来源——————————————
          外部        |        内部
       用户      竞品  |   产品       老板
       用户反馈  竞品分析 | 数据分析    沟通
       用户调研         |
                       |
       市场    合作伙伴 |   同事       自己
       政策调整  反馈   | 沟通交流    使用产品
       动态资讯  调研   |            观察生活
       分析报告         |
```

图 6-22　依据来源渠道的需求获取方式

2. 需求分类

需求可以分为功能类需求、设计类需求、运营类需求、数据类需求，也可细分为图 6-23 中的类别。

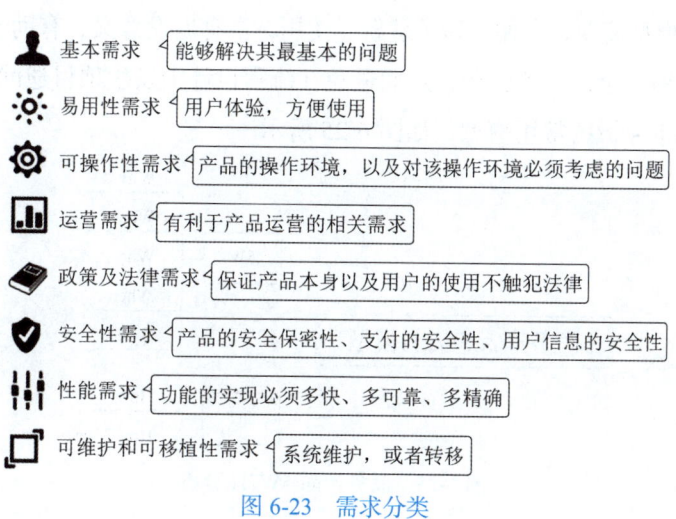

- 基本需求 — 能够解决其最基本的问题
- 易用性需求 — 用户体验，方便使用
- 可操作性需求 — 产品的操作环境，以及对该操作环境必须考虑的问题
- 运营需求 — 有利于产品运营的相关需求
- 政策及法律需求 — 保证产品本身以及用户的使用不触犯法律
- 安全性需求 — 产品的安全保密性、支付的安全性、用户信息的安全性
- 性能需求 — 功能的实现必须多快、多可靠、多精准
- 可维护和可移植性需求 — 系统维护，或者转移

图 6-23　需求分类

3. 需求分析

从用户提出的需求出发，找到用户内心真正的渴望，再转化为产品需求的过程。筛选不合理需求，挖掘用户目标，匹配产品，定义优先级。

4. 需求评审

有了确切的需求方案，之后进行可行性评审。这一步必不可少。出现的"落不了地"和"频繁更改"的问题，要着重在这个步骤里解决。在可行性评审中，完成的是对需求的大致评估，主要包括需求本身的可行性、替代方案、涉及的产品或技术环节、成本估算。

三、商务产品 PEST 分析方法

商务产品 PEST 模型主张从主要外部环境因素进行要素分析，是宏观环境分析的常用模型，如图 6-24 所示。

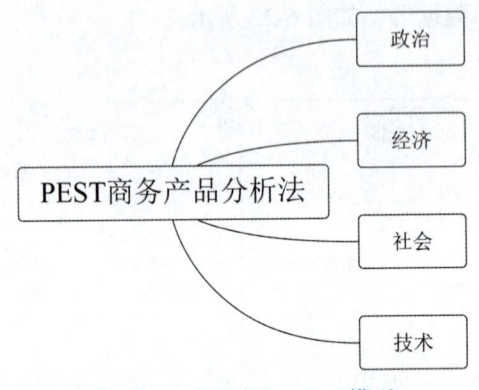

图 6-24　商务产品 PEST 模型

四、商务产品 5W2H 分析方法

商务产品 5W2H 模型利用提出的 7 个关键词进行数据指标的选取，根据选取的数据进行分析。5W2H 模型简单、方便，易于理解、使用，富有启发意义，有助于思路的条理化，杜绝盲目性；有助于全面思考问题，从而避免在流程设计中发生项目遗漏现象，是用户行为分析和业务场景分析的常用模型，如图 6-25 所示。

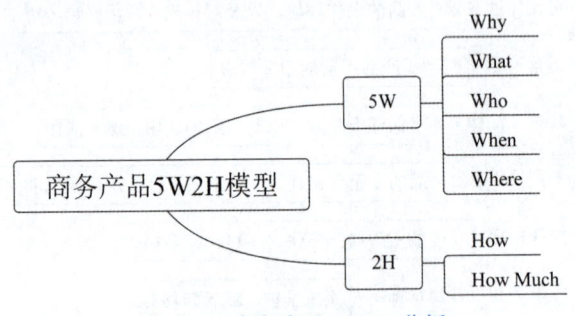

图 6-25　商务产品 5W2H 分析

Why：为什么？为什么要这么做？理由何在？原因是什么？
What：是什么？目的是什么？做什么工作？
Who：谁？由谁来承担？谁来完成？谁负责？
When：何时？什么时间完成？什么时机适宜？
Where：何处？在哪里做？从哪里入手？
How：怎么做？如何提高效率？如何实施？方法是什么？
How Much：多少？做到什么程度？数量如何？质量水平如何？费用产出如何？

五、商务产品逻辑树模型

逻辑树模型将问题的所有子问题分层罗列,从高层开始,并逐步向下扩展。把一个已知问题当成树干,考虑这个问题和哪些问题有关,将相关的问题作为树枝加在树干上,以此类推,就会将问题扩展成一个问题树,见图 6-26 所示。

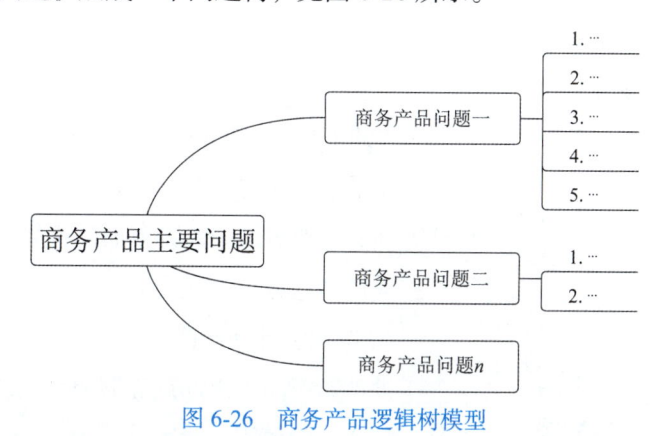

图 6-26 商务产品逻辑树模型

逻辑树模型能保证解决问题的过程的完整性,将工作细化成便于操作的具体任务,确定各部分的优先顺序,明确责任到人。

基本原则逻辑树模型三原则内容如下:

要素化:把相同问题总结归纳成要素;框架化:将各个要素组成框架,遵守不重不漏原则;关联化:框架内的各要素保持必要的相互联系,简单而不孤立。

【任务实施】

应用 5W2H 分析方法进行产品需求分析。

5W2H 分析方法的应用步骤如下:

1. 检查原产品的合理性

为什么(Why)。为什么采用这个技术参数?为什么不能有响声?为什么停用?为什么变成红色?为什么要做成这个形状?为什么采用机器代替人力?为什么产品的制造要经过这么多环节?为什么非做不可?

是什么(What)。条件是什么?哪一部分工作要做?目的是什么?重点是什么?与什么有关系?功能是什么?规范是什么?工作对象是什么?

谁(Who)。谁来办方便?谁会生产?谁是顾客?谁被忽略了?谁是决策人?谁会受益?

何时(When)。何时完成?何时安装?何时销售?何时是最佳营业时间?工作人员何时容易疲劳?何时产量高?何时完成为适宜?需要几天才算合理?

何处(Where)。何处适宜某物生长?何处生产经济?从何处购买?还有什么地方可以作为销售点？安装在何处合适？何处有资源？

怎么做（How）。怎么做省力？怎么做快？怎么做效率高？怎么改进？怎么得到？怎么避免失败？怎么求发展？怎么增加销路？怎么达到效率？怎么才能使产品更加美观大方？怎么使产品用起来方便？

多少（How Much）。功能指标达到多少？销售多少？成本多少？输出功率多少？效率多高？体积多少？重量多少？

2. 找出主要优缺点

如果现行的做法或产品经过七个问题的审核已无懈可击，便可认为这一做法或产品可取。如果七个问题中有一个答复不能令人满意，则表示这方面有待改进。如果哪方面的答复有独创的优点，则可扩大产品这方面的效用。

3. 决定设计新产品

设计新产品可以起到克服原产品的缺点，扩大原产品独特优点的效用。

请使用逻辑树模型分析任意一种新产品的利润增长缓慢原因，请参考图 6-27 所示的方式。

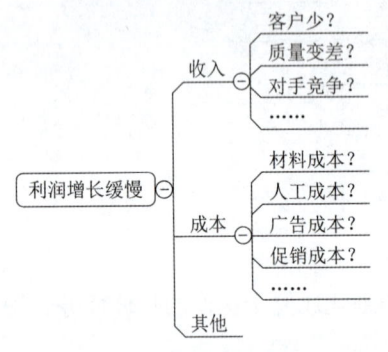

图 6-27　逻辑树模型分析

【任务考核/评价】

分组完成任务二，根据典型用户特征分析结果，收集用户对产品需求的偏好；通过整理分析需求偏好，提出产品开发的价格区间、功能卖点、产品创新、包装等建议。

任务考核/评价

任务名称	考核点	建议考核方式	评价标准 优	评价标准 良	评价标准 及格
任务二　产品需求分析	5W2H 分析方法	分组与讨论、实操考核	分组与讨论及操作态度认真	有参与分组与讨论及操作	较少参与分组与讨论及操作

任务三　用户体验分析

用户体验分析是指通过用户访谈或工具软件收集和了解用户体验现状；跟踪和分析用户对产品的反馈，监测产品使用状况并及时提出改进方案；识别用户痛点及产品机会，组织有价值的典型用户参与产品设计，评估产品价值及用户体验。

一、用户体验的含义

用户体验（User Experience，UE）是用户在使用产品过程中建立起来的一种主观感受。

通俗来讲就是"这个东西好不好用，用起来方不方便"。ISO 9241-210 标准将用户体验定义为"人们对于针对使用或期望使用的产品、系统或者服务的认知印象和回应。即用户在使用一个产品或系统之前、使用期间和使用之后的全部感受，包括情感、信仰、喜好、认知印象、生理和心理反应、行为和成就等各个方面"。该说明还列出三个影响用户体验的因素：系统、用户和使用环境。

二、用户体验的分析内容

从内容上来看，用户体验分析主要包括以下几方面内容：

（1）用户需求分析：即前期的用户研究，分析用户的使用习惯、情感和体验需求；

（2）产品可用及易用性分析：通过开展用户测试，观察用户使用产品的情况，评估产品可用性；

（3）用户使用反馈分析：记录、收集用户对产品的使用反馈并进行分析，为提升用户体验提供依据。

三、用户体验的分析方法

用户体验的分析方法包括定性分析和定量分析。定性分析主要有：访谈法、观察法、启发式评估、用户体验地图等。

目前常见的分析工具有：百度统计、Google Analytics 以及 YouTube 受众分析工具 Insights for Audience、Omniture、SiteFlow 等。

【任务实施】

新产品设计商务数据分析。

1. 前言

这里有 18 种产品，并且对这些产品的价格，专业认证，质量保证进行定性变量转换。以排名作为因变量，以价格、专业认证、质量保证作为自变量，运用线性回归方法进行分析，发现价格和质量保证这两个变量对产品排名有显著影响。通过分析得出各属性的排名为：价格 1.59>质量保证>价格 1.39>专业认证>价格 1.19。

2. 作用和原理

作用：预测消费者选择过程中不同属性的相对重要性。预测最受欢迎产品的属性构成，并对市场进行细分。

原理：联合分析中产品被描述成为轮廓，每个轮廓由能够描述产品重要特征的属性和赋予每一属性的不同水平的组合构成。因此，消费者对某一产品轮廓的评价可以分解成构成这个轮廓多个属性水平的评价和不同属性在决策时所占的权重。

3. 具体分析

（1）对18种产品的价格，专业认证，质量保证进行定性变量转换（专业认证：Yes = 1，No = 0；质量保证：Yes = 1，No = 0），得到图6-28所示。

设计方案	品牌编号	价格	专业认证	质量保证	排名（数字越小评价越高）
A	1	1.19	0	0	13
A	2	1.39	0	1	11
A	3	1.59	1	0	17
B	1	1.39	1	1	2
B	2	1.59	0	0	14
B	3	1.19	0	1	3
C	1	1.59	0	1	12
C	2	1.19	1	0	7
C	3	1.39	0	0	9
A	1	1.59	1	0	18
A	2	1.39	0	1	8
A	3	1.39	0	0	15
B	1	1.19	0	0	4
B	2	1.39	1	0	6
B	3	1.59	0	1	5
C	1	1.39	0	0	10
C	2	1.59	0	0	16
C	3	1.19	1	1	1

图6-28 产品的价格

（2）第一次回归分析。

对图6-28的数据进行回归分析后，得到的结果如图6-29所示。

```
SUMMARY OUTPUT

回归统计
Multiple      0.741423
R Square      0.549708    大于50%，可以描述50%的排名变化
Adjusted      0.453216
标准误差       3.947573
观测值         18

方差分析
              df      SS          MS         F         Significance F
回归分析       3     266.3333   88.77778   5.69697    0.009174    小于0.05，回归方程有效
残差          14     218.1667   15.58333
总计          17     484.5
                                                    大于0.05，排除该变量进行二次计算

              Coefficient  标准误差   t Stat     P-value   Lower 95%  Upper 95%  下限 95.0%  上限 95.0%
Intercept    -15.1417     8.028552  -1.88598   0.080218  -32.3612   2.077864   -32.3612   2.077864
价格          19.16667    5.697831   3.363853  0.004634   6.946035  31.3873    6.946035   31.3873
专业认证      -1.5         1.973787  -0.75996   0.459885  -5.73335   2.733351  -5.73335   2.733351
质量保证      -4.5         1.973787  -2.27988   0.038801  -8.73335  -0.26665   -8.73335  -0.26665
```

图6-29 数据回归分析结果

从图6-29数据可以看出：R^2大于50%，达到55%，说明数据与模型拟合程度较好，回归直线能够描述排名55%的变化。再看回归方程F检验，$P < 0.05$，说明并非所有自变量对预测喜好程度都没有用，回归方程有效，自变量能够显著影响因变量。最后再看回归系数表，价格和质量保证的显著性水平P均小于0.05，说明非常显著，价格和质量保证的影响十分显著。而专业认证的P小于0.05，不具有显著性，因此，需要进行二次分析。

（3）第二次回归分析。

将图 6-29 的数据中的专业认证排除后再进行回归分析，得到如图 6-30 所示的数据。

```
SUMMARY OUTPUT

       回归统计
Multiple    0.728788
R Square    0.531132   大于50%，可以描述排名50%的变化
Adjusted    0.468616
标准误差     3.891586
观测值            18

方差分析
              df        SS         MS         F     gnificance F
回归分析       2    257.3333   128.6667   8.495965   0.003411   小于0.05，说明方程有效
残差          15    227.1667    15.14444
总计          17      484.5

              Coefficien  标准误差    t Stat    P-value  Lower 95% Upper 95% 下限 95.0% 上限 95.0%
Intercept    -15.6417   7.888066  -1.98295  0.065993  -32.4547  1.171347  -32.4547  1.171347
价格          19.16667   5.617021   3.412248  0.00386    7.19427  31.13906   7.19427  31.13906
质量保证       -4.5      1.945793  -2.31268  0.035347  -8.64736 -0.35264   -8.64786 -0.35264
                                             小于0.05，方程具有显著性
```

图 6-30　第二次回归分析

从图 6-30 中的数据可以看出：R^2 大于 50%，达到 53%，说明数据与模型拟合程度较好，回归直线能够描述排名 53% 的变化。再看回归方程 F 检验，$P<0.05$，说明并非所有自变量对预测喜好程度都没有用，回归方程有效，自变量能够显著影响因变量。最后来看回归系数表，价格和质量保证的显著性水平 P 均小于 0.05，说明非常显著，价格和质量保证的影响十分显著。

因此可以得出方程为：$y = 19.16667 \times 价格 - 4.5 \times 质量保证 - 15.6417$

（4）效用值。

将价格中的 1.19、专业认证的 No 和质量保证 No 均设为标准 0，再进行回归分析，得出效用值，如图 6-31 所示。

价格	效用值	专业认证	效用值	质量保证	效用值
1.19	0	No	0	No	0
1.39	2.833333	Yes	-1.5	Yes	-4.5
1.59	7.666667				

图 6-31　得出效用值

通过图 6-31 可以发现，在价格中，当价格为 1.59 时对排名的影响最大，专业认证和质量保证为 No 时对排名影响最大。

4. 总结

因此我们可以发现：

方程为：$y = 19.16667 \times 价格 - 4.5 \times 质量保证 - 15.6417$

各属性的排名情况为：价格 1.59>质量保证>价格 1.39>专业认证>价格 1.19

【任务考核/评价】

分组完成任务三，跟踪和分析用户对产品的反馈，监测产品使用状况并及时提出改进方案；识别用户痛点及产品机会，组织有价值的典型用户参与产品设计，评估产品价值及用户体验。

任务名称	考核点	建议考核方式	评价标准		
			优	良	及格
任务三 用户体验分析	新产品设计商务数据分析	分组与讨论、实操考核	分组与讨论、操作均态度认真	有参与分组与讨论及操作	极少参与分组与讨论及操作

【拓展训练】

对竞争对手进行分析。

分析目标客户、定价策略、市场占有率等确定竞争对手；对竞争对手价格、产品、渠道、促销等方面进行调研，归纳整理调研数据；使用 SWOT 分析法，得出竞争对手产品及自身产品的优劣势。

一、竞争对手分析的目的

通过对竞争对手的分析，尽可能帮助公司决策者和管理层从公司的战略发展入手，了解对手的竞争态势，为公司的战略选择、制定、服务提供信息支持。为公司持续发展和提高行业竞争能力提供信息保障。并据此适当制定出相应竞争策略。通过对竞争对手的分析，能为公司提供竞争指导策略，如回避策略、竞争策略、跟随策略等。

二、竞争对手分析的内容

1. 识别企业的竞争对手

从行业的角度来看，企业的竞争对手有现有厂商、潜在加入者、替代品厂商。从市场方面看，企业的竞争对手有品牌竞争者、行业竞争者、需要竞争者、消费竞争者。

2. 识别竞争对手的目标与战略

根据战略群体的划分，可以归纳出两点：一是进入各个战略群体的难易程度不同。一般小型企业适于进入投资和声誉都较低的群体，因为这类群体较易打入；而实力雄厚的大型企业则可考虑进入竞争性强的群体。二是当企业决定进入某一战略群体时，首先要明确谁是主要的竞争对手，然后决定自己的竞争战略。

3. 评估竞争对手的优势和劣势

（1）产品：竞争企业产品在市场上的地位，产品的适销性，以及产品系列的宽度与深度。

（2）销售渠道：竞争企业销售渠道的广度与深度，销售渠道的效率与实力，销售渠道的服务能力。

（3）市场营销：竞争企业市场营销组合的水平，市场调研与新产品开发的能力，销售队伍的培训与技能。

（4）生产与经营：竞争企业的生产规模与生产成本水平，设施与设备的技术先进性，专利，生产能力扩展等。

（5）研发能力：竞争企业内部在产品、基础研究、仿制等方面的研究与开发能力；研究与开发人员的创造性等方面的素质与技能。

（6）资金实力：竞争企业的资金结构；筹资能力；现金流量；资信度；财务比率；财务管理能力。

（7）组织：竞争企业组织成员价值观的一致性与目标的明确性；组织对环境因素变化的适应性与反应程度；组织成员的素质。

（8）管理能力：竞争企业管理者的领导素质与激励能力；协调能力；管理者的专业知识；管理决策的灵活性、适应性、前瞻性。

4. 评估竞争对手的反应模式

评估竞争对手的反应模式主要分为迟钝型竞争者、选择型竞争者、强烈反应型竞争者、不规则型竞争者等。

三、竞争对手分析的方法

竞争对手分析的方法有波特五力模型、SWOT 模型、普赖斯科特模型、三维分析法等。下面以传统零售业为例，介绍 SWOT 分析的过程，如图 6-32 所示。

S（优势）
S1.我们最擅长什么？是产品设计开发？渠道布局？营销手段？还是价格杀手？
S2.我们在成本、技术、定位和营运上有什么优势吗？
S3.我们是否有其他零售商不具有或做不到的东西？例如有的零售商有企事业单位发放购物券优势。
S4.我们的顾客为什么到我们这儿来购物？我们的供应商为什么支持我们？
S5.我们成功的原因何在？

W（弱势）
W1.我们最不擅长做什么？产品、渠道、营销还是成本控制？
W2.其他零售商或品牌商在哪些方面做得比我们好？
W3.为什么有些老顾客离开了我们？我们的员工为什么离开我们？
W4.我们最近失败的案例是什么？为什么失败？
W5.在企业组织结构中我们的短板在哪儿？

O（机会）
O1.外部在产品开发、渠道布局、营销规划和成本控制方面我们还有什么机会？
O2.如何吸引到新的顾客？如何做到与众不同？
O3.在外部因素中，公司短期、中期规划目标的机会点有哪些？
O4.竞争对手的短板是否是我们的机会？
O5.行业未来的发展如何？是否可以异业联盟？

T（威胁）
T1.经济走势、行业发展、政策规则是否会不利于企业的发展？
T2.竞争对手最近的计划是什么？是否会有潜在竞争对手出现？行业内最近企业倒闭是什么原因？
T3.企业最近的威胁来自哪儿？有办法规避吗？
T4.上下游的客户中是否有不和谐的地方？资源状况如何？
T5.舆情是否不利于公司发展？

图 6-32　SWOT 分析

企业产品环境分析应用如下：

活动目的：使学生掌握 PEST 模型，运用 PEST 模型分析企业外部环境；使学生掌握 SWOT 模型，运用 SWOT 模型分析企业内部环境。

活动准备：选择一家感兴趣的企业，运用多种渠道收集企业相关信息。

活动组织：

（1）教师要求学生认真阅读宝洁中国 PEST 分析和宝洁中国 SWOT 分析的示例。

（2）学生选择一家感兴趣的企业，通过互联网等渠道掌握企业基本信息；从政治法律环境、经济环境、社会文化环境、科技环境四个方面开展 PEST 分析。

（3）分析企业优势、劣势、机会和威胁，然后分别进行优势—机会、优势—威胁、劣势—机会、劣势—威胁的交叉分析，编制 SWOT 分析表。

（4）邀请一名学生在投影仪上展示自己的分析报告，全体同学互相交流。

【测一测】

一、单选题

1. 电子商务常见的数据来源渠道有主要有内部数据和外部数据，以下属于外部数据的是（　　）。

　　A. 订单数量　　　　　　B. 加购数量

　　C. 360 趋势　　　　　　D. 浏览量

2. （　　）是为天猫/淘宝卖家提供流量、商品、交易等网店经营全链路的数据展示、分析、解读、预测等功能，是淘宝网官方提供的综合性网店数据分析平台，不仅是店铺数据的重要来源渠道，也是淘宝/天猫平台卖家的重要数据采集工具。

　　A. 店侦探　　　　　　　B. 淘数据

　　C. 京东商智　　　　　　D. 生意参谋

3. 关于数据分析的作用，以下描述中错误的是（　　）。

　　A. 现状分析就是告诉你过去发生了什么

　　B. 现状分析一般通过年报形式来完成

　　C. 原因分析就是告诉你某一现状为什么发生

　　D. 预测分析就是告诉你将来会发生什么

4. 对比分析法是将几个指标数据进行对比？（　　）

　　A. 两个　　　　　　　　B. 三个

　　C. 两个或两个以上　　　D. 很多个

5. 商务数据分析的流程依次是（　　）。

　　A. 明确目的与框架、数据处理、数据收集、数据分析、数据展现、撰写报告

　　B. 明确目的与框架、数据收集、数据处理、数据分析、数据展现、撰写报告

　　C. 明确目的与框架、数据收集、数据处理、数据展现、数据分析、撰写报告

　　D. 明确目的与框架、数据收集、数据处理、数据展现、撰写报告、数据分析

6. 关于电子商务数据分析的作用，下列说法错误的是（　　）。

　　A. 数据分析能够帮助企业推导出有价值的信息作为运营决策的依据

　　B. 企业可以根据数据对企业资源进行合理配置

　　C. 数据分析能够针对企业竞争力作出合理分析

　　D. 通过数据分析进行优化，一定能够帮助企业提高营业收入

二、多选题

1. 哪些数据是零售数据分析的主要对象？（　　）

　　A. 人　　　　　　　　　　B. 货

　　C. 场　　　　　　　　　　D. 财

2. 数据分析在企业的日常经营分析中主要有三大作用，分别为（　　）。

　　A. 现状分析　　　　　　　B. 原因分析

　　C. 预测分析　　　　　　　D. 盈利分析

3. 下列关于电子商务数据分析流程表述中正确的有（　　）。

　　A. 电子商务数据分析流程包括：明确数据分析目标、采集数据、处理数据、分析数据、展现数据、撰写数据分析报告六个环节

　　B. 数据分析要有目标性，漫无目的的分析，很可能得到的是一些无用的分析结果

　　C. 数据采集渠道大体上可以分为两类，直接获取、间接获取

　　D. 数据分析是用适当的分析方法及工具，对处理过的数据进行分析，提取有价值的信息，形成有效结论的过程

三、判断题

1. 产品自有数据就是自身产品销售过程中产生的数据。（　　）

2. B2B 是企业对企业之间通过互联网进行产品、服务及信息的交换。（　　）

3. 根据电子商务企业的从商品生产到最终提供给消费者使用，可将供应链的数据类型分为四大类：采购数据、库存数据、物流数据和用户使用数据。（　　）

4. 产品数据是围绕企业产品产生的相关数据，包括行业产品数据和企业产品数据两部分。（　　）

5. 对比分析法揭示了事物所代表的发展变化和规律性。（　　）

6. 除了可以通过行业调查报告获取市场需求数据分析外，还可以通过对用户搜索指数的变化趋势分析反映用户的需求变化和品牌偏好。（　　）

项目七

运营商务数据分析

运营商务数据分析

【项目介绍】

在电子商务越来越普及的大环境下，开网店容易，但打理网店却很难。梅林店铺的流量刚有了些起色又开始下降，她不知问题出在哪里，找不出原因，朋友告诉她别担心，流量不稳是很多店铺常见的问题，只要掌握一些常用的运营店铺的技巧，学会运营数据分析的方法，找出流量不稳的原因，就能更加从容地解决店铺运营中出现的问题。

在当今社会，数据化运营变得越来越重要。运营数据分析就是对店铺运营情况进行诊断，如搜索流量是否增长、退款率是否上升、销售额下降的原因是什么等；根据这些数据的反馈进行优化，做好全局精准运营，从而实现运营效益的最大化。

【知识目标】

1. 了解运营数据分析的相关指标；
2. 熟悉运营数据分析工具；
3. 掌握店铺浏览量分析方法。

【技能目标】

1. 能利用运营数据分析的相关指标做分析；
2. 能够运用不同的工具对运营数据进行分析；
3. 能够根据商业发展需求，选择正确的运营数据分析法。

【素质目标（思政目标）】

1. 培养学生以商务决策为导向的数据分析意识；
2. 培养学生严谨的数据分析思维，使之了解正确的从商之道；
3. 培养学生诚信、务实、严谨的职业素养。

【项目思维导图】

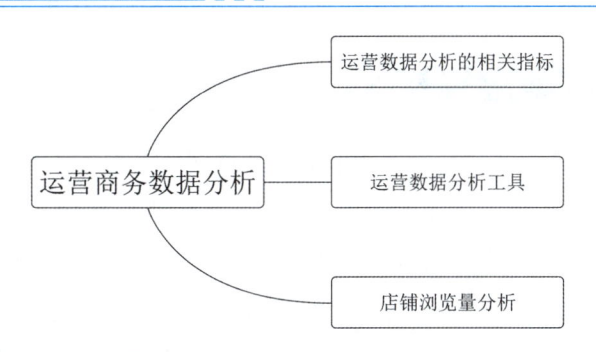

```
                          ┌── 运营数据分析的相关指标
                          │
         运营商务数据分析 ──┼── 运营数据分析工具
                          │
                          └── 店铺浏览量分析
```

【项目预习】

在实施电子商务过程中会涉及大量数据，这些数据包括市场数据、店铺数据及电子商务运营中的数据，其中市场数据和店铺数据是目前获取的状态数据，而电子商务的运营数据是过程数据。

通过运营分析了解自己的交易量在行业中的水平、访问者的转化率水平、购买频率、客单价、支付转化率等指标。这些指标可以通过多种工具查找到，这些工具包括电霸拼多多、多多情报通、情报魔方、生意参谋、阿里指数等工具。

通过利用分析指标工具对运营数据进行分析，在分析结果中能发现企业在运营中存在的不同问题，为企业运营管理提供有参考价值的依据，提高了企业经济效益并为之指明方向。一般情况下企业常用运营分析指标有总体运营指标、网站流量指标、销售转化指标、客户价值指标、商品类指标、市场营销活动指标、风控类指标、市场竞争指标等，具体如下：

（1）总体运营指标：从流量、订单、总体销售业绩、整体指标方面进行把控，对运营的电商平台有大致了解，到底运营得怎么样，是亏还是赚。

（2）网站流量指标：即对访问网站的访客进行分析，基于这些数据可以对网页进行改进，以及对访客的行为进行分析等。

（3）销售转化指标：分析从下单到支付整个过程的数据，帮助卖家提高商品转化率。也可以对一些频繁、异常的数据展开分析。

（4）客户价值指标：这里主要就是分析客户的价值，可以建立 RFM 价值模型，找出那些有价值的客户，进行精准营销等。

（5）商品类指标：主要分析商品的种类、哪些商品卖得好、库存情况，以及可以建立关联模型，分析哪些商品同时销售的概率比较高，而进行捆绑销售，有点像啤酒和尿布的故事。

（6）市场营销活动指标，主要监控某次活动给电商网站带来的效果，以及监控广告的投放指标。

（7）风控类指标：分析卖家评论和投诉情况，发现并改正问题。

（8）市场竞争指标：主要分析市场份额以及网站排名，进一步进行调整。

【案例导入】

在开学季，某商家想了解大学生购物倾向，通过网络搜索，在2021年第一财经商业数据中心（CENData）发布的《2021大学生开学季智能产品"剁手"报告》一文上了解到，当代大学生群体在智能产品方面的需求，其中，手机、笔记本电脑成为入学标配，是开学季学生搜索热度最高的产品，苹果iPhone12、红米K40、华为Mate40、联想小新游戏本，以及办公游戏两用的联想拯救者是手机、笔记本电脑中的热搜型号。在商品选购方式中，直播间成了大学生的选购场景之一，而且10点、20—23点是今年开学季大学生线上智能产品消费的高峰时段。前者与大学生活作息紧密相关——10点左右是很多学校第一、二节早课结束后的课间休息时间，晚间则是普通用户在直播间消费的常见时段。开学季直播引导智能产品成交增长超2倍，国产品牌成Z世代新宠，直播销售成为电商营销的重要模式。

本项目主要介绍了运营数据分析的相关指标及运营数据分析的工具，其中运营数据分析的指标包括流量数据分析指标、订单数据分析指标、转化率数据分析指标、效率数据分析指标、库存数据分析指标、退货数据分析指标等。另外，本项目还引用了"店铺运营情况分析"案例，利用店铺流量数据进行了实践分析。

任务一　运营数据分析的相关指标

大数据时代，网店运营过程中的一些日常关键指标直观反映着网店运营的效果，对关键指标数据进行分析，商家能够掌握客户想要干什么，想要得到什么，甚至可以比客户更了解客户。另外，网店运营部门对某个产品或者营销活动进行的调整，都会影响运营指标。如果关键指标没有提高，说明方法有问题或者存在其他原因。我们需要对关键指标做跟踪观察，周报就是最好的对比方式。用户下单与付款可能不在同一天，但是一周的数据相对是精准的，我们将一周的数据与上一周做趋势对比，就能明显看出网店在做过调整后的运营指标变化，从而重点指导运营内部的工作，如产品引导、定价策略、促销策略、包邮策略等。

1. 网店销售额计算公式

网店销售额公式为：

$$网店销售额 = 访客数 \times 转化率 \times 客单价$$

对于网店运营人员来说，提升销售额要做好这三项工作：提高访客数，提高转化率，提高客单价。

2. 利润计算公式

网店运营过程中，利润计算公式为：

利润 = 访客数 × 转化率 × 客单价 × 购买频率 × 毛利润率 − 成本

对于运营人员来说，网店利润的增加不仅要增加访客数，提升转化率，提高客单价，提升购买率，增加毛利润率，还要降低成本。

3. 投资回报率

投资回报率是指通过投资而应返回的价值，即企业从一项投资活动中得到的经济回报。它涵盖了企业的获利目标。利润和投入经营所必备的财产相关，因为管理人员必须通过投资和现有财产获得利润。投资可分为实业投资和金融投资两大类，人们平常所说的金融投资主要是指证券投资。其计算公式为：投资回报率 =（税前年利润/投资总额）× 100%。

4. 访问客数

访客数是指网店各页面的访问人数。访客数指的是统计周期内，店铺内所有商品详情页的被访问去重人数，一个人在统计范围内访问多次，仅计算一次。

5. 转化率

转化率是指所有到达网店并产生购买行为的客户人数和所有到达网店的人数的比率。转化率的计算公式为：

转化率 = (产生购买行为的客户人数/所有到达店铺的访客人数) × 100%

6. 购买频率

购买频率是指消费者或用户在一定时期内购买某种或某类商品的次数。一般说来，消费者的购买行为在一定的时限内是有规律可循的。购买频率就是度量购买行为的一项指标，通常取决于使用频率的高低。购买频率是企业选择目标市场、确定经营方式、制定营销策略的重要依据。

7. 毛利润率

毛利润率是毛利与销售收入（或营业收入）的百分比，其中毛利是收入和与收入相对应的营业成本之间的差额。网店毛利润率的计算公式为：

毛利润率 = (销售收入 − 销售成本)销售收入 × 100%

假如某网店商品售价为 150 万元，已销商品的进价为 125 万元，则毛利润为 25 万元，而毛利润率 = (25/150) × 100% = 16.7%。

8. 客单价

客单价是指在一定时期内，网店每一个顾客平均购买商品的金额，即平均交易金额。客单价计算公式为：客单价 = 成交金额/成交用户数，或者客单价 = 成交金额/成交总笔数，一般采用前一个公式，即按成交用户数计算客单价。

单日"客单价"是指单日成交用户产生的成交金额。

客单价均值是指所选择的某个时间段，客单价日数据的平均值。例如，按月计算客单价均值的公式为：

$$客单价均值 = 该月多天客单价之和/该月天数$$

【任务考核/评价】

理解并能掌握运用运营数据分析的相关指标，并根据运营指标对店铺运营情况进行分析。

任务考核/评价

任务名称	考核点	建议考核方式	评价标准		
			优	良	及格
任务一 运营数据分析的相关指标	能熟练掌握店铺运营相关指标，并根据运营指标数据进行分析	分组与讨论、实操考核	态度认真，团队协作能力优秀，能较好地掌握运营分析的相关指标，并利用指标对数据进行分析	态度认真，理解运营数据分析指标，能进行指标数据的分析	态度认真，了解运营数据分析指标，能进行指标数据的分析

任务二　运营数据分析工具

数据分析是指用适当的统计分析方法对收集来的大量数据进行分析，提取有用信息和形成结论而对数据加以详细研究和概括总结的过程。这一过程也是质量管理体系的支持过程。数据分析是每个运营人员的必修功课，在实践中，数据分析可帮助运营人员准确地了解用户动向和网店的实际状况，为网店做出判断，以便采取适当行动。

数据分析是一个非常复杂的过程，借助数据分析工具能够大大简化运营人员的工作。电商常用的数据分析工具有电霸拼多多、多多情报通、情报魔方、生意参谋、阿里指数等。

1. 电霸拼多多

电霸拼多多是一个专注于全球大数据分析、为商家提供运营决策服务的平台，具有行业分析、店铺分析、商品分析、关键词分析等功能。

（1）核心优势。电霸拼多多具有自己独特的核心优势，如具有稳定的配置、成熟的架构、丰富的数据及贴心的服务等。

（2）功能板块。电霸系统在首页集合了新品、排名、监控、搜索等功能。

（3）新品。新品模块主要是针对新开店铺需求开发的，包括选品、选词、定价三个主要功能块。

2. 多多情报通

多多情报通是一款拼多多的大数据分析软件，是拼多多的生意参谋，拥有销量解析、选款选词、查排名、关键词卡位、引流关键词等多种功能，能够一站式辅助商家进行数据分析及运营。

（1）开店阶段。通过查看该类目下的大数据，掌握类目行情走势。

（2）选款阶段。通过查看商品/店铺排行榜，选出畅销商品，借助商品/店铺成长指数，发掘潜力宝贝。

（3）测款阶段。通过关键字排名和类目排名，了解排名，调整运营方式，不断优化排名，提高曝光率。

（4）爆款阶段。查看店铺和商品成交时段分布，分析SKU（最小存货单位）成交量占比，挖掘流量变化。

（5）初始运营阶段。多维度分析商品，包括商品销量、同类产品数，深度分析活动商品信息、价格以及排名等，深挖竞品销量走势，全方位监控竞品。

（6）成熟运营阶段。查看全站的成交额和销量走势，分析全站市场的发展空间，充分掌握市场环境，合理制定运营策略。

（7）软件功能。多多情报通软件有较多实用的功能，如可以进行技术项目研究、电信技术咨询、校准（测量）、材料测试、替他人创建和维护网站、通过网站提供计算机技术和编程信息、包装设计、化学研究、云计算及地图绘制服务等。

3. 情报魔方

情报魔方运用先进的大数据采集、清洗及储存等大数据开发技术，通过对众多网购电商平台，包含淘宝、天猫、京东、拼多多等主流电商平台，最长累积历史数据已达3年的公开交易数据进行抓取和分析，为各行业网店运营用户提供重要详尽的商业数据，帮助电商企业用户做出正确的营销决策。

1）提供服务

（1）行业趋势动向分析。了解行业细分市场，监控市场数据变化，发现优秀店铺和标杆商品。

（2）细分市场机会发现。发现下一个机会点，可能是营销热点，也可能是潜在市场。

（3）行业店铺竞品分析。关注竞争对手销售数据及市场体量，掌控整体销售趋势。

（4）爆款趋势发现。全面监控、实时掌握、分析竞品、全方位解读透视对手数据。

（5）品牌渠道监控。销售渠道、市场份额、销售走势、品牌商品成交价趋势呈现。

（6）行业类目属性分析。锁定每一个市场细分标签，进行多维度数据交叉分析。

2）经营范围

多多情报魔方的经营范围包括以下几方面：

（1）发现电商平台细分市场潜在机会；帮助商家选品、定价。

（2）查看交易类数据，向竞争店铺学习。

（3）电商平台数据化精准搜索实力评估，用数据辅助营销投放，提高投入产出比。

4. 生意参谋

生意参谋是阿里首个统一的商品数据平台。2016年，生意参谋2.0版上线，除原有功能外，还新增了个性化首页、多店融合、服务分析、物流分析、财务分析、内容分析等多个功能。

1）支持多岗多面及多店融合

生意参谋2.0版首页的数据卡片将开放定制，商家可根据不同岗位需求来选择在首页出现哪些数据内容。同时，对于拥有多店的品牌商，生意参谋还推出了多店功能，商家只要在平台上绑定分店，就能实时监控多个店铺的经营情况。对不同分店的数据，还可以按品牌、类目、商品、售后等维度进行汇总分析。

2）新增服务分析和物流分析

除门户方面有多处升级外，生意参谋2.0版还推出服务分析、物流分析等全新功能。其中，服务分析包含维权概况、维权分析、评价概况、评价分析、单品服务分析五个模块；物流分析则支持商家随时查看自己店铺的物流概况、物流分布，同时支持物流监控。对于揽收异常的包裹，物流分析还支持一键单击旺旺"联系买家"，商家可以更高效地和客户沟通物流事宜，从而减少纠纷。

3）支持财务分析

生意参谋财务分析立足阿里大数据，联结了支付宝、网商银行、阿里妈妈、淘系后台四个端口的财务数据。淘宝商家日常登录生意参谋查看数据时，也能轻松汇总、分析自家店铺的财务数据了。此外，还支持随时查看昨日利润数据，每日都能给老板、运营总监提供昨日财报。

4）数据学院上线

数据学院是生意参谋团队致力培养商家数据化运营能力的学习互动平台，也是生意参谋重点打造的全新板块。随着数据学院2.0版的推出，原本只在线下运营的数据学院正式上线。随着生意参谋平台功能的不断丰富，数据学院将在其中扮演"教学相长"的角色，帮助更多商家快速了解商品功能，理解数据意义，从而提升数据化运营能力。

5. 阿里指数

2015年，阿里巴巴在原1688市场阿里指数、淘宝指数的基础上，推出新版阿里指数。新版阿里指数是基于大数据研究的社会化数据展示平台，商家、媒体、市场研究员及其他想了解阿里巴巴大数据的人均可以通过该平台获取相关分析报告及市场信息。

目前，新版阿里指数中的区域指数及行业指数两大模块已率先上线，后期还会陆续推出数字新闻和专题观察等模块。区域指数主要涵盖部分省份买家和卖家两个维度的交易数据、类目数据、搜索词数据、人群数据。通过该指数，用户就可以了解某地的交易概况，发现它与其他地区之间贸易往来的热度及热门交易类目，找到当地人群关注的商品类目或关键词，探索交易的人群特征。

行业指数则主要涵盖淘系部分二级类目的交易数据、搜索词数据、人群数据。通过该指数，用户可了解某行业现状，获悉它在特定地区的发展态势，发现热门商品，知晓行业内卖家及买家的群体概况。

【任务考核/评价】

了解并掌握数据运营分析常见的分析工具，能借助数据分析工具对运营数据进行分析。

任务考核/评价

任务名称	考核点	建议考核方式	评价标准		
			优	良	及格
任务二 运营数据分析工具	能熟练掌握运营数据分析的常用工具，并能借用数据工具对数据进行分析	分组与讨论、实操考核	态度认真，团队协作能力优秀，能较好地掌握运营数据分析的常用工具，能较熟练地借用工具对数据进行分析	态度认真，理解运营数据分析工具，至少掌握一个工具对运营数据进行分析	态度认真，了解运营数据分析工具，会运用工具进行数据分析

任务三　店铺浏览量分析

卖家可以从店铺运营情况分析商品的销售情况；针对分析结果可以及时调整运营策略，从而提升店铺的经济效益。

本任务将介绍如何通过 Excel 来分析店铺的运营情况。通过分析店铺浏览量方面的数据，卖家可以判定店铺的经营方法是否合理，根据分析出来的结果及时调整运营策略，以谋求更多的利润。

卖家需要定期对店铺的浏览量趋势进行深入分析，具体操作方法如下：

步骤1：打开"素材文件\店铺浏览量分析.xlsx"，选择 A2:B16 单元格区域，选择"插入"选项卡，在"图表"组中单击"折线图"下拉按钮，选择"带数据标记的折线图"选项，如图 7-1 所示。

步骤2：选中图表并调整其位置，选择"布局"选项卡，在"标签"组中单击"图表标题"下拉按钮,选择"图表上方"选项,如图 7-2 所示。

步骤 3:在标题文本框中输入图表标题,然后选中文本框,设置字体格式为"华文仿宋"、18 磅、加粗,字体颜色为"蓝色",底纹为"淡红色",对"垂直坐标标题"做同样的操作,如图 7-3 所示。

店铺浏览量分析

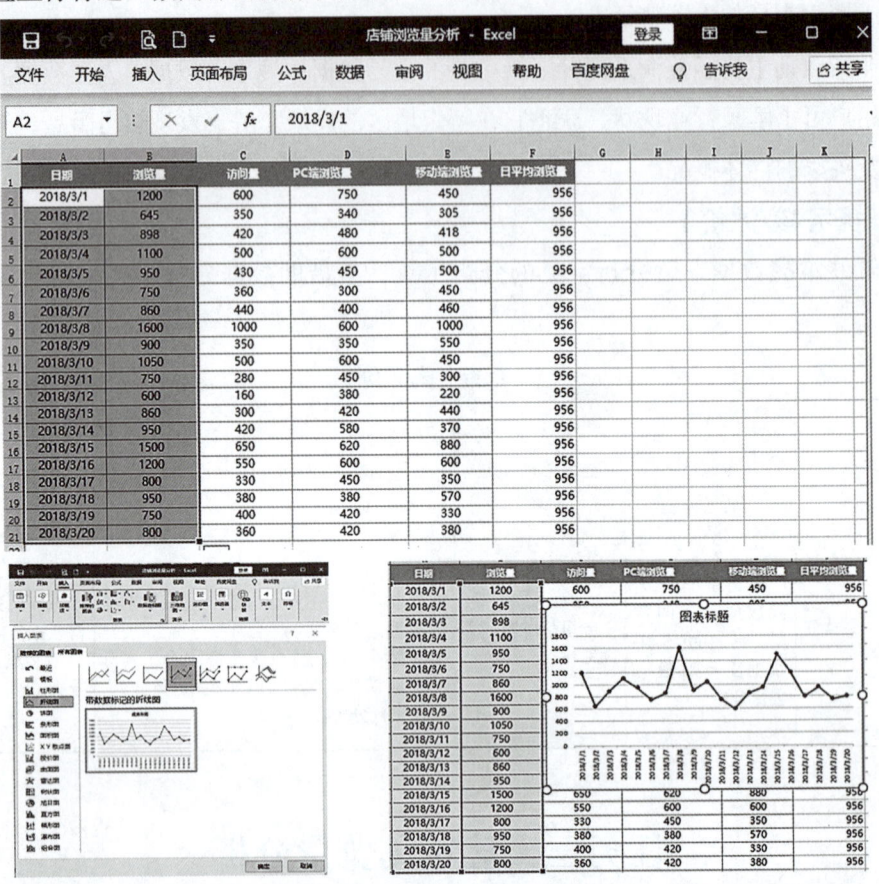

图 7-1　插入折线图

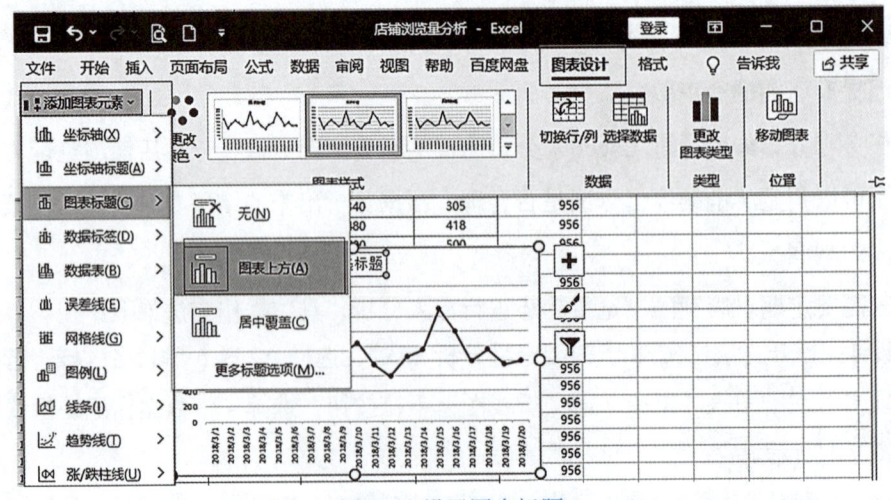

图 7-2　设置图表标题

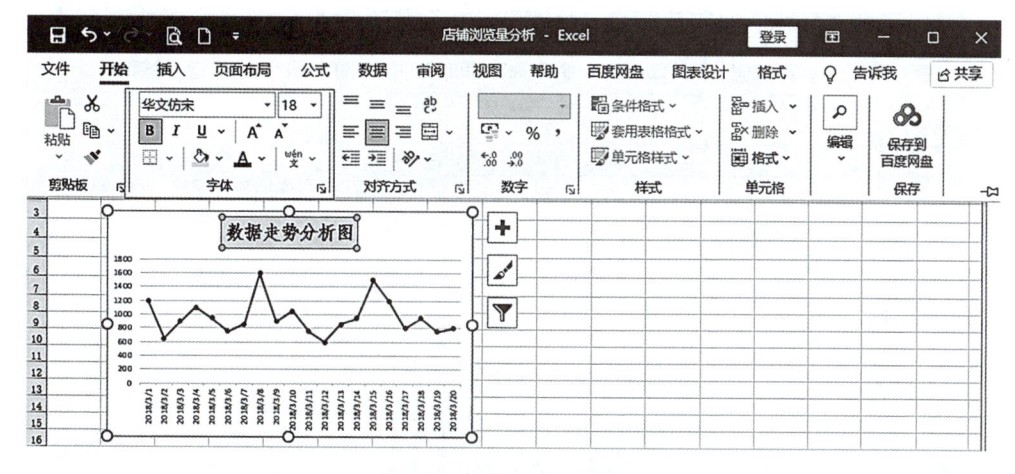

图 7-3　图表标题格式设置

步骤 4：在"水平（类别）轴"的"主要刻度单位"选项中选中"固定"单选按钮，设置为 2 天，在右侧选择"数字"选项，在"类别"列表框中选择"日期"选项，在"类型"下拉列表框中选择需要的日期类型，如图 7-4 所示。

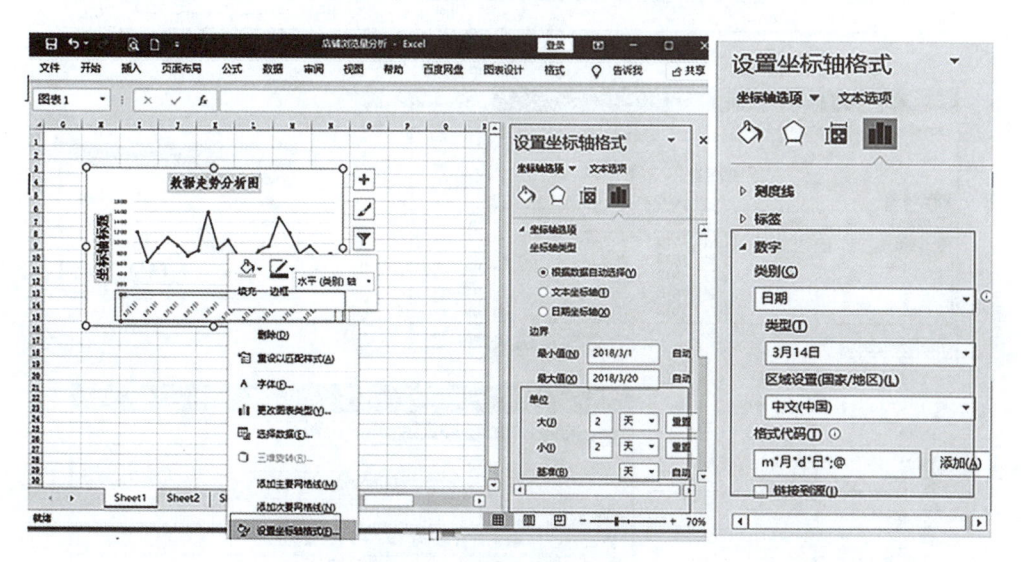

图 7-4　横坐标轴格式设置

步骤 5：保持"设置坐标轴格式"对话框为打开状态，在图表中选中纵坐标轴，在"主要刻度单位"选项中选中"固定"单选按钮，将值设置为 500，如图 7-5 所示。

步骤 6：关闭"设置坐标轴格式"对话框，调整图表宽度，使横坐标完整显示。选中图表并右击，选择"选择数据"命令，弹出"选择数据源"对话框，单击"添加"按钮，弹出"编辑数据系列"对话框，将光标定位在"系列名称"文本框中，在表格中选择 F1 单元格。将光标定位在"系列值"文本框中，删除原有数据，在工作表中选择 F2:F21 单元格区域，依次单击"确定"按钮，此时便可在图表中添加"日平均浏览量"系列，在系列上右击，选择"设置数据系列格式"命令，如图 7-6 所示。

图 7-5 纵坐标轴格式设置

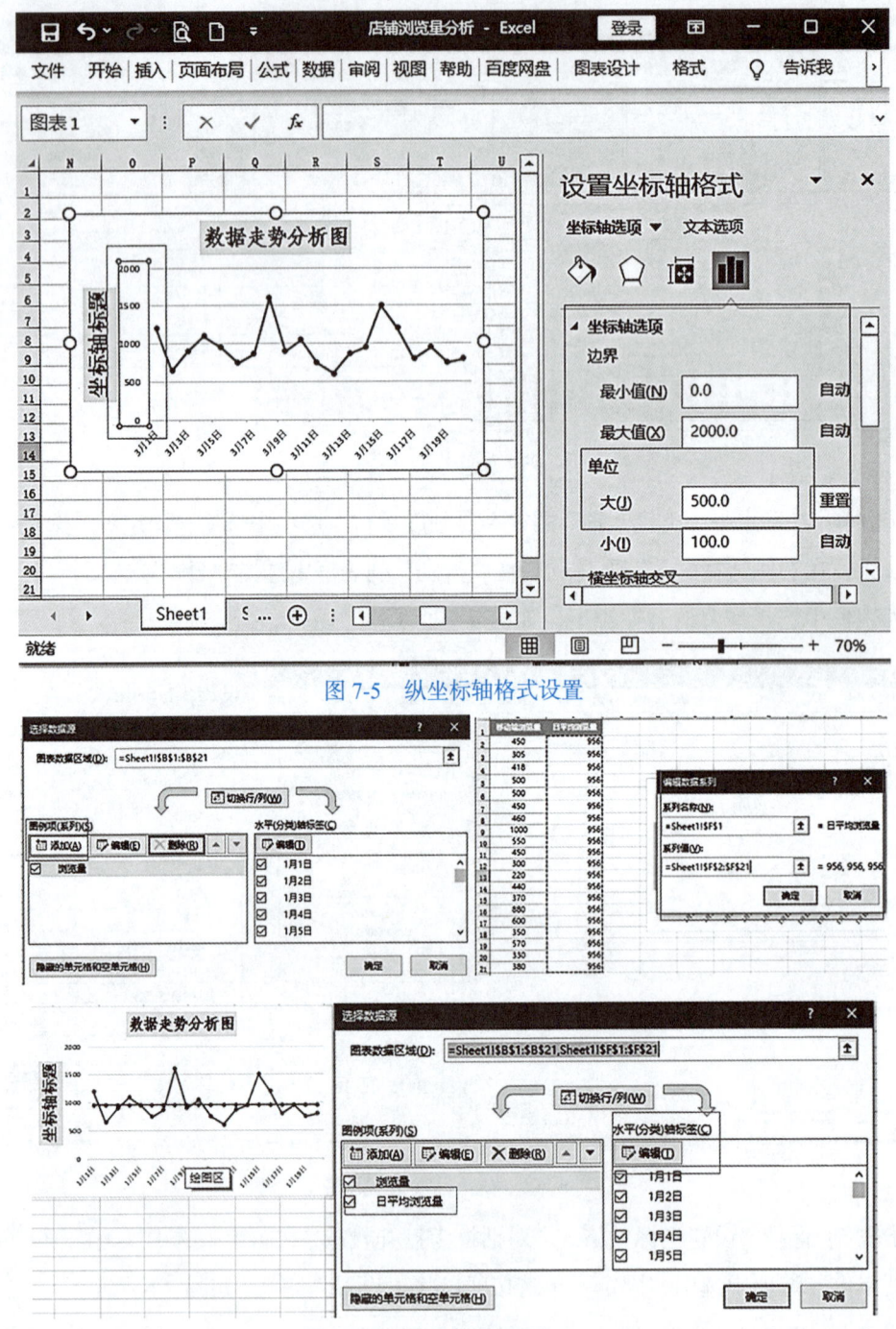

图 7-6 添加数据源

步骤 7：设置"日平均浏览量"的数据系列格式。单击图"日平均浏览量"线并按右键，选择"设置系列格式"，在对话框右侧选择"填充与线条"→"边框"→"实线"→"线型"和"宽度"等选项，设置宽度为"2.25 磅"，单击"线端类型"下拉按钮，选择需要的线型，如"圆点"，结果如图 7-7 所示。

步骤 8：在图表中选中网格线，在"设置主要网格线格式"对话框左侧选择"线条颜色"选项,在右侧选中"实线"单选按钮,然后单击"颜色"下拉按钮,选择需要的颜色,关闭对话框,选中图表,选择"布局"选项卡,在"标签"组中单击"图例"下拉按钮,选择"无"选项,设置图表区边框颜色、填充色等,如图 7-8 所示。

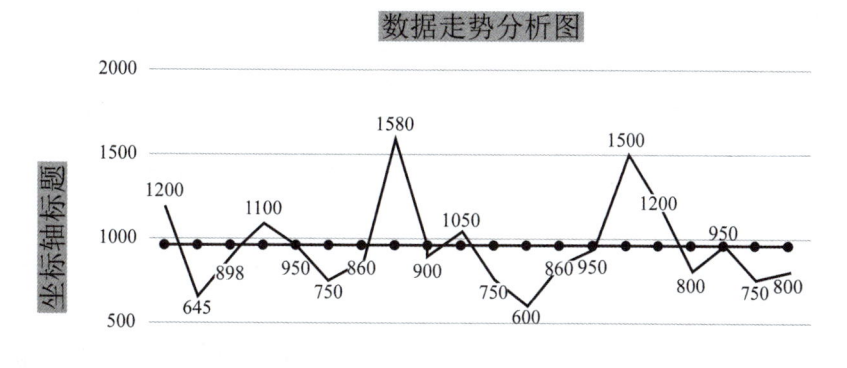

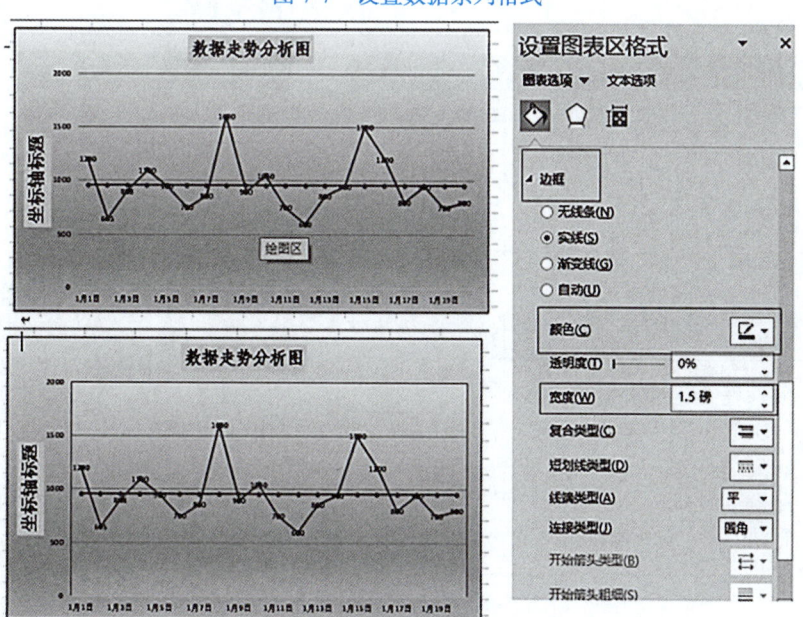

图 7-7　设置数据系列格式

图 7-8　图表区格式设置

本项目介绍了如何在当今大数据技术下,利用大数据分析技术,通过大数据分析工具,利用运营数据分析的相关指标,以"店铺运营情况分析"为案例,对店铺流量数据进行了运营实践分析。

【任务考核/评价】

学习通过 Excel 来分析店铺运营情况的方法。通过分析店铺浏览量方面的数据,卖家可以判定店铺的经营方法是否合理,根据分析出来的结果及时调整运营策略,以谋求更多的利润,为店铺做决策。

任务名称	考核点	建议考核方式	评价标准 优	评价标准 良	评价标准 及格
任务三 店铺浏览量分析	能熟练利用店铺数据进行店铺运营分析，通过分析店铺浏览量方面的数据，卖家可以判定店铺的经营方法是否合理，根据分析出来的结果及时调整运营策略，以谋求更多的利润	分组与讨论、实操考核	态度认真，团队协作能力优秀，能够好地运用 Excel 工具及方法，对店铺浏览量数据进行处理和分析，对分析结果做出正确、有效的决策	态度认真，能利用 Excel 工具对店铺数据进行处理和分析，能对分析结果做出决策	能用 Excel 工具完成表中数据的处理，并进行分析

【拓展训练】

（1）商品评价加强了买家与卖家之间的互动，通过商品评价可以及时调整店铺的服务和销售策略等。有效的商品评价还可以促进其他买家下单，从而提高商品成交转化率，根据数据按步骤完成数据处理并做出分析报告，如图 7-9 所示。

商品评价表

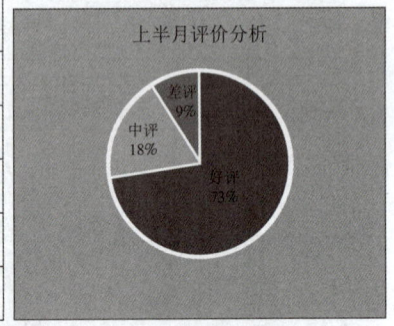

图 7-9 分析报告

操作步骤：

①打开"商品评价表.xlsx"，选择 F2 单元格，在"公式"选项卡"函数库"组中单击"自动求和"按钮右侧的三角按钮，在展开的下拉列表中选择"其他函数"选项。

②弹出"插入函数"对话框，在"或选择类别"下拉列表中选择"统计"选项，在"选择函数"列表框中选择"COUNTIF"，然后单击"确定"按钮。

③弹出"函数参数"对话框，将光标定位到"Range"编辑框中，在工作表中选择 B2:B23 单元格区域。

④在"Range"编辑框中选中单元格引用 B2:B23 后，按"F4"键将其转换为绝对引用。

在"Criteria"编辑框中输入"好评",然后单击"确定"按钮。

⑤此时,即可查看好评计数结果。将鼠标指针置于 F2 单元格的右下角,当鼠标指针变成 + 形状时向下拖动填充柄,填充数据至 F4 单元格。

⑥选择 F3 单元格,在编辑栏中将函数的第二个参数更改为"中评"。采用同样的方法,将 F4 单元格中函数的第二个参数更改为"差评"。

⑦选择 E2:F4 单元格区域,在"插入"选项卡"图表"组中单击"插入饼图或圆环图"按钮,在展开的下拉列表中选择"二维饼图"组中的"饼图"选项。

⑧此时,即可创建饼图图表。在"图表工具设计"选项卡"图表布局"组中单击"快速布局"按钮,在展开的下拉列表中选择"布局 1"选项。

⑨选中图表标题编辑框,在编辑栏中输入等号"=",然后选择 E1 单元格。

⑩按"Ctrl + Enter"组合键确认,为图表标题创建单元格链接。在"开始"选项卡"字体"组中设置图表标题的字体格式为微软雅黑、18 磅、加粗,右击图表标题,在弹出的快捷菜单中选择"字体"选项。

⑪弹出"字体"对话框,在"字符间距"选项卡"间距"下拉列表中选择"加宽"选项,并设置其度量值为 2 磅,然后单击"确定"按钮。

⑫设置数据标签的字体格式为微软雅黑、11 磅、加粗,然后适当调整其位置,即可完成商品评价图表的制作。此时,卖家便可对店铺的商品评价进行分析。

(2)根据数据调查,绝大多数 B2C 的转化率在 1% 以下,做得最好的也只能达到 3.5%,请同学们分析思考以下关于 B2C 的三个问题:

①B2C 转化率为 1%~3.5%,那其他客户去了哪里?

②转化率那么低,哪个环节成了漏斗?

③如何检修隐藏的漏斗,减小漏斗的速度?

注:转化率指在一个统计周期内,完成转化行为的次数占推广信息总点击次数的比率。计算公式为:转化率 = (转化次数/点击量) × 100%。例如,有 10 名用户看到某个搜索推广的结果,其中 5 名用户点击了某一推广结果并被跳转到目标 URL 上;之后,其中 2 名用户有了后续转化的行为。那么,这条推广结果的转化率就是(2/5) × 100% = 40%。

【测一测】

习题答案

一、单项选择题

1. 商品访客数指的是统计周期内,该店铺内所有商品详情页的被访问去重人数。一个人在统计范围内访问多次,仅计算(　　)次。

  A. 一　　　　　　　　　　　　B. 二

C. 三　　　　　　　　　　D. 四

2. 商品浏览数指的是统计周期内，该店铺内所有（　　）的被访问累加人次，一个人在统计范围内访问多次，则计算多次。

A. 主页　　　　　　　　　B. 商品详情页
C. 活动页　　　　　　　　D. 被访问过的商品详情页

3. （　　）是指统计周期内，该店铺下所有已支付订单的总数量。

A. 商品收藏用户数　　　　B. 被访问商品数
C. 商品成团件数　　　　　D. 支付订单数

4. （　　）是指在统计时间内，该店铺成功退款订单的实际退款总金额，非申请款金额。

A. 成功退款订单数　　　　B. 平台介入率
C. 成功退款金额　　　　　D. 成功退款率

5. （　　）是指统计周期内，该店铺内的商品详情页、店铺页、团页面等所有该店铺的页面被访问的去重人数。一个人统计范围内访问多次，仅计算一次。

A. 店铺浏览量　　　　　　B. 成团 UV 价值
C. 店铺访客数　　　　　　D. 支付客单价

二、判断题

1. 成团买家数是指统计周期内，该店铺所有成团买家的去重人数，即一个买家多次成团，仅计一人，剔除售后订单。（　　）

2. 支付转化率是指统计周期内，支付买家数与店铺访客数的比值，即访客数转化为支付买家的比例。（　　）

3. 5 分钟回复率 =(咨询人数 − 5 分钟内未回复人数累计)/咨询人数。（　　）

4. 网店运营体系的数据模型分为五层。（　　）

5. 访客复购率分析包括：次购物比例、高频购物比例。（　　）

三、简答题

1. 一名合格的数据分析师，应该具备什么样的能力？

2. 某拼多多网店 10 月份的销售收入为 28000 元，销售成本为 15000 元，利润为 6000 元，请计算该网店的销售利润率和成本利润率。

四、实操题

网店初步诊断——撰写网店诊断报告

1. 任务要求

对经营的网店展开初步诊断，在销售额变化趋势分析的基础上对店铺的访客数、店铺成交转化率和客单价三个指标展开分析并做出诊断，并提出相应对策。

2. 步骤

本任务是一个团队任务，要求队员分工合作完成；完成后上交《××网店初步诊断报告》。实施步骤：

（1）获取网店诊断的相关数据；

（2）对比分析，找出差距；

（3）商讨对策；

（4）撰写《××网店初步诊断报告》；

（5）做好汇报准备。

项目八

商务数据财务分析

商务数据财务分析

【项目介绍】

商务企业财务分析，以公司财务报表为起点，运用一系列专门的技术与方法，对企业等经济组织的经营活动、投资活动、筹资活动进行分析，其数据主要来源于企业对外公示的财务报告，包括：资产负债表、利润表、现金流量表、所有者权益变动表和附注，简称"四表一注"。本项目主要是从企业"四表一注"开始，通过收集企业对外发布的财务数据入手，进行数据收集、数据清洗、数据筛选，对企业的偿债能力、营运能力、盈利能力与综合能力进行分析。

【知识目标】

1. 了解财务报表数据收集；
2. 掌握企业偿债能力分析；
3. 掌握企业营运能力分析；
4. 掌握企业盈利能力分析；
5. 掌握企业综合能力分析。

【技能目标】

1. 培养学生的数据收集和整理能力；
2. 掌握财务分析基本指标；
3. 能够独立完成企业财务数据分析。

【素质目标（思政目标）】

1. 能形成团队合作，分担任务，相互学习习惯；
2. 养成不断学习新知识、新技能、新规范的习惯；

3. 形成较强的商务数据财务分析专业素质，具备良好的职业道德；

4. 具备商务数据分析工匠精神、爱国情怀、文化自信等素质。

【项目思维导图】

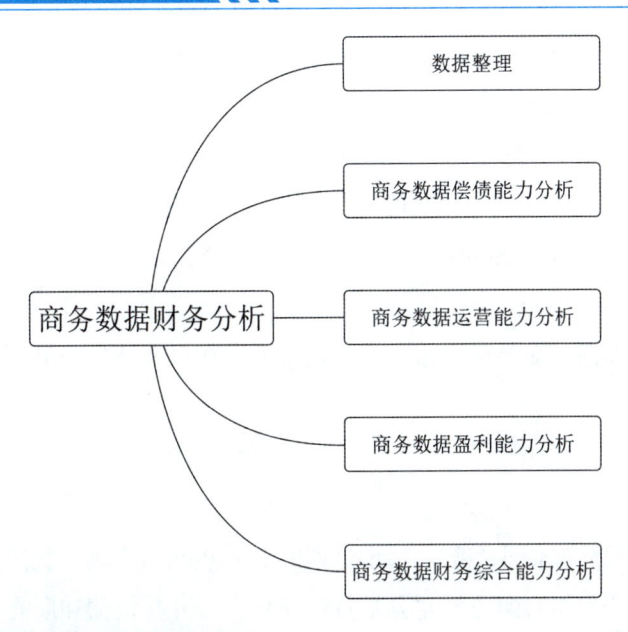

商务数据财务分析
- 数据整理
- 商务数据偿债能力分析
- 商务数据运营能力分析
- 商务数据盈利能力分析
- 商务数据财务综合能力分析

【项目导入】

本项目所分析的财务数据为珠海格力电器股份有限公司（以下简称"格力电器"）2021年度财务数据，格力电器（股票代码：000651）数据来源：深圳证券交易所-市场数据-定期报告。

珠海格力电器股份有限公司成立于1991年，1996年11月在深交所挂牌上市。公司成立初期，主要组装生产家用空调，现已发展成为多元化、科技型的全球工业制造集团，产业覆盖家用消费品和工业装备两大领域，产品远销180多个国家和地区。公司的主要产品为空调、生活电器、智能装备。2021年，格力电器凭借突出的综合实力再次上榜福布斯"全球企业2000强"，位列榜单第252位；再次上榜《财富》世界500强。据《暖通空调资讯》发布的数据显示，2021年上半年，格力中央空调凭借16.2%的市场份额排名第一，继续实现行业领跑；据《产业在线》统计数据显示，2021年上半年，格力家用空调内销占比33.89%，排在家电行业首位。

任务一　数据整理

【任务描述】

公司安排小商学习商务数据整理工作，选择以格力电器为例，收集其2021年度资产负债表、利润表、现金流量表等资料，并进行整理，最后将要用到的数据整理成资产负债表（简表）、利润表（简表）、现金流量表（简表）。

【任务分析】

上市公司财务报告，按照规定，每年4月30日前都应该对外公示上一年度数据，其数据收集相对容易，可以登录证券交易所收集，即登录上海证券交易所（http://www.sse.com.cn/）、深圳证券交易所（http://www.szse.cn/）、北京证券交易所（https://www.bse.cn/）收集。也可以登录新浪财经-股票栏目（https://finance.sina.com.cn/stock/）等收集。非上市公司财务数据没有对外公示的要求，其数据收集难度稍大，可以通过国家企业信用信息公示系统（https://www.gsxt.gov.cn/index.html）查询，也可以通过企查查网页（https://www.qcc.com/）查询部分数据。

格力电器在深圳证券交易所上市，可以通过选择在深圳证券交易所—市场数据—定期报告收集数据。

【相关知识】

1. 资产负债表

资产负债表是指反映企业在某一特定日期的财务状况的报表。我国资产负债表的格式为：账户式结构。分为左右两方，左方是资产项目，右方是负债和所有者权益项目。资产项目按照流动性不同分为流动资产和非流动资产。负债项目按照流动性不同分为流动负债和非流动负债。所有者权益项目包括所有者投入的资本、直接计入所有者权益的利得和损失、留存收益等。资产负债项目按照流动性，从大往小分类排列，流动性强的资产排在前面。所有者权益项目按照其持久程度高低分类排列。

资产负债表是按照"资产＝负债＋所有者权益"这一恒等式来编制的某一特定日期的静态报表。

2. 利润表

利润表是指反映企业在一定会计期间的经营成果的报表。我国企业的利润表采用多步式格式。按照营业利润、利润总额、净利润顺序来计算企业的利润。

利润表是按照"收入－费用＝利润"这一公式来编制的某一段日期的动态报表。

3. 现金流量表

现金流量表是反映企业在一定会计期间现金和现金等价物流入和流出的报表。

现金是指企业库存现金以及可以随时用于支付的存款。不能随时支付的存款不属于现金。

现金等价物是指企业持有的期限短、流动性强、易于转换为已知金额现金、价值变动风险很小的投资。

现金流量表按照业务活动性质和现金流量的来源，将现金流量分为经营活动产生的现金流量、投资活动产生的现金流量和筹资活动产生的现金流量。

【任务实施】

登录网址 http://www.szse.cn/ 下载格力电器 2021 年度财务报表，整理资产负债表、利润表和现金流量表（表 8-1～表 8-3）。

1. 资产负债表

表 8-1　资产负债表（部分）

编制单位：格力电器　　　　　　　　2021 年 12 月 31 日　　　　　　　　　　　　单位：元

资产	期末余额	期初余额	负债与股东权益	期末余额	期初余额
流动资产	—	—	流动负债	—	—
货币资金	116939298776.87	136413143859.81	短期借款	27617920548.11	20304384742.34
交易性金融资产	—	370820500.00	应付票据	40743984514.42	21427071950.32
			应付账款	35875090911.05	31604659166.88
预付账款	4591886517.34	3129202003.24	—		
应收账款及应收票据	13840898802.76	8738230905.44	流动负债合计	197101385428.56	158501646020.16
其他应收款	334161870.18	147338547.86	非流动负债		
存货	42765598328.01	27879505159.39	长期借款	8960864258.30	1860713816.09
一年内到期的非流动资产	11033571932.60	—	非流动负债合计	14571347185.31	3868128761.94
其他流动资产	9382177587.07	15617301913.87	负债合计	211672732613.87	162369774782.10
流动资产合计	225849652179.18	213632987164.66	股东权益	—	—
非流动资产	—	—	股本	5914469040.00	6015730878.00
无形资产	9916967208.10	5878288762.64	盈余公积	1983727107.74	3499671556.59
非流动资产合计	93748531601.20	65617274705.58	股东权益合计	107925451166.51	116880487088.14
资产合计	319598183780.38	279250261870.24	负债与股东权益合计	319598183780.38	279250261870.24

注：本表摘录部分数据，主要是与后续财务分析相关数据。

2. 利润表

表 8-2　利润表（部分）

编制单位：格力电器　　　　　　　　　2021 年　　　　　　　　　　　　　　单位：元

项　目	本 年 金 额	上 年 金 额
一、营业收入	187868874892.71	168199204404.53
减：营业成本	142251638589.87	124229033680.92
营业税费	1076664461.78	964600693.81
销售费用	11581735617.31	13043241798.27
管理费用	4051241003.05	3603782803.64
财务费用	−2260201997.18	−1937504660.07
其中：利息费用	1752112003.72	1088369394.87

续表

项　　目	本年金额	上年金额
利息收入	4242449764.06	3708312903.06
……	—	—
二、营业利润	26677365292.00	26043517837.70
加：营业外收入	154321776.87	287160721.97
减：营业外支出	28449570.30	21741130.88
三、利润总额（亏损总额以"-"号填列）	26803237498.57	26308937428.79
减：所得税	3971343865.68	4029695233.52
四、净利润（净亏损以"-"号填列）	22831893632.89	22279242195.27
……	—	—

注：本表摘录部分数据，主要是与后续财务分析相关数据。

3. 现金流量表

表 8-3　现金流量表（部分）

编制单位：格力电器　　　　2021年　　　　单位：元

项　　目	本年金额	上年金额
一、经营活动产生的现金流量	—	—
销售商品、提供劳务收到的现金	169646517565.79	155890384313.86
收到的税费返还	2467381243.01	2484293128.44
收到其他与经营活动有关的现金	3938701318.02	4698328013.32
……	—	—
经营活动现金流入小计	177201260717.00	163892764321.22
购买商品、接受劳务支付的现金	145601518405.47	121793121343.62
支付给职工以及为职工支付的现金	9848593392.99	8901277136.77
支付的各项税费	8371839466.55	8184052900.55
支付其他与经营活动有关的现金	12725203595.79	15530492099.81
……	—	—
经营活动现金流出小计	175306897458.28	144654127012.06
经营活动产生的现金流量净额	1894363258.72	19238637309.16
二、投资活动产生的现金流量	—	—
……	—	—
投资活动现金流入小计	55391360332.62	14155332757.58
……	—	—
投资活动现金流出小计	25639376773.27	14057602607.40
投资活动产生的现金流量净额	29751983559.35	97730150.18
三、筹资活动产生的现金流量	—	—

续表

项　目	本年金额	上年金额
……	—	—
筹资活动现金流入小计	89991092450.05	37614461534.80
……	—	—
筹资活动现金流出小计	115321676340.53	58725959033.00
筹资活动产生的现金流量净额	−25330583890.48	−21111497498.20

注：本表摘录部分数据，主要是与后续财务分析相关数据。

【任务考核/评价】

了解和掌握数据整理全过程并能熟练运用。

任务考核/评价

任务名称	考核点	建议考核方式	评价标准 优	评价标准 良	评价标准 及格
任务一　数据整理	资产负债表、利润表、现金流量表数据整理	数据正确与否，所选数据与后续分析相关性	数据正确率超过90%，相关性高	数据正确率超过80%，相关性较高	数据正确率超过60%，相关性差

任务二　商务数据偿债能力分析

【任务描述】

公司已经安排小商收集整理了格力电器资产负债表（部分）、利润表（部分）、现金流量表（部分）数据，根据相关数据，简要评价格力电器的偿债能力。

【任务分析】

影响公司偿债能力的因素有很多，分为财务报表因素和财务报表以外因素。

财务报表因素有：企业的短期偿债能力，包含流动比率、速动比率和现金比率等；企业的长期偿债能力，包括资产负债率、产权比率和利息保障倍数等。

财务报表以外因素有：公司可用的银行借贷额度、公司的信用度、公司可以快速变现的其他资产等。

本教材主要分析的是财务报表因素。

【相关知识】

企业的偿债能力可以分为短期偿债能力和长期偿债能力。

（一）短期偿债能力

短期偿债能力是指企业以流动资产偿还流动负债的能力，它反映企业偿付日常到期债务的能力。本教材主要讲解的指标有流动比率、速动比率和现金比率。

1. 流动比率

流动比率是企业流动资产与流动负债的比率。一般说来，比率越高，说明企业资产的变现能力越强，短期偿债能力亦越强；反之则弱。

$$流动比率 = 流动资产/流动负债$$

2. 速动比率

速动比率是指企业速动资产与流动负债的比率。速动资产是指可以迅速转换成为现金或已属于现金形式的资产，计算方法为流动资产减去变现能力较差且不稳定的存货、预付账款、一年内到期的非流动资产和其他流动资产等之后的余额。一般说来，比率越高，说明企业资产的变现能力越强，短期偿债能力亦越强；反之则弱。

$$速动资产 = 流动资产 - 存货 - 预付账款 - 一年内到期的非流动资产 - 其他流动资产$$
$$速动比率 = 速动资产/流动负债$$

3. 现金比率

现金比率是指企业现金资产与流动负债的比率。现金资产是指企业的现金及现金等价资产之和。一般说来，比率越高，说明企业资产的变现能力越强，短期偿债能力亦越强；反之则弱。

$$现金资产 = 货币资金 + 交易性金融资产 + 衍生金融资产$$
$$现金比率 = 现金资产/流动负债$$

（二）长期偿债能力

长期偿债能力指标是指企业偿还长期债务的能力。企业的长期债务是指偿还期限在一年或超过一年的一个营业周期以上的负债。一般说来，比率越高，说明长期偿债能力越强；反之则弱。长期偿债能力的指标很多，本教材重点讲解主要指标：资产负债率、产权比率、利息保障倍数等。

1. 资产负债率

资产负债率是指企业负债总额与资产总额之比。

$$资产负债率 = 资产总额/负债总额$$

2. 产权比率

产权比率是指负债总额与所有者权益总额之比。一般说来，产权比率越低，说明长期偿债能力亦越强；反之则弱。与长期偿债能力成反比关系。

$$产权比率 = 负债总额/所有者权益总额$$

（注：权益乘数是指资产总额与所有者权益总额之比。权益乘数越高，说明长期偿债能力越强；反之则弱。与长期偿债能力成正比关系。）

$$权益乘数 = 资产总额/所有者权益总额$$

3. 利息保障倍数

利息保障倍数又称已获利息倍数，是企业生产经营所获得的息税前利润与利息费用之比，主要衡量企业偿还债务利息的能力。利息保障倍数越大，说明长期偿债能力越强；反之则弱。与长期偿债能力成正比关系。

息税前利润是指企业的净利润加上所得税费用和利息费用的总和。利息费用指的是所有的利息支出，包括资本化利息支出和费用化利息支出。

利息保障倍数 = 息税前利润/利息费用 = (净利润 + 所得税费用 + 利息费用)/利息费用

【任务实施】

根据表 8-1 资产负债表（部分）年末、表 8-2 利润表（部分）本年金额，计算出格力电器 2021 年短期偿债能力和长期偿债能力，具体如下：

1. 短期偿债能力

流动比率 = 流动资产/流动负债

流动资产为 225849652179.18，流动负债为 197101385428.56。

流动比率 = 225849652179.18/197101385428.56 = 1.15

速动资产 = 流动资产 − 存货 − 预付账款 − 一年内到期的非流动资产 − 其他流动资产

速动比率 = 速动资产/流动负债

流动资产为 225849652179.18，预付账款为 4591886517.34，存货为 42765598328.01，一年内到期的非流动资产为 11033571932.6，其他流动资产为 9382177587.07，流动负债为 197101385428.56。

速动比率 = (225849652179.18 − 4591886517.34 − 42765598328.01 − 11033571932.6 − 9382177587.07)/197101385428.56 = 0.80

现金资产 = 货币资金 + 交易性金融资产 + 衍生金融资产

现金比率 = 现金资产/流动负债

货币资金为 116939298776.87，交易性金融资产为 0，流动负债为 197101385428.56。

现金比率 = (116939298776.87 + 0)/197101385428.56 = 0.59

2. 长期偿债能力

资产负债率 = 资产总额/负债总额

资产总额为 319598183780.38，负债总额为 211672732613.87，所有者权益总额为 107925451166.51。

资产负债率 = 319598183780.38/211672732613.87 = 1.51

产权比率 = 负债总额/所有者权益总额

权益乘数 = 资产总额/所有者权益总额

产权比率 = 211672732613.87/107925451166.51 = 1.96

权益乘数 = 319598183780.38/107925451166.51 = 2.96

息税前利润 = (净利润 + 所得税费用 + 利息费用)/利息费用

利息保障倍数 = 息税前利润/利息费用

利息保障倍数 = (净利润 + 所得税费用 + 利息费用)/利息费用

净利润为 22831893632.89，所得税费用为 3971343865.68，利息费用为 1752112003.72。

利息保障倍数 = (22831893632.89 + 3971343865.68 + 1752112003.72)/1752112003.72 = 16.30

【任务考核/评价】

了解和掌握商务数据偿债能力分析的全过程。

任务考核/评价

任务名称	考核点	建议考核方式	评价标准		
			优	良	及格
任务二 商务数据偿债能力分析	短期偿债能力	流动比率、速动比率、现金比率计算	计算结果正确率在90%以上	计算结果正确率在80%以上	计算结果正确率在60%以上
	长期偿债能力	资产负债率、产权比率、利息保障倍数	计算结果正确率在90%以上	计算结果正确率在80%以上	计算结果正确率在60%以上

任务三　商务数据运营能力分析

【任务描述】

公司已经安排小商收集整理了格力电器资产负债表（部分）、利润表（部分）、现金流量表（部分）数据，根据相关数据，简要评价格力电器公司的营业能力。

【任务分析】

企业营运能力指的是企业的经营运行能力，即企业运用各项资产以赚取利润的能力。本教材对企业营运能力的财务分析，主要说明的指标有：应收账款周转率、存货周转率、流动资产周转率和总资产周转率等。

【相关知识】

1. 应收账款周转率

应收账款周转率，又称应收账款周转次数，是指在一定时期内（通常为一年）应收账款转化为现金的平均次数。通常用一定时期内营业收入与应收账款平均余额的比率来表示。分为应收账款周转次数和应收账款周转天数。二者相关关系为：

应收账款周转天数 = 360/应收账款周转率(次数)

应收账款周转率(次数) = 营业收入/平均应收账款

平均应收账款 = (期初应收账款 + 期末应收账款)/2

2. 存货周转率

存货周转率，又称存货周转次数，是衡量和评价企业购入存货、投入生产、销售收回等各环节管理状况的综合性指标。根据存货计价基础不同，分成收入基础的存货周转率和成本基础的存货周转率。

存货周转天数 = 360/存货周转率(次数)

收入为基础的存货周转率 = 营业收入/平均存货余额

成本为基础的存货周转率 = 营业成本/平均存货余额

平均存货 = (期初存货 + 期末存货)/2

在实际工作中，通常较多采用成本基础的存货周转率来计算和评价存货周转情况。

3. 流动资产周转率

流动资产周转率，又称流动资产周转次数，是指企业一定时期内主营业务收入净额同平均流动资产总额的比率，流动资产周转率是评价企业资产利用率的一个重要指标。

流动资产周转天数 = 360/流动资产周转率(次数)

流动资产周转率 = 营业收入/平均流动资产

平均流动资产 = (期初流动资产 + 期末流动资产)/2

4. 总资产周转率

总资产周转率，又称总资产周转次数，是指企业一定时期的销售收入净额与平均资产总额之比，它是衡量资产投资规模与销售水平之间配比情况的指标。

总资产周转天数 = 360/流动资产周转率(次数)

总资产周转率 = 营业收入/平均资产总额

平均资产总额 = (期初资产总额 + 期末资产总额)/2

【任务实施】

根据表 8-1 中的（部分）期初余额和期末余额、表 8-2 利润表（部分）本年金额，计算出格力电器 2021 年营运能力，具体如下：

1. 应收账款周转率

平均应收账款 = (13840898802.76 + 8738230905.44)/2 = 11289564854.1（元）

应收账款周转率(次数) = 187868874892.71/11289564854.1 = 16.64（次）

应收账款周转天数 = 360/16.64 = 21.63（天）

2. 存货周转率

在实际工作中，通常较多采用成本基础的存货周转率来计算和评价存货周转情况。本教材采用成本为基础的存货周转率计算方法，具体如下：

平均存货 = (42765598328.01 + 27879505159.39)/2 = 35322551743.7（元）

成本为基础的存货周转率 = 142251638589.87/35322551743.7 = 4.03（次）

成本为基础的存货周转天数 = 360/4.03 = 89.33（天）

3. 流动资产周转率

平均流动资产 = (225849652179.18 + 213632987164.66)/2 = 219741319671.92（元）

流动资产周转率 = 187868874892.71/219741319671.92 = 0.85（次）

流动资产周转天数 = 360/0.85 = 423.53（天）

4. 总资产周转率

总资产周转率又称为总资产周转次数，是指企业一定时期的销售收入净额与平均资产总额之比，它是衡量资产投资规模与销售水平之间配比情况的指标。

平均资产总额 = (319598183780.38 + 279250261870.24)/2 = 299424222825.31（元）

总资产周转率 = 187868874892.71/299424222825.31 = 0.63（次）

总资产周转天数 = 360/0.63 = 571.43（天）

【任务考核/评价】

了解和掌握商务数据营运能力分析的全过程。

任务考核/评价

任务名称	考核点	建议考核方式	评价标准		
			优	良	及格
任务三 商务数据营运能力分析	应收账款周转率、存货周转率、流动资产周转率、总资产周转率	计算周转率、周转天数	计算结果正确率在90%以上	计算结果正确率在80%以上	计算结果正确率在60%以上

任务四　商务数据盈利能力分析

【任务描述】

公司已经安排小商收集整理了格力电器资产负债表（部分）、利润表（部分）、现金流量表（部分）数据，根据相关数据，简要评价格力电器公司的盈利能力。

【任务分析】

企业盈利能力指的是企业获取利润的能力，也称为企业的资金或资本增值能力。本教材对企业盈利能力的财务分析，主要说明的指标有：销售利润率、销售净利率、总资产净利率、每股收益等。

【相关知识】

1. 销售利润率

销售利润率是利润总额与营业收入之间的比率。它是以销售收入为基础,分析企业获利能力,反映销售收入收益水平的指标,即每元销售收入所获得的利润总额。

$$销售利润率 = 利润总额/营业收入 \times 100\%$$

2. 销售净利率

销售净利率是净利润与营业收入之间的比率。它是以销售收入为基础,分析企业获利能力,反映销售收入收益水平的指标,即每一元销售收入所获得的净利润。

$$销售净利率 = 净利润/营业收入 \times 100\%$$

3. 总资产净利率

总资产净利率是净利润与资产总额之间的比率。该指标反映的是公司运用全部资产所获得利润的水平,即公司每一元的资产平均所获得的净利润。

$$总资产净利率 = 净利润/平均总资产 \times 100\%$$

4. 每股收益

每股收益是净利润与普通股股数之间的比率。普通股股数一般用普通股的加权平均股数来表示。是普通股股东每持有一股所能享有的企业净利润或需承担的企业净亏损。

$$每股收益 = 净利润/普通股股数$$

【任务实施】

根据表 8-1 中(部分)期初余额和期末余额、表 8-2 利润表(部分)本年金额,计算出格力电器 2021 年的盈利能力,具体如下:

1. 销售利润率

销售利润率 = 26803237498.57/187868874892.71 × 100% = 14.27%

2. 销售净利率

销售净利率 = 22831893632.89/187868874892.71 × 100% = 12.15%

3. 总资产净利率

平均资产总额 = (319598183780.38 + 279250261870.24)/2 = 299424222825.31(元)

总资产净利率 = 22831893632.89/299424222825.31 = 7.63%

4. 每股收益

每股收益 = 22831893632.89/5914469040 = 3.86(元/股)

(注:为简化计算,普通股股数用资产负债表期末股本金额表示,因为发行在外的股票面值为 1 元,股本总额 = 股票数量 × 股票面值,因此,股票数量与股本总额金额相等。)

【任务考核/评价】

了解并掌握商务数据盈利能力分析的全过程。

任务考核/评价

任务名称	考核点	建议考核方式	评价标准		
			优	良	及格
任务四 商务数据盈利能力分析	销售利润率、销售净利率、总资产净利率、每股收益	计算销售利润率、销售净利率、总资产净利率、每股收益	计算结果正确率在90%以上	计算结果正确率在80%以上	计算结果正确率在60%以上

任务五 商务数据财务综合能力分析

【任务描述】

公司已经安排小商收集整理了格力电器资产负债表（部分）、利润表（部分）、现金流量表（部分）数据，根据相关数据，在前面分析完企业偿债能力、营运能力、盈利能力的基础上，简要评价格力电器公司的综合能力。

【任务分析】

企业综合能力指的是对企业偿债能力、营运能力、盈利能力的综合评价，主要分析为杜邦分析，评价指标为净资产收益率，本任务主要计算企业的净资产收益率。

【相关知识】

杜邦分析法是利用销售净利率、总资产周转率和权益乘数这几个财务比率之间的关系来综合分析企业的财务状况。其基本思想是将企业净资产收益率逐级分解为销售净利率、总资产周转率和权益乘数这几个指标的乘积，这样有助于深入分析比较企业经营业绩。由于这种分析方法最早由美国杜邦公司使用，故名杜邦分析法。

$$净资产收益率 = 净利润/平均净资产 \times 100\%$$
$$= 净利润/营业收入 \times 营业收入/平均总资产 \times 平均总资产/平均净资产 \times 100\%$$
$$= 销售净利率 \times 总资产周转率 \times 权益乘数 \times 100\%$$

其中，销售净利率＝净利润/营业收入（反映企业的盈利能力）

总资产周转率＝营业收入/平均总资产（反映企业的营运能力）

权益乘数＝平均总资产/平均净资产（反映企业的偿债能力）

净资产收益率是一个综合性指标，包含企业的盈利能力、营运能力、偿债能力，如果要提高企业的综合能力，可以从提高销售净利率着手，同时，可以适当增加企业的总资产周转率。

【任务实施】

净资产收益率＝销售净利率×总资产周转率×权益乘数

＝22831893632.89/112402969127.325×100％＝20.31％

其中,平均净资产＝(107925451166.51＋116880487088.14)/2＝112402969127.325(元)

【任务考核/评价】

了解并掌握商务数据财务综合能力分析全过程。

任务考核/评价

任务名称	考核点	建议考核方式	评价标准		
			优	良	及格
任务五 商务数据财务综合能力分析	净资产收益率	分组与讨论、实操考核	净资产收益率计算正确 对净资产收益率理解透彻	净资产收益率计算正确 对净资产收益率基本理解	净资产收益率计算基本正确 能够了解净资产收益率概念

【拓展训练】

1. 杜邦分析体系的核心指标是（　　）。

　　A. 销售净利率　　　　　　B. 总资产净利率

　　C. 总资产周转率　　　　　D. 净资产收益率

2. 某企业 2015 年营业收入为 200000 元，销售毛利率为 40％，销售净利率为 16％，期初资产总额为 300000 元，期末资产总额为 500000 元；期初应收账款余额为 48000 元，期末应收款余额为 16000 元；期初存货余额为 20000 元，存货周转率为 4 次。

要求：

（1）计算应收账款周转率；

（2）计算营业成本和期末存货余额；

（3）计算总资产净利率。

【测一测】

一、单选题

1. 资产负债表的编制依据是（　　）。

　　A. 利润＝收入－费用

　　B. 资产＝负债＋所有者权益

　　C. 现金流量＝净利润＋折旧

习题答案

D. 营业利润 = 营业收入 – 营业成本

2. 关于利润表，下列表述正确的是（　　）。
   A. 利润表是反映公司一定会计期间经营成果的报表
   B. 利润表是反映公司某一特定日期公司财务状况的报表
   C. 利润表是反映公司一定会计期间现金和现金等价物流入和流出的报表
   D. 利润表是反映公司某一特定日期现金和现金等价物流入和流出的报表

3. 下列关于企业流动比率的表达，正确的是（　　）。
   A. 流动比率越低，短期偿债能力越强
   B. 流动比率越低，长期偿债能力越弱
   C. 流动比率越高，短期偿债能力越弱
   D. 流动比率越高，短期偿债能力越强

4. 某公司本年息税前利润为 200 万元，利息费用为 50 万元，则该公司的利息保障倍数为（　　）。
   A. 2　　　　　　　　　　B. 3
   C. 4　　　　　　　　　　D. 5

5. 下列财务比率中，能反映公司营运能力的是（　　）。
   A. 权益乘数　　　　　　B. 流动比率
   C. 资产负债率　　　　　D. 总资产周转率

6. 反映公司利用全部资产获取利润能力的指标是（　　）。
   A. 权益乘数　　　　　　B. 资产负债率
   C. 总资产净利率　　　　D. 净资产收益率

7. 某公司 2015 年销售净利率为 10%，总资产周转率为 1.5 次，权益乘数为 2，则净资产收益率为（　　）。
   A. 10%　　　　　　　　B. 15%
   C. 20%　　　　　　　　D. 30%

二、多选题

1. 一般而言，财务分析的内容包括（　　）。
   A. 营运能力分析　　　　B. 股价技术分析
   C. 偿债能力分析　　　　D. 盈利能力分析

2. 下列各项中，反映公司偿债能力的财务比率有（　　）。

A. 产权比率 　　　　　　B. 存货周转率
C. 资产负债率 　　　　　D. 应收账款周转率

三、计算题

某公司 2015 年平均总资产为 6000 万元，平均负债为 3600 万元，平均所有者权益为 2400 万元，当年实现净利润 450 万元。

要求：
（1）计算权益乘数；
（2）计算总资产净利率；
（3）计算净资产收益率；
（4）如果权益乘数不变、总资产净利率提高，判断净资产收益率将如何变化。
（注：计算结果保留小数点后两位）

项目九

商务数据可视化

商务数据可视化

【项目介绍】

在生活和工作中，一张图片所传递的信息往往比很多文字更直观、更清楚。所谓"字不如表，表不如图"，图表的重要性可见一斑。在统计分析产品、用户画像等方面，都需要从业者具备优秀的数据可视化能力。

数据可视化（Data Visualization）和信息可视化（Infographics）是两个相近的专业领域名词。狭义上的数据可视化指的是将数据用统计图表方式呈现，而信息图形（信息可视化）则是将非数字的信息进行可视化。前者用于传递信息，后者用于表现抽象或复杂的概念、技术和信息。广义上数据可视化是信息可视化中的一类，因为信息是包含了数字和非数字的。从原词的解释来讲：数据可视化重点突出的是"可视化"，而信息可视化的重点则是"图示化"。整体而言：可视化就是数据、信息以及科学等多个领域图示化技术的统称。

【知识目标】

1. 使学生掌握数据可视化的一般原理和处理方法；
2. 了解什么是数据可视化；
3. 了解各类数据可视化图表；
4. 了解数据可视化图表的类型。

【技能目标】

1. 培养学生的信息数据可视化处理能力；
2. 掌握数据可视化的方法；
3. 能使用折线图展示数据趋势；
4. 能使用柱形图与条形图对比商务数据；
5. 能使用饼图展示数据占比；

6. 能使用散点图与气泡图展示数据分布；
7. 能使用数据可视化工具对数据进行可视化处理。

【素质目标（思政目标）】

1. 养成及时查看和分析运营数据，并进行数据可视化的习惯；
2. 形成团队合作，分担任务，相互学习的习惯；
3. 形成不断学习新知识、新技能、新规范的习惯；
4. 形成较强的数据可视化专业素质，具备良好的职业道德；
5. 具备数据分析与可视化工匠精神、爱国情怀、文化自信等。

【项目思维导图】

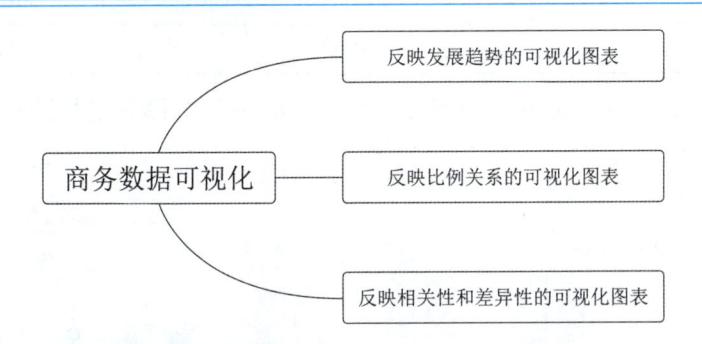

商务数据可视化
- 反映发展趋势的可视化图表
- 反映比例关系的可视化图表
- 反映相关性和差异性的可视化图表

【项目预习】

在大多数情况下，人们更愿意接受图形这种数据展现方式，因为它能更加有效、直观地传递出分析师所要表达的观点。记住，在一般情况下，能用图说明问题的就不用表格，能用表格说明问题就不用文字。

通常，数据是通过表格和图形的方式来呈现的，我们常说用图表说话就是这个意思。常用的数据图表包括饼图、柱形图、条形图、折线图、散点图、雷达图等，当然可以对这些图表进一步进行整理加工，使之变为我们所需要的图形，如金字塔图、矩阵图、漏斗图、帕累托图等。常见数据可视化图表种类如图 9-1 所示。

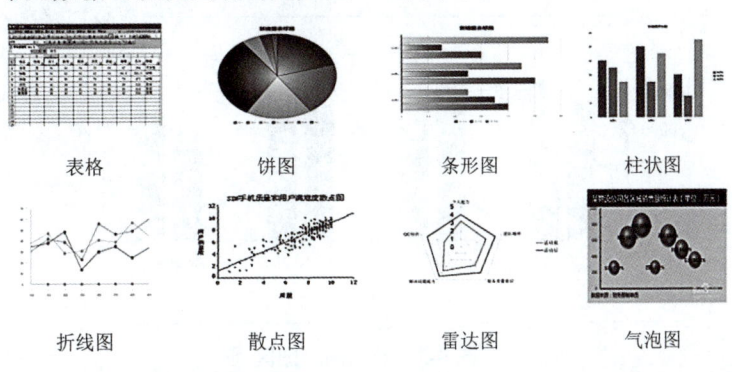

表格　饼图　条形图　柱状图
折线图　散点图　雷达图　气泡图

图 9-1　常见数据可视化图表种类

下面以 Excel 图表可视化为例介绍其构成元素。

认识 Excel 图表的基本构成元素，对我们选择和绘制可视化图形是非常重要的。很多人都忽视了这一点，以至于制作图表的效率很低，不知道如何修改图表元素。

Excel 图表由图表区、绘图区、标题、数据系列、图例和网格线等基本部分构成。

下面以我国四大地理区域 2022 年和 2023 年的销售数据建立一个条形图来观察图表中各元素的位置，见表 9-1。

表 9-1　我国四大地理区域 2022 年和 2023 年的销售数据

四大地理区域	2022 年	2023 年
北方地区	38428.54	42661.23
南方地区	43221.12	53321.56
西北地区	36433.32	40233.98
青藏地区	29434.67	34782.51

图表区是指图表的全部范围，双击图表区的空白处即可对图表区进行设置，如图 9-2 所示。

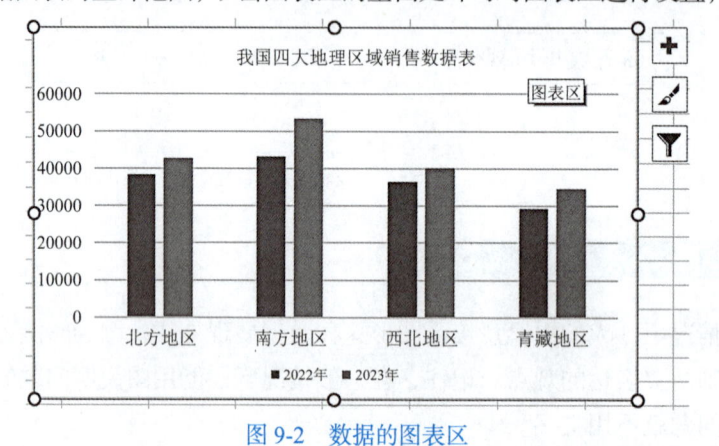

图 9-2　数据的图表区

绘图区是指图表区内的图形表示区域，双击绘图区的空白处即可对图表区进行设置，如图 9-3 所示。

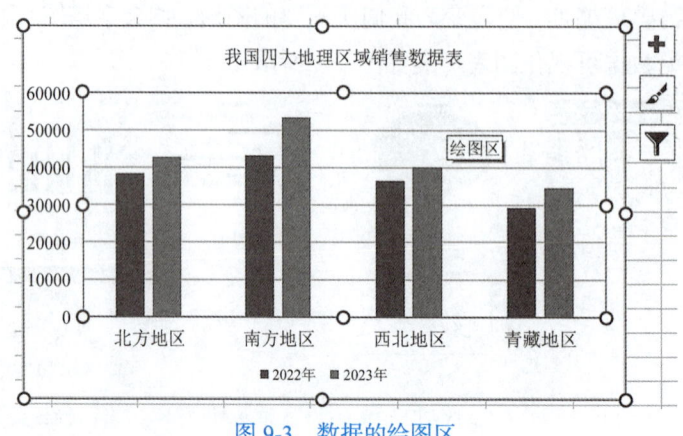

图 9-3　数据的绘图区

标题包括图表标题和坐标轴标题。图表标题只有一个，而坐标轴标题最多允许有 4 个，如

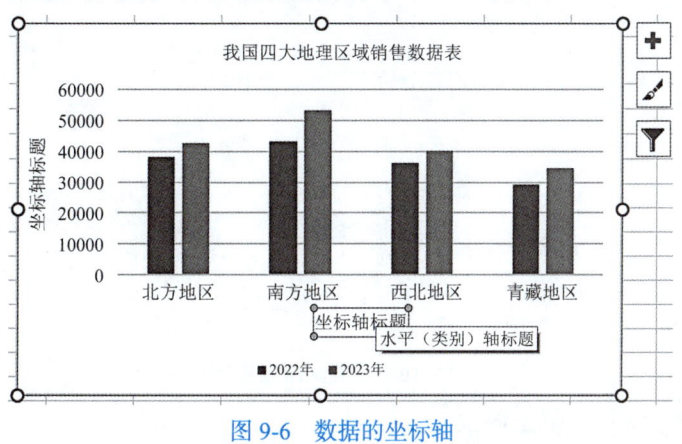

图 9-4 所示。点击图表右上角旁边的加号可以添加图表标题元素，双击标题框可对其进行设置。

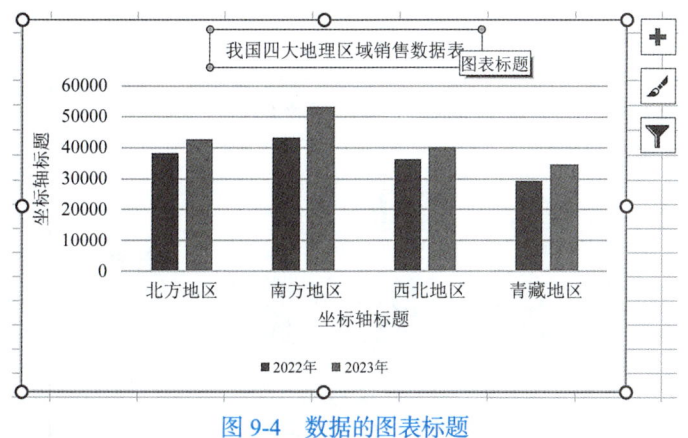

图 9-4　数据的图表标题

数据系列是由数据点构成的，每个数据点对应于工作表中的某个单元格内的数据。在此例中，保护两个数据系列，"2018年"数据系列和"2019年"数据系列。单击某一个系列中的某一个数据点可选中整个系列，然后对整个数据系列进行格式设置。双击某个数据点则可单独选中数据点，对单个数据点进行格式设置，如图 9-5 所示。

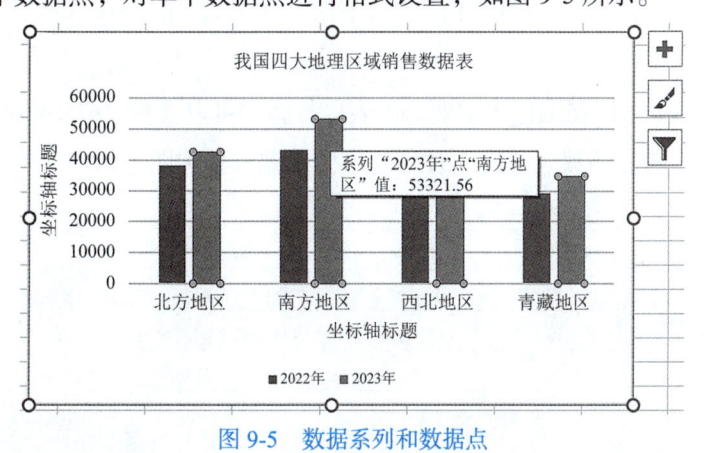

图 9-5　数据系列和数据点

坐标轴包括横坐标轴和纵坐标轴，当图表中包含多个数据系列时，我们还可以添加相应的次坐标轴。双击坐标轴即可对其进行设置，如图 9-6 所示。

图 9-6　数据的坐标轴

图例是对数据系列名称的标识。点击图表右上角旁边的加号可以添加图表图例元素，双击图例即可对其进行设置，如图 9-7 所示。

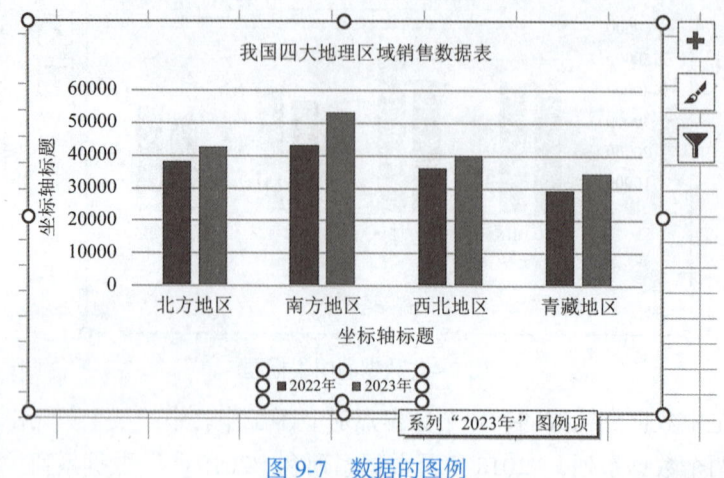

图 9-7 数据的图例

Excel 2019 图表提供了 14 种标准图表类型，主要掌握常用的几种标准图表即可，包括柱形图、条形图、折线图、饼图、散点图、直方图和箱线图。各图表的基本用途如图 9-8 所示。

Excel 2019 除了可以在工作表中插入图表以外，还可以在单元格中嵌入迷你图。Excel 支持 3 种迷你图，包括折线迷你图、柱形迷你图和盈亏迷你图，如图 9-9 所示。

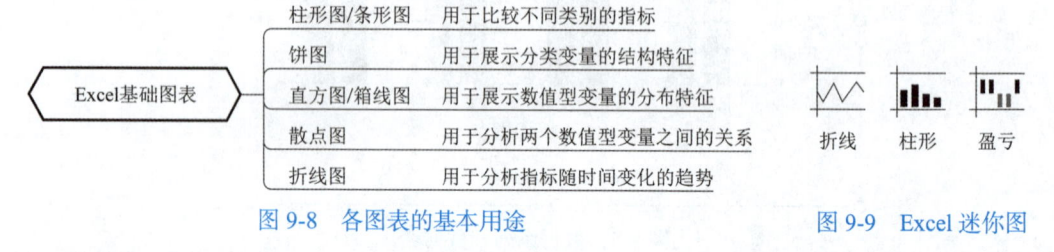

Excel基础图表	柱形图/条形图	用于比较不同类别的指标
	饼图	用于展示分类变量的结构特征
	直方图/箱线图	用于展示数值型变量的分布特征
	散点图	用于分析两个数值型变量之间的关系
	折线图	用于分析指标随时间变化的趋势

图 9-8 各图表的基本用途　　　　　　图 9-9 Excel 迷你图

图表的作用一般有三个：表达更加形象化，突出重点，体现专业化。图表制作五步法如图 9-10 所示。

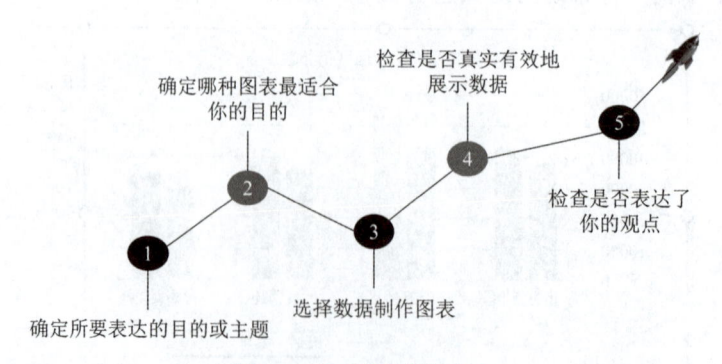

图 9-10 图表制作五步法

各图表注意事项如图 9-11 所示。

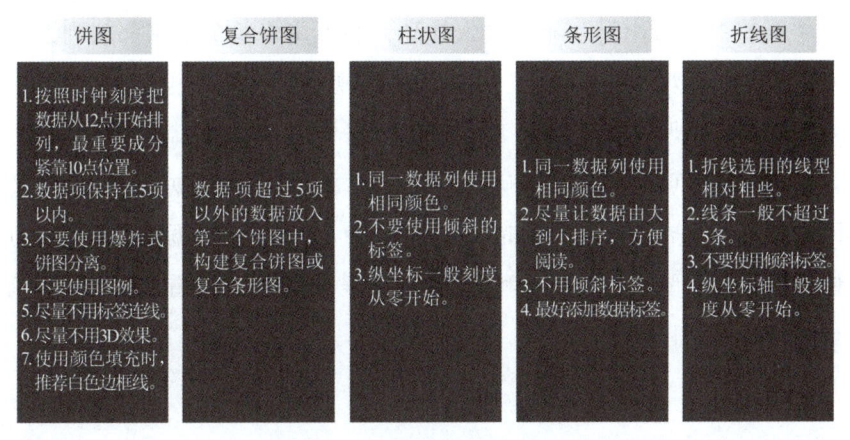

饼图	复合饼图	柱状图	条形图	折线图
1.按照时钟刻度把数据从12点开始排列，最重要成分紧靠10点位置。 2.数据项保持在5项以内。 3.不要使用爆炸式饼图分离。 4.不要使用图例。 5.尽量不用标签连线。 6.尽量不用3D效果。 7.使用颜色填充时，推荐白色边框线。	数据项超过5项以外的数据放入第二个饼图中，构建复合饼图或复合条形图。	1.同一数据列使用相同颜色。 2.不要使用倾斜的标签。 3.纵坐标一般刻度从零开始。	1.同一数据列使用相同颜色。 2.尽量让数据由大到小排序，方便阅读。 3.不用倾斜标签。 4.最好添加数据标签。	1.折线选用的线型相对粗些。 2.线条一般不超过5条。 3.不要使用倾斜标签。 4.纵坐标轴一般刻度从零开始。

图 9-11　各图表注意事项

Excel 是目前使用最广泛的数据可视化工具之一，它基本包含了所有常用的图表。除此之外，还有许多在线的数据可视化工具，如 ECharts、Dydata、Plotly、ggplot2、Tableau、Raw、Infogram、ChartBlocks、JpGraph，基于 JavaScript 的 D3.js、Chart.js、FusionCharts、InfoVis Toolkit 等。

常用的数据可视化图表分为反映发展趋势、反映比例关系、反映相关性、反映差异化、反映空间关系，以及反映工作流程等可视化类型。

【案例导入】

小商刚从学校毕业不久，应聘到一家电子商务企业从事数据分析工作。公司安排小商完成数据分析后的数据可视化的岗前培训任务。在小商完成了数据分析前期准备工作之后，公司安排小商进行商品业务板块的数据可视化工作。内容如下：若要描述某公司最近 5 年的收入情况，就需要说明该公司每个月的收入是多少，同比、环比增幅是多少，收入最多、最少的分别是哪个月，同比、环比增幅最低、最高的分别是哪个月等，而若用数据图表来表达，则只需使用柱状图和折线图的组合图表就能准确地表达以上信息，如图 9-12 所示。

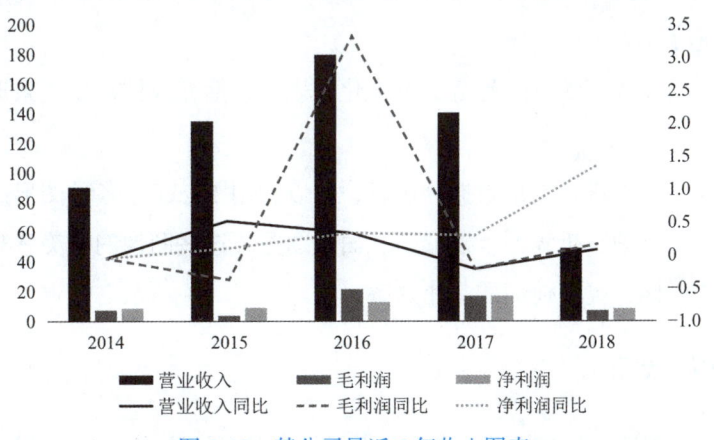

图 9-12　某公司最近 5 年收入图表

在图表中能够一眼看出哪一年的收入最高，而不用将每个数字都放到大脑中进行比较，那样无法得到很直观的结果。用户通过大脑的视觉系统可以迅速地识别、贮存、回忆图形信息，本能地将图形中的信息转化为长期记忆。

商务数据可视化还可以改变我们解读世界的方式，相同的数据，采用不同的表达方式能产生不同的效果。在展现商务数据时，一张清晰而又独特的数据图表能够让别人更加直观且准确地理解我们所要表达的信息和意图，也可以让信息表达看上去更加具有说服力，让商务数据的价值最大化。

任务一　反映发展趋势的可视化图表

【任务描述】

公司安排小商完成数据分析后的数据可视化的岗前培训任务。在小商完成了数据分析前期准备工作之后，公司安排小商进行商品业务板块的数据可视化工作，完成反映发展趋势的可视化图表制作。

【任务分析】

反映发展趋势的可视化图表，通过图表来反映事物的发展趋势，让人一眼就能看清趋势或走向。

【相关知识】

反映发展趋势的可视化图表主要为以下几种：

（1）柱形图（条形图）：以宽度相等的条形高度或长度的差异来显示统计指标数值大小的一种图形。

（2）折线图：点和线连在一起的图表，可以反映事物的发展趋势和分布情况。

（3）面积图：通过在折线图下加上阴影来反映事物的发展趋势和分布情况。

【任务实施】

本任务就是要完成反映发展趋势的可视化图表，包括完成柱形图（条形图）、折线图、面积图的制作。

在日常工作中，在进行大量数据分析时，可以利用 Excel 中各种图形来形象反映数据变化的趋势，如柱形图、折线图、条形图、面积图等，这些图像的完美感观可以大大缩短办公人员的工作时间，提高他们的工作效率。

一、制作柱状图

适用场景：适用场合是二维数据集（每个数据点包括两个值 x 和 y），但只有一个维度需要比较，用于显示一段时间内的数据变化或显示各项之间的比较情况。比如数据源的公司销售收入，见表 9-2。

表 9-2 公司销售收入数据表

年份	销售收入/元	贡献占比
2020	181019	16.81%
2021	201230	18.68%
2022	332560	30.88%
2023	362220	33.63%

实训要求是结合柱形图和折线图来表现数据变化趋势。

（1）首先打开空白 Excel 表，暂且以下图数据为数据源，数据源是趋势图变化的依据，如图 9-13 所示。

（2）选择数据源区域 A1:C5（第一步），单击二维柱状图后（第二步），Excel 中显示柱形图，如图 9-14 和图 9-15 所示。

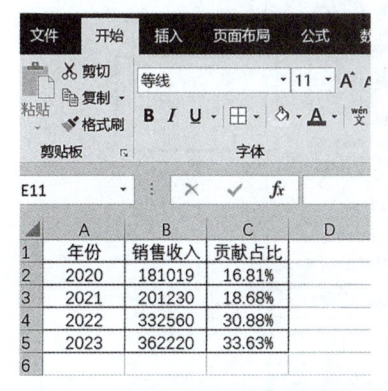

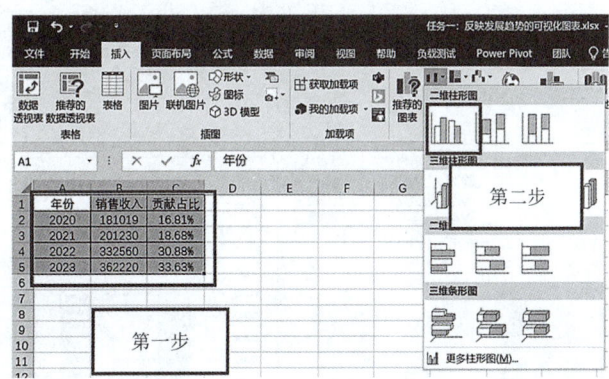

图 9-13 趋势图变化的数据源

图 9-14 选择数据源区域

（3）鼠标可以任意拖动柱状图，对着柱状图右击，还可以进行数据系列格式设置，包括柱状的宽度、颜色、样式等，这个可以根据实际需求设置，如图 9-16 所示。

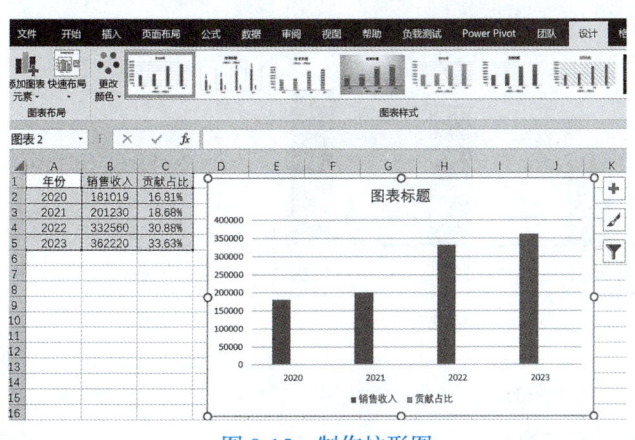

图 9-15 制作柱形图

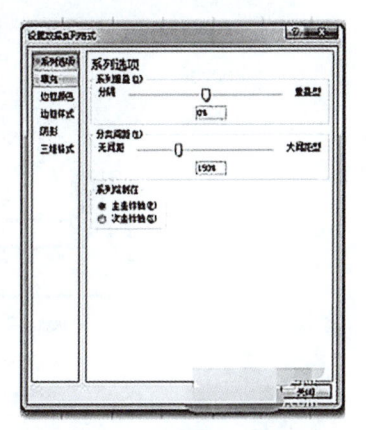

图 9-16 设置数据系列格式

（4）单击贡献占比（第一步，图9-17）后，点击插入→折线图→二维折线图（第二步，图9-18），出现折线图（第三步，图9-19）。

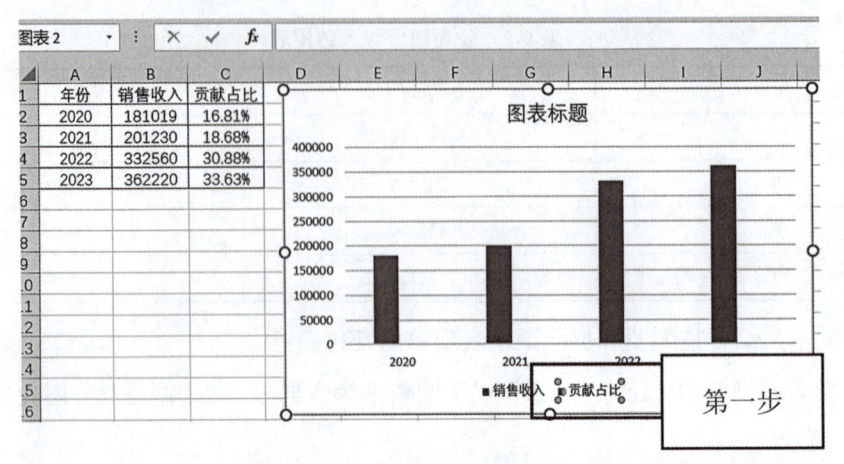

图9-17　选择贡献占比

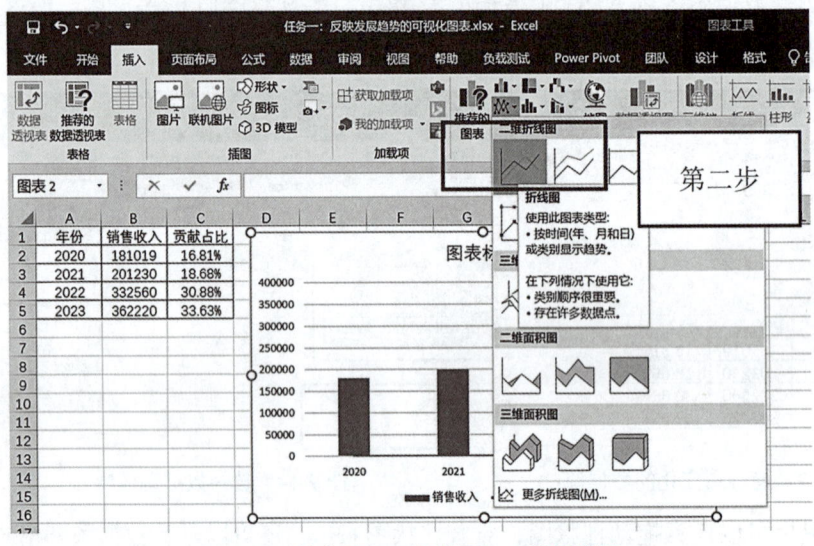

图9-18　单击插入→折线图→二维折线图

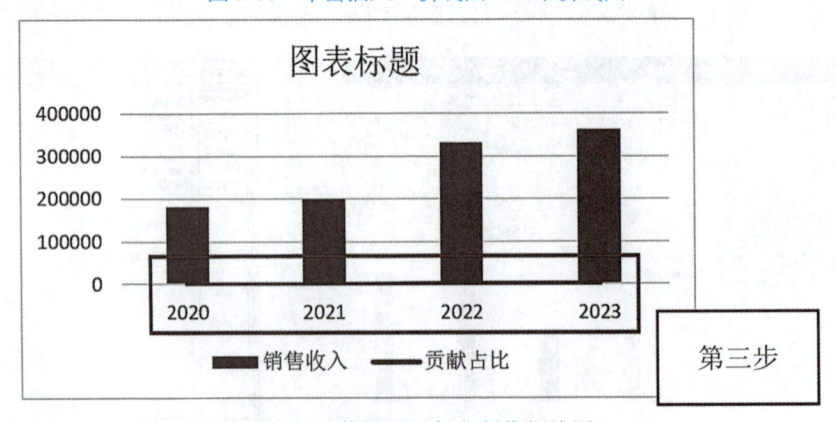

图9-19　依据项目任务制作折线图

（5）选择折线后，右击"设置数据系列格式"，在弹出的对话框中，选择"更改系列图表类型（Y）"（第四步），如图 9-20 所示。这样，折线图就设置好了。

图 9-20　更改系列图表类型

（6）任意改变数据源里面的数据，相应的柱形图和折线图可以自动变化，如图 9-21 和图 9-22 所示。

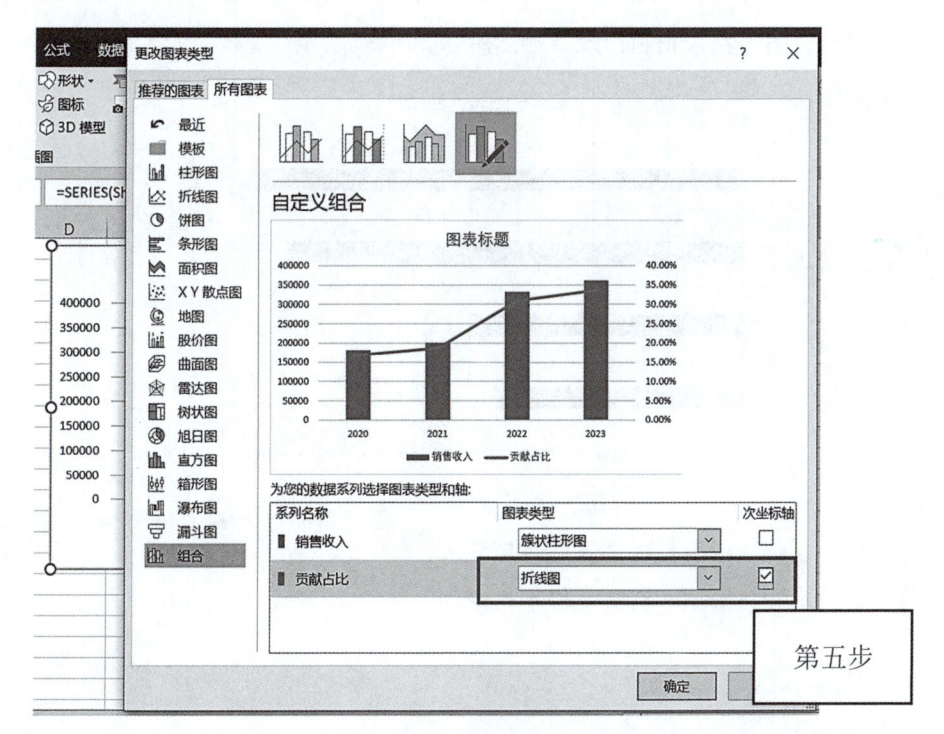

图 9-21　设置次坐标轴

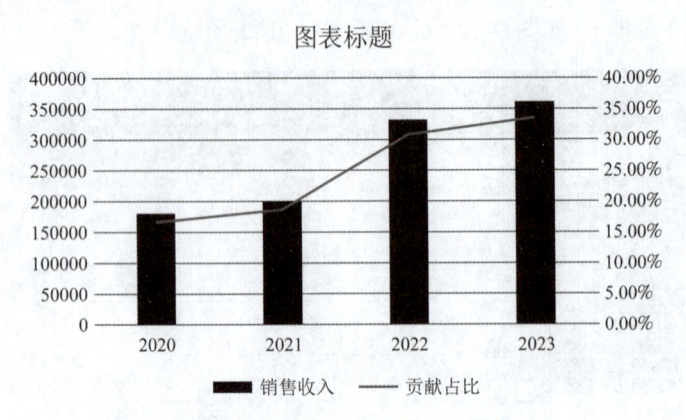

图 9-22　柱形图 + 折线图坐标效果图

（7）其他的图形设置也可按照此方法进行。

柱形图优劣如下：

优势：柱状图利用柱子的高度反映数据的差异，肉眼对高度差异很敏感。

劣势：柱状图的局限在于只适用中小规模的数据集。

延伸图表：堆积柱状图、百分比堆积柱状图。不仅可以直观地看出每个系列的值，还能够反映出系列的总和，尤其是当需要看某一单位的综合以及各系列值的比重时，最适合使用。

二、制作条形图

适用场景：显示各个项目之间的比较情况，有和柱状图类似的作用。

数据源的公司销售收入表制作成条形图后如图 9-23 所示。

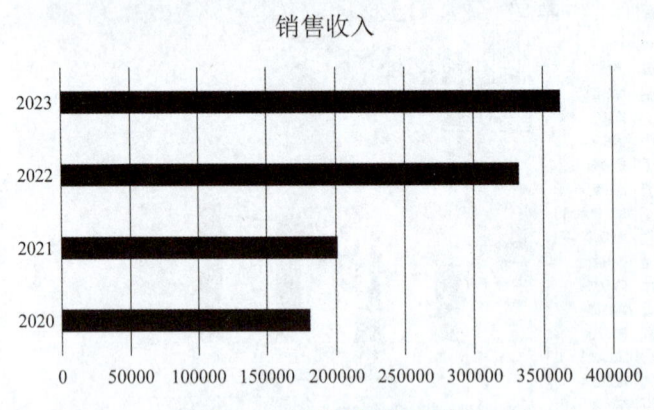

图 9-23　项目任务条形图

优势：每个条都清晰、直观地表示数据。

延伸图表：堆积条形图、百分比堆积条形图。

三、制作折线图

适用场景：折线图适合二维的大数据集，还适合多个二维数据集的比较。

数据源的公司销售收入表制作成折线图后如图 9-24 所示。

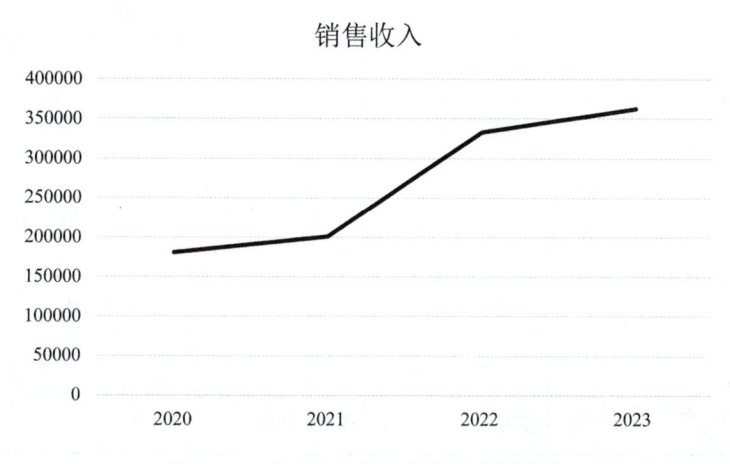

销售收入

图 9-24　公司销售收入表制作成折线图

优势：容易反映出数据变化的趋势。

四、制作面积图

适用场景：强调数量随时间而变化的程度，也可用于引起人们对总值趋势的注意。公司销售收入表制作成面积图后如图 9-25 所示。

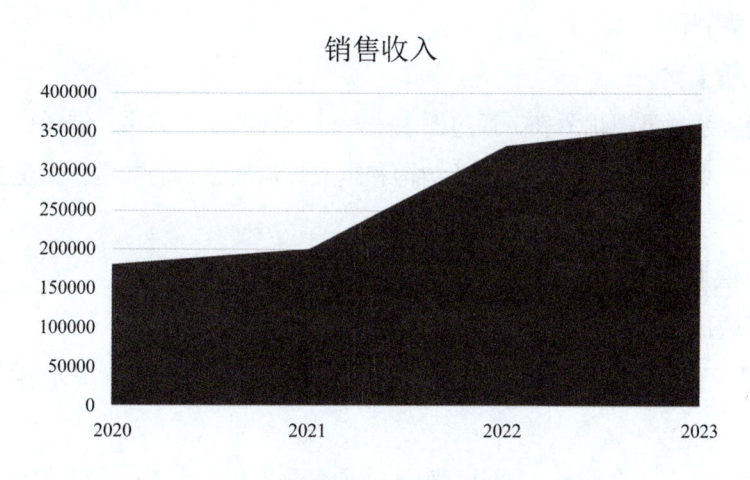

销售收入

图 9-25　公司销售收入表制作成面积图

延伸图表：堆积面积图、百分比堆积面积图还可以显示部分与整体之间（或者几个数据变量之间）的关系。

【任务考核/评价】

理解并能运用反映发展趋势的可视化图表，能依据适用的公司销售数据，正确制作出柱状图、条形图、折线图和面积图。

任务考核/评价

任务名称	考核点	建议考核方式	评价标准		
^	^	^	优	良	及格
任务一 反映发展趋势的可视化图表	制作出柱状图	分组与讨论、实操考核	分组与讨论及操作态度认真	有参与分组与讨论及操作	极少参与分组与讨论及操作
^	制作出条状图	分组与讨论、实操考核	分组与讨论及操作态度认真	有参与分组与讨论及操作	极少参与分组与讨论及操作
^	制作出折线图	分组与讨论、实操考核	分组与讨论及操作态度认真	有参与分组与讨论及操作	极少参与分组与讨论及操作
^	制作出面积图	分组与讨论、实操考核	分组与讨论及操作态度认真	有参与分组与讨论及操作	极少参与分组与讨论及操作

任务二　反映比例关系的可视化图表

【任务描述】

公司安排小商完成数据分析后的数据可视化的岗前培训任务。在小商完成了数据分析前期准备工作之后，公司安排小商进行商品业务板块的数据可视化工作，完成反映比例关系的可视化图表制作。

【任务分析】

反映比例关系的可视化图表，通过图表来反映事物的比例关系，展示比例关系的可视化图表是通过大小、长短等反映事物的结构和组成，从而让人们知道什么是主要的，什么是次要的。

【相关知识】

常见的反映比例关系的图表有饼图、旭日图、瀑布图等。

（1）饼图：讲一个圆饼分为几份，用于反映事物的构成情况，显示各个项目的大小比例。

（2）旭日图：有多个圆环，可以直观地展示事物组成部分下一层次的构成情况。

（3）瀑布图：采用绝对值与相对值结合的方式，表达特定数值之间的数量变化关系，最终展示一个累计值。

【任务实施】

本任务就是要完成反映比例关系的可视化图表，包括完成饼图、旭日图、瀑布图的制作。数据源的公司业务员销售量相关表见表9-3和表9-4，针对此数据分别制作饼图、瀑布图和旭日图。

表 9-3　公司业务员销售量表

业务员	销售量
小明	10
李四	20
王五	25
赵六	15
小李	35

一、制作饼图

饼图是指将一个圆饼分为若干份，用于反映事物的构成情况，显示各个项目的大小或比例的图。饼图适合展现简单的比例，可在不要求精细数据的情况下使用。公司业务员销售量比例如图 9-26 所示。

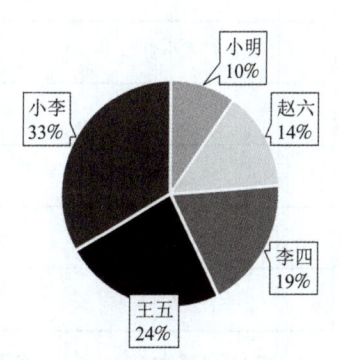

适用场景：显示各项的大小与各项总和的比例。适用简单的占比比例图，在不要求精细数据的情况下适用。

优势：明确显示数据的比例情况，尤其适合渠道来源等场景。

劣势：肉眼对面积大小不敏感。

图 9-26　公司业务员销售量比例

二、制作瀑布图

适用场景：采用绝对值与相对值结合的方式，适用于表达数个特定数值之间的数量变化关系，最终展示一个累计值。公司业务员销售量瀑布图如图 9-27 所示。

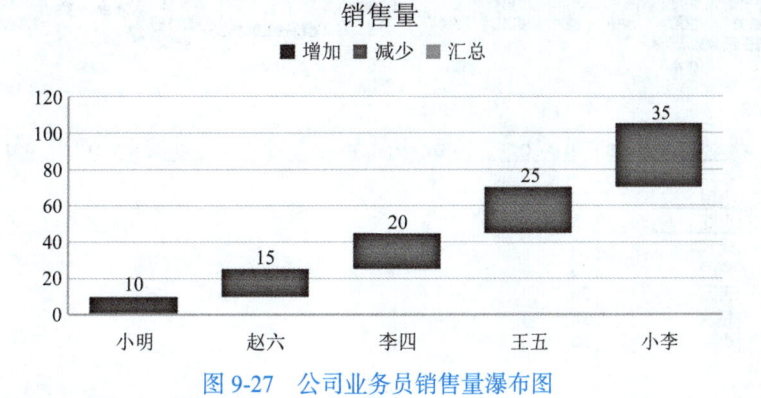

图 9-27　公司业务员销售量瀑布图

优势：展示两个数据点之间的演变过程，还可以展示数据是如何累计的。

劣势：没有柱状图、条形图的使用场景多。

三、制作旭日图

适用场景：旭日图可以表达清晰的层级和归属关系，以父子层次结构来显示数据构成情况，便于细分溯源分析数据，真正了解数据的具体构成。

比如，给数据源的公司业务员销售量加上等级，可以制作旭日图，见表 9-4。

表 9-4 公司业务员销售量和等级表

业务员	等级	销售量
小红	C	5
张三	C	8
小明	B	10
赵六	B	15
李四	A	20
王五	A	25
小李	A	35

旭日图是 Excel 2016 或更高版本的功能，它与饼图类似，但是比饼图效果好一些，展示效果更加突出。

旭日图的制作方法/步骤如下：

（1）新建一个 Excel 表格输入数据，或者对原有数据表格按照图 9-28 中的示例进行修改。

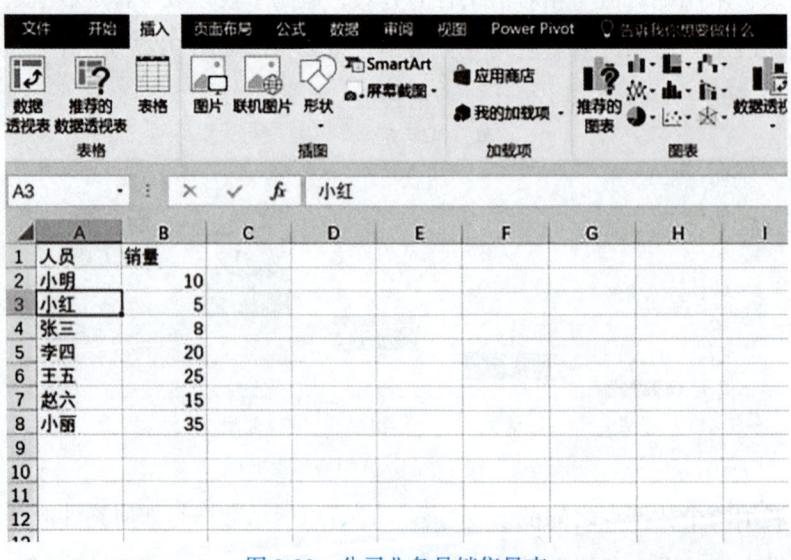

图 9-28 公司业务员销售量表

（2）在工具栏依次单击"插入""所有图表"，图表样式选择"旭日图"，如图 9-29 所示。

图 9-29　依据公司业务员销售量制作旭日图

（3）单击"确定"，生成一张旭日图。由于旭日图中间是空白效果，这样更能突出周边色块区域，如图 9-30 所示。

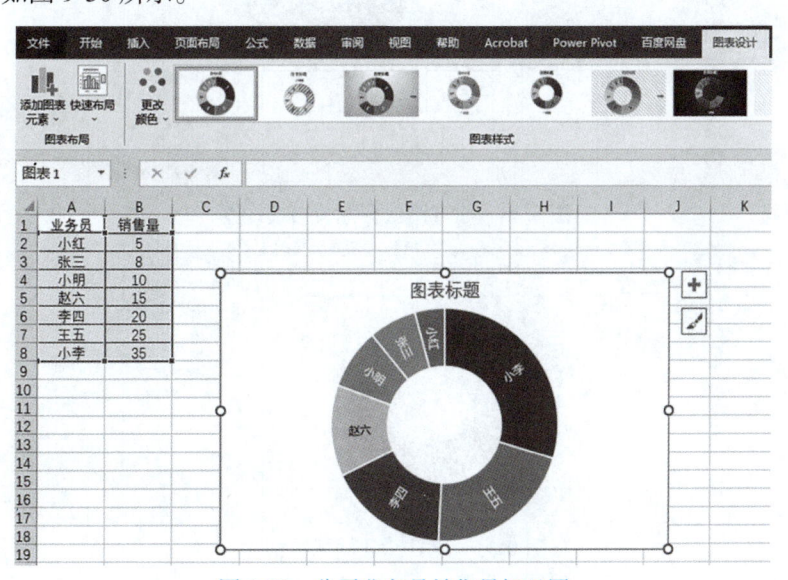

图 9-30　公司业务员销售量旭日图

（4）此时生成的旭日图的内容有些单调，可以"添加数据标签"，数据标签的内容可以根据实际需要选择，如图 9-31～图 9-33 所示。

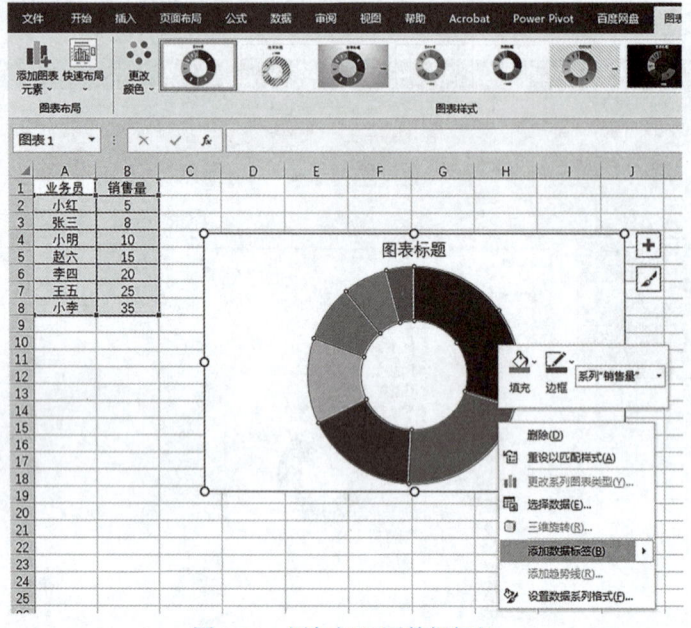

图 9-31　添加旭日图数据标签

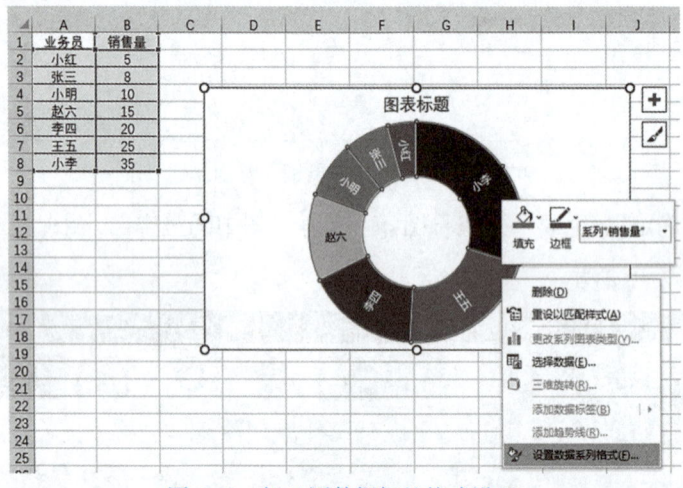

图 9-32　旭日图数据标签格式设置

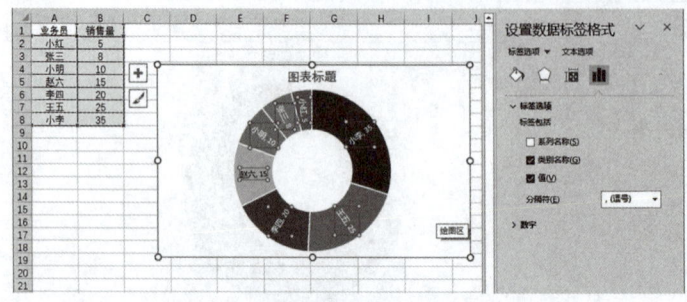

图 9-33　旭日图数据标签格式

（5）在此基础上，可以对图表进行美化，调整图表大小，选择与背景色相符合的字体颜色，如图 9-34 所示。

（6）旭日图与饼图最大的区别在于设计双层图的时候操作难度很低，只需要在数据源首列之前插入一列即可。按表 9-4 中的项目制作出的旭日图如图 9-35 所示。

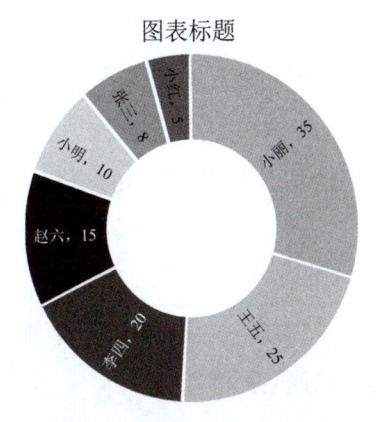

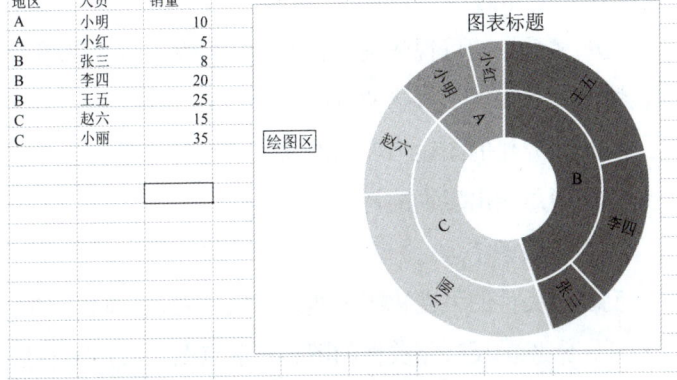

图 9-34　公司业务员销售量旭日图效果

图 9-35　公司业务员销售量和等级旭日图

注意事项：

做旭日图数据分层不宜过多，一般三层就可以了，必须用 Excel 2016 或更高版本才可以操作，之前的版本虽然可以实现，但是需要借助函数等形式，相对复杂一些。

优势：分层看数据很直观，逐层下钻看数据。

【任务考核/评价】

理解并能运用反映比例关系的可视化图表，能依据适用场景，正确制作出饼图、瀑布图、旭日图。

任务考核/评价

任务名称	考核点	建议考核方式	评价标准			
			优	良	及格
任务二　反映比例关系的可视化图表	制作出饼状图	分组与讨论、实操考核	分组与讨论、操作态度认真	有参与分组与讨论及操作	极少参与分组与讨论及操作
	制作出瀑布图	分组与讨论、实操考核	分组与讨论、操作态度认真	有参与分组与讨论及操作	极少参与分组与讨论及操作
	制作出旭日图	分组与讨论、实操考核	分组与讨论、操作态度认真	有参与分组与讨论及操作	极少参与分组与讨论及操作

任务三　反映相关性和差异性的可视化图表

【任务描述】

公司安排小商完成数据分析后的数据可视化的岗前培训任务。在小商完成了数据分析前期准备工作之后，公司安排小商进行商品业务板块的数据可视化工作，完成反映相关性和差异性的可视化图表制作。

【任务分析】

反映相关性的可视化图表：展示相关性的可视化图表是通过图表来反映事物的分布或占比情况，从而展示事物的分布特征、不同维度间的关系等。

反映差异化的图表：展示差异化的可视化图表是通过对比来发现不同事物间的差异和差距，从而总结出事物的特征。

【相关知识】

反映相关性的可视化图表通过对比来发现不同事物间的差异和差距，从而总结出事物的特征，常见的反映相关性的图表有散点图、气泡图、热力图、词云图等。

（1）散点图：散点图表示因变量随自变量而变化的大致趋势，据此可以选择合适的函数对数据点进行拟合。

（2）气泡图：可用于展示三个变量之间的关系。

（3）热力图：以特殊高亮的形式显示访客热衷的页面区域和访客所在地理区域的图示。

（4）词云图：可描述事物的主要特征，能够让人一眼看出一个事物的主要特征，越明显的特征越要凸出显示。

展示差异化的可视化图表是通过对比来发现不同事物间的差异和差距，从而总结出事物的特征。常见的反映差异化的图表是雷达图。

（5）雷达图：主要展现事物在各个维度上的分布情况，从而可以反映事物在什么方面强、什么方面弱。

【任务实施】

本任务就是要完成反映相关性和差异性的可视化图表，包括完成散点图、气泡图、热力图、词云图等的制作。完成差异化的可视化图表，包括雷达图等。

一、制作散点图

适用场景：显示若干数据系列中各数值之间的关系，类似 x 轴和 y 轴，判断两变量之间是否存在某种关联。散点图适用于三维数据集，但其中只有两维需要比较。

【案例1】

比如，公司各月的销售量见表9-5。

表9-5 公司各月的销售量表

月份	销售量
1	1.7
2	3.5

续表

月份	销售量
3	5
4	6.7
5	7.9
6	9.2
7	9.8
8	8.6
9	7.7
10	6.8
11	5.5
12	4.9

公司各月的销售量散点图如图9-36所示。

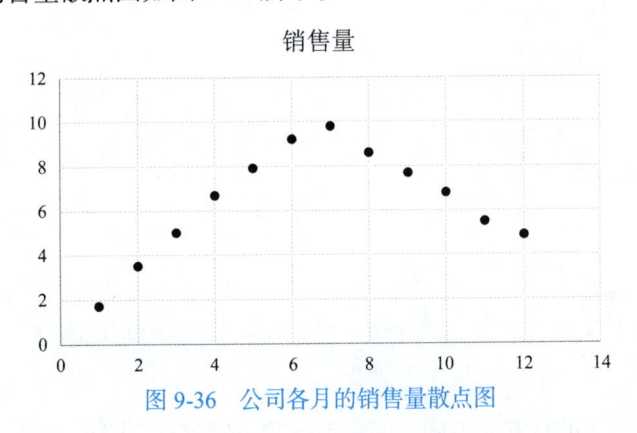

图9-36 公司各月的销售量散点图

【案例2】

在职场中可以用散点图进行相关性数据表达，让数据表达得更加清晰，我们可以用下面的方式实训制作散点图。

实训制作散点图的方法/步骤如下：

（1）打开所要制作散点图的数据表（表9-6），具体可见数据源。

表9-6 制作散点图的数据表

（2）选择所要制作散点图的相关数据，如图9-37所示。

（3）选择完数据后，单击菜单栏中的插入，插入子菜单栏中的散点图，如图9-38所示。

（4）单击散点图后再单击所需要选择的散点图类型，如图 9-39 所示。

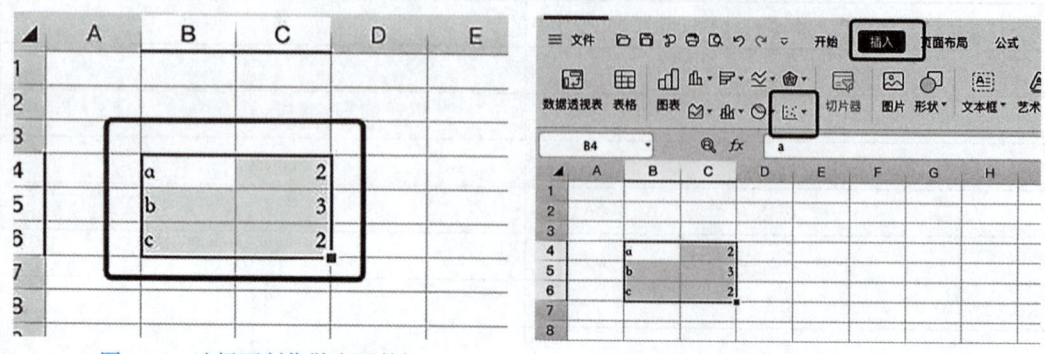

图 9-37　选择要制作散点图数据　　　　图 9-38　插入子菜单栏中的散点图

（5）单击所需要的散点图类型后，完成散点图制作，如图 9-40 所示。通过散点图可查看数据变化。

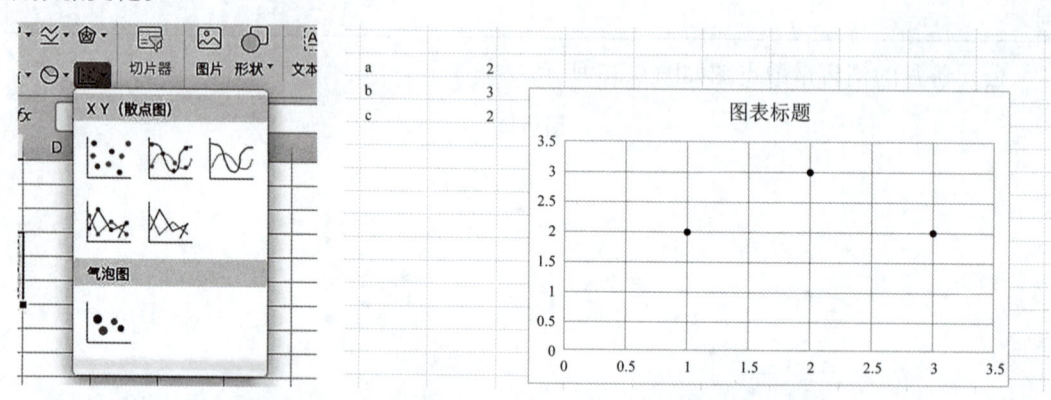

图 9-39　选择散点图类型　　　　图 9-40　完成散点图制作

注意事项：

注意选择制作图表的数据，不同的图表反馈的数据重点不同。

优势：对于处理值的分布和数据点的分簇，使用散点图都很理想。如果数据集中包含非常多的点，那么散点图便是最佳图表类型。

劣势：在点状图中显示多个序列看上去非常混乱。

延伸图表：气泡图（调整尺寸大小就变成气泡图了）。

二、制作气泡图

适用场景：气泡图可以直观展示三个变量之间的关系。比如，数据源的公司各月的销售量与贡献占比，如表 9-7 所示。

表 9-7　公司各月的销售量与贡献占比

月份	销售量	贡献占比
1	1.7	2.20%
2	3.5	4.53%

续表

月份	销售量	贡献占比
3	5	6.47%
4	6.7	8.67%
5	7.9	10.22%
6	9.2	11.90%
7	9.8	12.68%
8	8.6	11.13%
9	7.7	9.96%
10	6.8	8.80%
11	5.5	7.12%
12	4.9	6.34%

利用公司各月的销售量与贡献占比数据制作散点图，如图 9-41 所示。

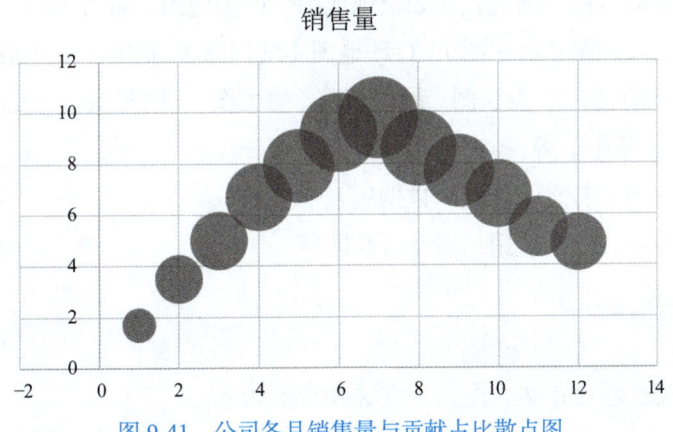

图 9-41 公司各月销售量与贡献占比散点图

三、制作雷达图

雷达图是反映差异化的可视化图表。

适用场景：雷达图适用于多维数据（四维以上），且每个维度必须可以排序，数据点一般为 6 个左右，如果太多，则辨别起来有一定困难。

比如，利用前面举例的表 9-1 我国四大地理区域 2022 年和 2023 年的销售数据制作雷达图，如图 9-42 所示。

优势：主要用来了解公司各项数据指标的变动情形及其好坏趋向。

劣势：理解成本较高。

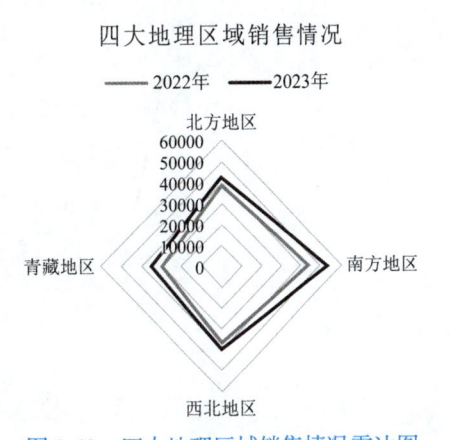

图 9-42 四大地理区域销售情况雷达图

【任务考核/评价】

理解并能运用反映相关性和差异性的可视化图表，能依据适用场景，正确制作出散点图、气泡图和雷达图。

任务考核/评价

任务名称	考核点	建议考核方式	评价标准 优	评价标准 良	评价标准 及格
任务三 反映相关性和差异性的可视化图表	制作出散点图	分组与讨论、实操考核	分组与讨论及操作态度认真	有参与分组与讨论及操作	极少参与分组与讨论及操作
	制作出气泡图	分组与讨论、实操考核	分组与讨论及操作态度认真	有参与分组与讨论及操作	极少参与分组与讨论及操作
	制作出雷达图	分组与讨论、实操考核	分组与讨论及操作态度认真	有参与分组与讨论及操作	极少参与分组与讨论及操作

【拓展训练】

制作反映空间关系和工作流程关系的可视化图表。

反映空间关系的可视化图表，比如全球地图、中国地图、省市地图、街道地图、地理热力图等。比如行政地图（面积图）、行政地图（气泡图）、地图图表（根据经纬度，可做区域、全国甚至全球地图）、点状图、地图图表（热力图）、地图图表（散点图）、地图图表（地图＋柱状/饼图/条形）等。

适用场景：适用于有空间位置的数据集。

优劣势：在特殊状况下使用，涉及行政区域。

一、制作热力图

实训内容为怎么看城市热力图。其方法和步骤如下：

（1）首先，打开微信，单击支付，如图 9-43 所示。

（2）其次，单击城市服务并进入，如图 9-44 所示。

图 9-43　选择微信支付

图 9-44　单击进入城市服务

(3)这时，在搜索框中搜索热力图，如图9-45所示。

(4)单击进入城市热力图，如图9-46所示。

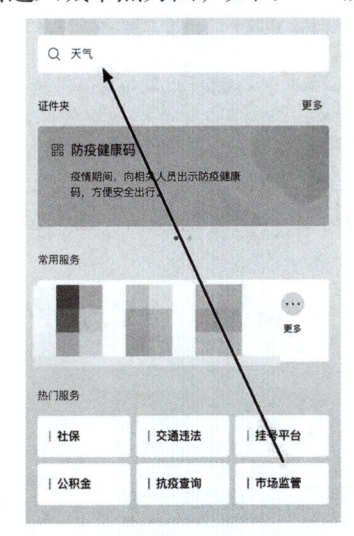

图9-45　搜索框中搜索热力图　　　　图9-46　单击进入城市热力图

(5)最后，就可以看到城市热力图了。

二、制作漏斗图

漏斗图是可反映工作流程的可视化图表。

适用场景：漏斗图适用于业务流程多的流程分析，显示各流程的转化率。

漏斗图是一种像漏斗一样的图表（图9-47），是数据分析最常见的工具之一，用来描述业务的各个过程，衡量业务各个环节的表现。

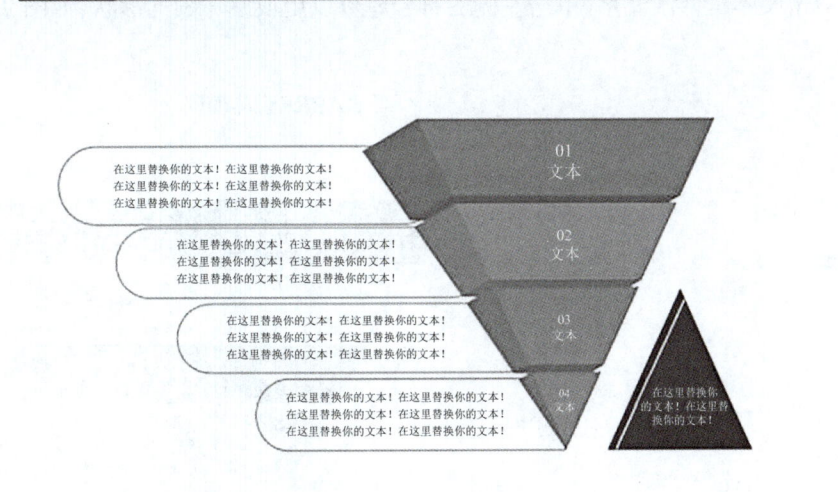

图9-47　反映工作流程的漏斗图

本次实训采用的工具是亿图图示,其方法和步骤如下:

(1)百度使用的是亿图图示软件,也可以打开百度网页搜索亿图图示在线软件,如图9-48所示。

图9-48 使用亿图图示在线软件

(2)依次单击"图形表格"→"市场分析"→"漏斗图",任意选择一个模板打开,如图9-49所示。

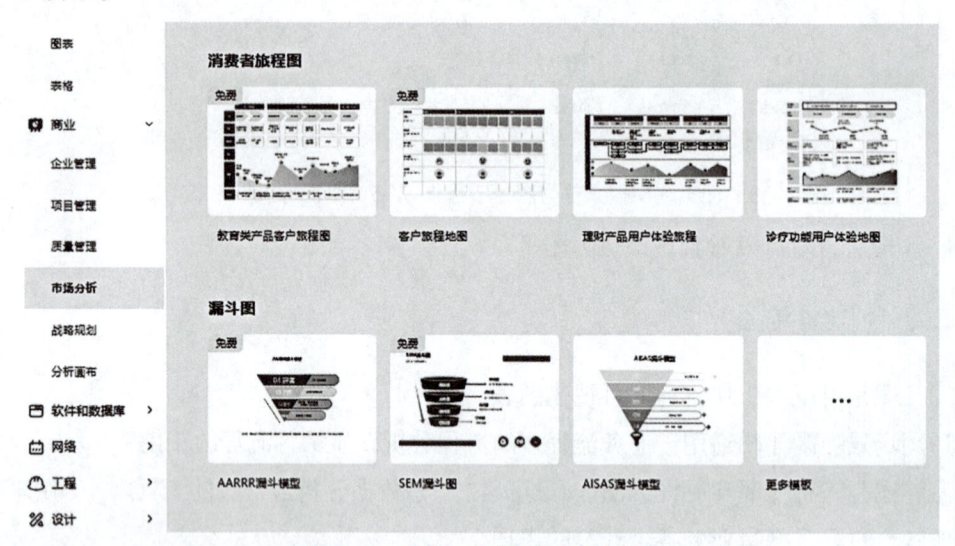

图9-49 选择一个模板打开漏斗图

(3)双击文本框修改文字,单击左侧的符号库可以更换漏斗图的形状,如图9-50所示。

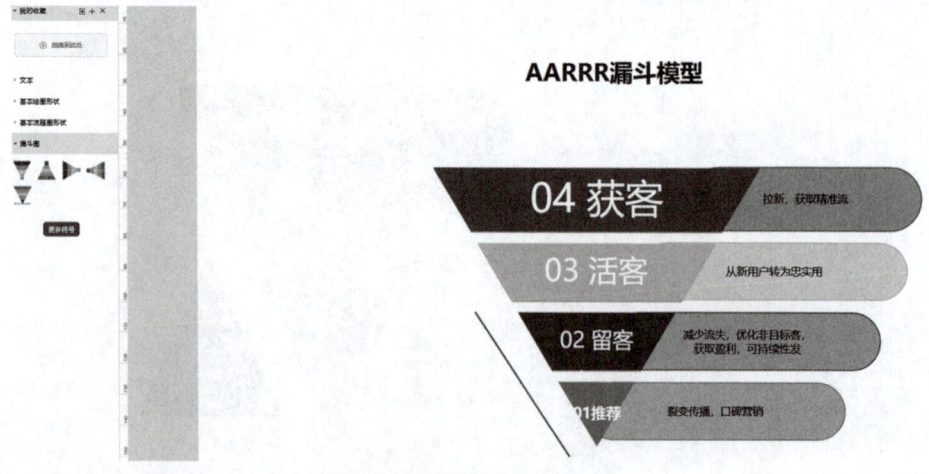

图9-50 更换漏斗图的形状

(4)单击画布中的漏斗图,再单击右侧的属性面板的数据符号,点击图标数据修改数值，也可以一键导入 Excel 的数据文件，如图 9-51 所示。

（5）完成漏斗图的绘制，单击左上角的保存即可，也可以将作品导出为图片（图 9-52）、PDF、Word、Excel 等格式。

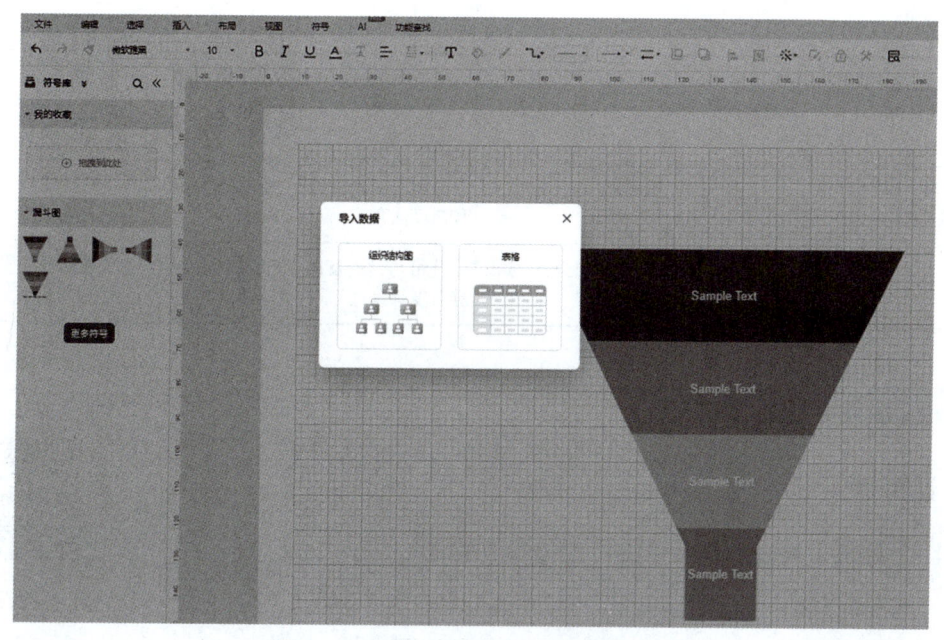

图 9-51　可以一键导入 Excel 数据文件

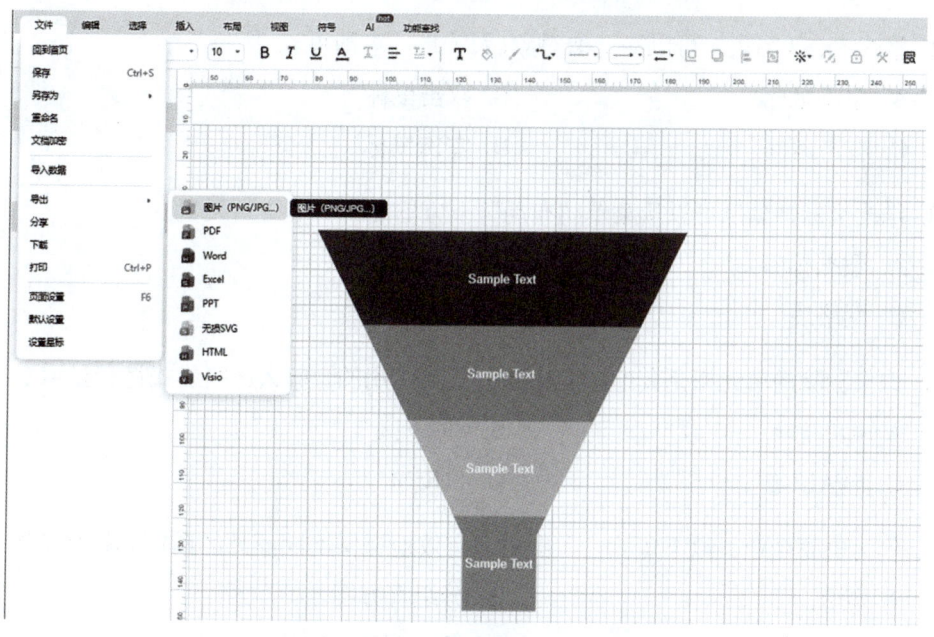

图 9-52　完成并保存漏斗图的绘制

优势：在网站分析中，漏斗图通常用于比较转化率，它不仅能展示用户从进入网站到实现购买的最终转化率，还可以展示每个步骤的转化率，能够直观地发现和说明问题所在。

劣势：单一漏斗图无法评价网站某个关键流程中各步骤转化率的好坏。

【任务考核/评价】

理解并能运用反映空间关系和工作流程关系的可视化图表，能依据适用场景，正确制作出热力图和漏斗图。

任务考核/评价

任务名称	考核点	建议考核方式	评价标准		
			优	良	及格
反映空间关系和工作流程关系的可视化图表	制作出热力图	分组与讨论、实操考核	分组与讨论及操作态度认真	有参与分组与讨论及操作	极少参与分组与讨论及操作
	制作出漏斗图	分组与讨论、实操考核	分组与讨论及操作态度认真	有参与分组与讨论及操作	极少参与分组与讨论及操作

【测一测】

一、选择题

1. 下列属于反映比例关系的可视化图表的是（　　）。
   A. 旭日图　　　　　　　B. 散点图
   C. 热力图　　　　　　　D. 气泡图

2. 修改 Excel 图表，可以在选取对象后，（　　）即可。
   A. 单击鼠标　　　　　　B. 双击鼠标
   C. 右击鼠标　　　　　　D. 左击鼠标

3. 修改坐标轴刻度可以从菜单"布局"下方的（　　）进行设置。
   A. 数据标签　　　　　　B. 坐标轴
   C. 网络线　　　　　　　D. 刻度线

4. 如果删除的单元格是其他单元格的公式所引用的，那么这些公式将会显示（　　）。
   A. #######　　　　　　B. #REF!
   C. #VALUE!　　　　　　D. #NUM

5. 作为电商企业，以下（　　）图可以有效地提供不同商品的销售和趋势情况。
   A. 饼图　　　　　　　　B. 分组直方图
   C. 气泡图　　　　　　　D. 条形图和线图的组合图

6. 打开 Excel 2010，在工作表中用"图表向导"创建图表时，第一个对话框是让用户选择（　　）。
   A. 正确的数据区域引用及数据系列产生在"行"或"列"

B. 所生成图表的位置是嵌入在原工作表还是新建一图表工作表

C. 图表类型

D. 图表标题的内容及指定分类轴、数据轴

7. 下列属于基本图表的是（　　）。

A. 瀑布图　　　　　　　　B. 滑珠图

C. 漏斗图　　　　　　　　D. 折线图

二、多选题

1. 在 Excel 中，下列修改三维图表仰角和转角的操作中正确的有（　　）。

A. 用鼠标直接拖动图表的某个角点旋转图表

B. 鼠标右键单击绘图区，可以从弹出的快捷菜单中选择"设置三维视图格式"命令打开"设置三维视图格式"对话框，从对话框中进行修改

C. 双击系列标识，可以弹出"三维视图格式"对话框，然后可以进行修改

D. 以上操作全部正确

2. 迷你图是 Excel 工作表单元格中的微型图表，包括（　　）。

A. 折线图　　　　　　　　B. 盈亏图

C. 气泡图　　　　　　　　D. 柱形图

3. 以下为 Excel 中提供的标准类型图表的是（　　）。

A. 柱形图　　　　　　　　B. 饼图

C. 雷达图　　　　　　　　D. 数据流程图

三、判断题

1. 雷达图又称为蜘蛛网图，是财务分析报表的一种。（　　）

2. 利用窗体控件不需要代码就能创建动态图表，在图表上完成数据切换。（　　）

3. 当数据中同时包含正负数值时，数据点会默认显示在横坐标的两侧，横坐标轴也会位于图表绘图区域的内部，影响图表显示数据。（　　）

4. 饼图一般用于显示数据系列中各项的大小与各项总和的比例，饼图中的数据点显示为整个饼图的百分比。（　　）

5. 当条形图数据系列的列数过多时，可以插入图表分界线将图表分为两部分，使图表表达数据更加清晰。（　　）

四、简答题

1. 可视化的定义是什么？

2. 数据可视化的意义是什么？

3. 数据可视化流程是什么？

4. 反映比例关系的可视化图表有哪些，各起到什么作用？

5. 如何将多个图表连为一个整体？

项目十

商务数据分析报告的撰写

【项目介绍】

撰写数据分析报告，是商务数据分析后期的重要步骤。数据分析报告其实是对整个数据分析过程的一个总结与呈现。通过报告，把数据分析的起因、过程、结果及建议完整地呈现出来，以供决策者参考。所以数据分析报告是通过对数据全方位的科学分析来评估企业运营质量（或项目操作可行性），为决策者提供科学、严谨的决策依据，以降低企业运营（或项目操作）风险，提高企业运营（或项目操作）核心竞争力。

若要写出一份好的商务数据分析报告，需要做到以下几个方面：

首先，需要有一个好的分析框架，并且层次明晰，图文并茂，能够让读者一目了然。结构清晰、主次分明可以使读者正确理解报告内容。图文并茂，可以令数据更加生动直观，提高视觉冲击力，有助于读者更形象、直观地看清楚问题和结论，从而引发思考。

其次，需要有明确的结论。没有明确结论的分析称不上分析，同时也失去了报告的意义，因为最初就是为寻找或者求证一个结论才进行分析的，所以千万不要舍本求末。

最后，一定要有建议或解决方案。决策者需要的不仅仅是找出问题，更重要的是给出建议或解决方案，以便他们在决策时参考。所以，数据分析师不光需要掌握数据分析方法，而且还要了解和熟悉业务，这样才能根据发现的业务问题，提出具有可行性的建议或解决方案。

【项目目标】

1. 熟悉商务数据分析报告的主要内容；
2. 掌握商务数据分析报告的撰写方法；
3. 能够根据数据分析过程，提出合理化建议；
4. 能够撰写一份完整的商务数据分析报告。

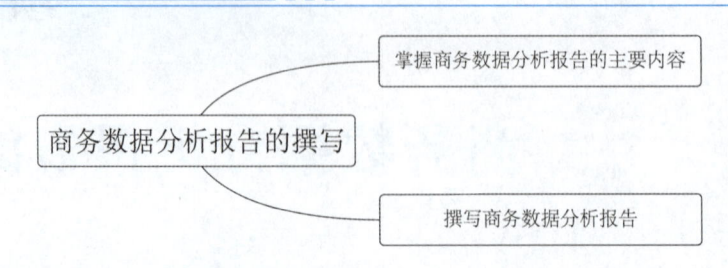

【思维导图】

商务数据分析报告的撰写
- 掌握商务数据分析报告的主要内容
- 撰写商务数据分析报告

【案例导入】

A 公司为了扩大销售份额，计划利用互联网开设一个网店。但开设网店条件成熟吗？销售什么产品为主？行情如何？产品是否有优势？预期产品销量如何？在哪个平台上开设网店？等等问题困扰着该公司的销售主管。于是，该公司找到了专业的商务数据分析团队，希望商务数据分析专业团队可以为他们进行调研和数据采集整理，并制作一份商业数据分析报告。

商务数据分析专业团队接到任务后，深入了解该公司的意图，并进行市场数据采集和处理，通过数据分析后，得出数据分析结论，根据结论，有针对性地为该公司提出合理化建议，并撰写了商业数据分析报告，为该公司的网店开设和发展提供了决策参考依据。

任务一　掌握商务数据分析报告的主要内容

撰写商务数据分析报告，是否需要遵循一定的惯例呢？答案是肯定的。

（1）商务数据分析报告要有一个好的框架，跟盖房子一样，好的分析肯定是有基础、有层次的，有基础坚实且层次明了才能让阅读者一目了然，这样才让人有读下去的欲望。

（2）每个分析都有结论，而且结论一定要明确，如果没有明确的结论那分析就不是分析了，也失去了分析本身的意义，所以千万不要忘本舍果。

（3）分析结论不要太多，而要精，通过数据采集和数据分析就是发现问题，通过数据分析就需要得出简单扼要的结论和合理化建议，精简的结论和建议也容易让阅读者接受，减少重要阅读者（通常是事务繁多的领导，没有太多时间看很多内容）的阅读心理门槛，如果阅读者因看到问题太多，结论太繁，不读下去，一百个结论也等于零了。

（4）数据分析的结论和建议一定要基于紧密严禁的数据分析推导过程，不要有猜测性的结论，更不要盲目凭空想象地给建议，太主观的结论没有说服力，如果一个结论连得出者自己都没有肯定的把握就不要拿出来误导别人了。

（5）好的数据分析要有很强的可读性，这里是指易读度。每个人都有自己的阅读习惯和思维方式，写东西的人总会按照自己的思维逻辑来写，觉得写得很明白，那是因为整个分析过程是自己做的，别人不一定如此了解。要知道阅读者往往只会花 10 分钟以内的时间来阅读，所以要考虑和分析目标阅读者是谁？他们最关心什么？必须站在读者的角度去写这个数据分析报告，必须把分析过程和结论以及建议等写清楚，让人一目了然。

（6）数据分析报告必须图文并茂，多用图表来展示，用图表代替大量堆砌的数字会有助于人们更形象更直观地看清楚问题和结论。当然，图表也不要太多，过多的图表一样会让人无所适从。

（7）好的数据分析报告一定要有逻辑性，要明确数据分析报告的目标、报告的制作流程、数据采集的来源、数据的展示、数据的分析过程，以及最后得出结论和建议，通过结论和建议，给企业一个精准的数据决策依据，为企业提供解决问题的建议。这样一个流程下来，逻辑性强的分析报告也容易让人接受。

（8）好的数据分析一定是出自对产品（或服务）和市场的了解，做数据分析的产品经理本身一定要非常了解自己所分析的产品，如果连分析对象的基本特性都不了解，分析出来的结论肯定是空中楼阁了，无根之木如何叫人信服。在对企业产品有充分了解的同时，深入调研采集市场第一手数据，最后的数据分析才会更充分和有说服力。

（9）好的数据分析一定要基于可靠的数据源，其实很多时候收集数据会占据更多的时间，包括规划定义数据、协调数据上报、提取正确的数据或者建立良好的数据体系平台，最后才在收集的正确数据基础上做分析，既然一切都是为了找到正确的结论，就要保证收集到的数据的正确性，否则一切都将变成误导别人的努力。

（10）好的数据分析报告一定要有解决方案和建议方案，既然很努力地去了解了产品并在了解的基础上做了深入的分析，那么这个过程就决定了你可能比别人都更清楚地发现了问题和问题产生的原因，那么在这个基础之上提出的建议和得出的结论也会更有意义。

（11）不要害怕或回避"不良结论"，数据分析就是为了发现问题，并为解决问题提供决策依据的，发现问题也是你的价值所在，发现问题，在缺陷和问题造成重大失误前解决它就是分析的价值所在了。

（12）不要创造太多难懂的名词，当然如果无可避免地要写一些名词，最好要有让人易懂的"名词解释"。

（13）最后，要感谢那些为这份分析报告付出努力做出贡献的人，包括那些上报或提取数据的人，那些为产品作出支持和帮助的人，肯定和尊重伙伴们的工作才会赢得更多的支持和帮助。

一份完整的商务数据分析报告，应该包含以下七方面内容，这七个方面分别是公司简介（项目简介）、报告目标、制作流程、数据来源、数据展示、数据分析、结论与建议。

1. 公司简介（项目简介）

公司简介通常是对一个企业或者组织的基本情况的简要说明。一般情况下，在商务数据分析报告撰写公司简介时，首先需要说明公司的背景，例如公司性质和组成方式等，再从整体上介绍公司的经营范围、公司理念和公司文化等，然后再概括性地介绍公司的经营状态，最后撰写公司的未来发展方向或者现阶段的发展目标。

在公司简介初稿撰写完后，撰写报告的人员应该与公司负责人沟通，并请公司负责人对撰写的公司简介进行修改和把关。

公司简介一般包括：

（1）公司概况：这里面可以包括注册时间、注册资本、公司性质、技术力量、规模、员工人数和员工素质等。

（2）公司发展状况：公司的发展速度、有何成绩、有何荣誉称号等。

（3）公司文化：公司的目标、理念、宗旨、使命、愿景、寄语等。

（4）公司主营产品：性能、特色、创新、超前。

（5）销售业绩及网络：销售量、各地销售点等。

（6）售后服务：主要是公司售后服务的承诺。

2. 报告目标

在撰写商务数据分析报告时，需要撰写报告目标。报告目标主要是阐述企业（或项目）客户的疑虑，再针对客户的疑虑提出解决的办法。

例如：

A公司为了扩大销售份额，计划利用互联网开设一个网店。A公司关于开设网店主要存在两点疑虑：

（1）网店销售什么产品为主？

（2）在哪个平台上开设网店更适合？

针对A公司的需求，我们深入调研，进行数据采集和数据分析，得出结论和建议，供A公司参考使用。

3. 制作流程

商务数据分析报告制作流程的介绍，就是要写出制作报告的思路，概括出该报告撰写的步骤以及每个步骤所用到的方法。为了给企业呈现出更清晰的商业报告写作流程，我们以图文结合的方式，通过简短的文字说明，同时将重要步骤的介绍文字内容转换成流程图的模式来进行具体介绍，让客户有更直观的感受，如图10-1所示。

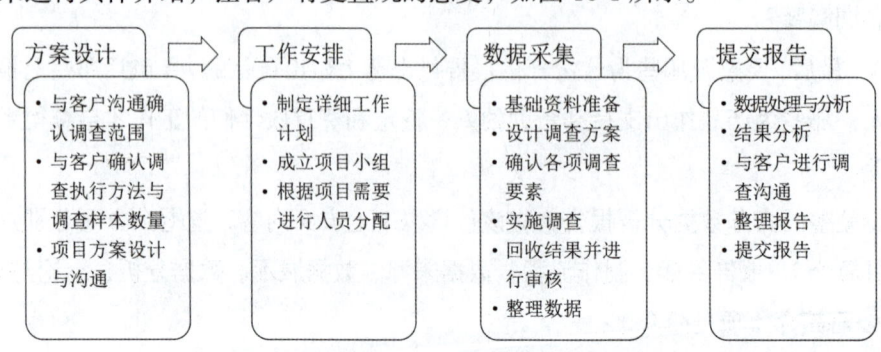

方案设计	工作安排	数据采集	提交报告
·与客户沟通确认调查范围 ·与客户确认调查执行方法与调查样本数量 ·项目方案设计与沟通	·制定详细工作计划 ·成立项目小组 ·根据项目需要进行人员分配	·基础资料准备 ·设计调查方案 ·确认各项调查要素 ·实施调查 ·回收结果并进行审核 ·整理数据	·数据处理与分析 ·结果分析 ·与客户进行调查沟通 ·整理报告 ·提交报告

图10-1 商务数据分析报告制作流程图

4. 数据来源

商务数据分析报告的数据来源这一栏，主要是要向客户说明该次商务数据分析报告的数据来自哪里，为什么要选择这些数据，这些数据是通过什么方式方法采集回来的。同时，客户企业也可以通过一定的渠道获取这些数据并甄别数据的有效性和真实性。例如 CRM 系统、生意参谋等渠道。

撰写商务数据分析报告，数据是第一要素，所谓巧妇难为无米之炊，在做数据采集的过程中，发现和挖掘有效可靠的数据源就成了一项关键工作。数据来源的渠道很广，既可以通过市场调研采集数据，也可以通过政府职能部门、各行业龙头企业或代表性数据平台等采集数据。图 10-2 所示就是部分权威性较高的数据来源网站。

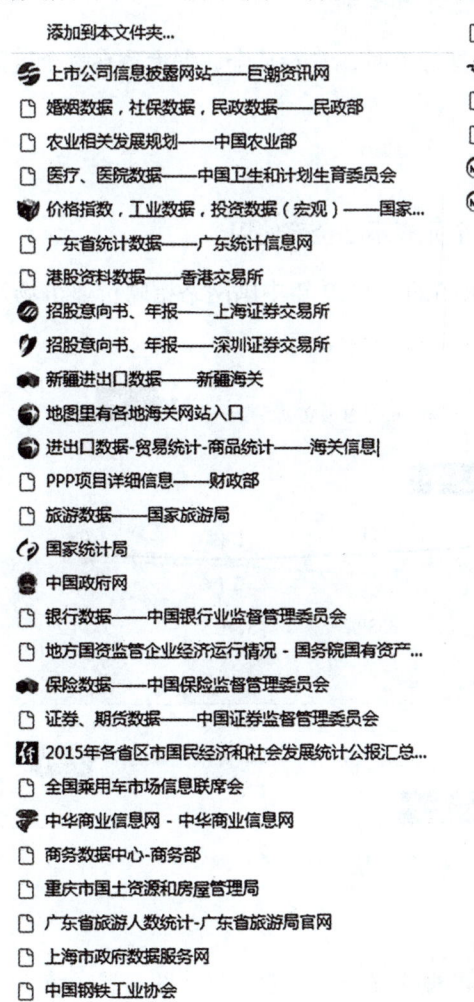

图 10-2 部分权威性较高的数据来源网站

5. 数据展示

这一部分的内容是需要将商务数据分析报告中所用到的数据展现出来。数据展示，既可以用表格形式展示，又可以用图表展示，也可以表格和图表并举，数据展示充分。

1）图表

图表的恰当使用，很多时候能够提升沟通效率、发现问题的速度和运营效率。

图表中的元素一般包括以下6项：

（1）图表标题：用于介绍图表的主题。清晰而准确的标题能够让读者第一时间清楚明了图表所要表达的意义。

（2）横轴、纵轴标题。

（3）类别名称。

（4）图例：用符号和颜色来区分图形里的不同类别。

（5）网格线，一般用于不显示准确的数据标签时，看看某个数据大致在哪个区间内。如果使用数据标签，一般会删掉网格线。

（6）数据来源：提升数据可信度。

一般而言，为了图表的简洁精练，这6个元素不必全部使用。

图10-3中的图表数据来源：艾瑞咨询出品的《2019年中国网络招聘行业市场发展半年报告（2019H1）》，数据周期：2019年1月—2019年6月。

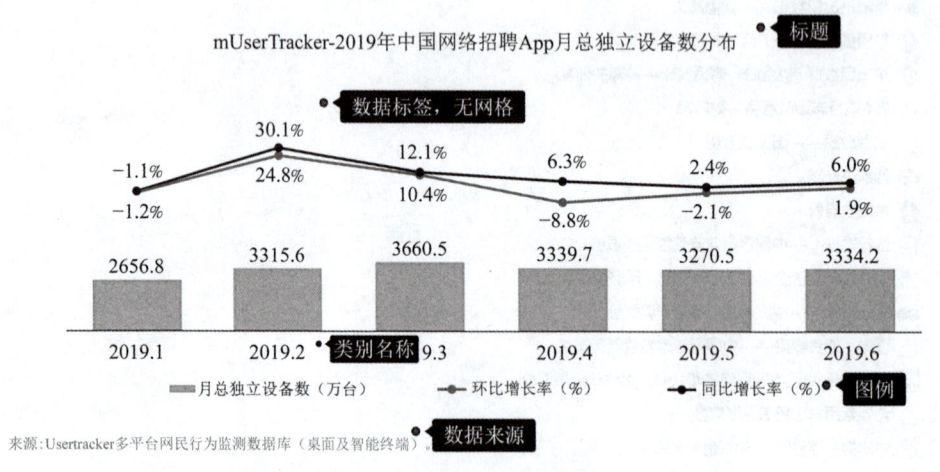

图10-3 2019年中国网络招聘行业市场发展半年报告

2）表格、矩阵

很多人其实不把表格当作可视化对象，可视化又叫作图表，就是图＋表。实际上，表格是应用最广泛的可视化对象，而且是在绝大多数情况下最为有效的可视化对象，如图10-4所示。

从表格中可以看出，2019年，金融行业和娱乐媒体的独角兽占了行业估值的前两名。

虽电子商务虽然独角兽数量遥遥领先，但是最近几年，抖音、快手等平台横空出世，撬动了大量的资金涌入，估值增长十分迅猛。

所以我们可以得出的数据结论是，当前毕业生想要找工作或者已工作人士想要进入一个新的行业，金融行业和娱乐媒体是最佳选择。

2019年中国独角兽数量最多的行业

行业	独角兽数量	总估值（十亿美元）	成为独角兽平均所花时间（年）
电子商务	33	62	5
金融科技	22	262	5
媒体和娱乐	17	123	6
物流	15	57	6
人工智能	15	30	4

图 10-4　直观的表格应用

3）三种常见的图形

图表中的图有非常多的种类，纷繁复杂，最常用的有折线图、柱状图、条形图。有不少图形都是从这三种基本类型演变而来的。在各种数据分析报告中，我们经常会看到以下三种图形。

（1）折线图。

对于时间序列的数据，我们一般采用折线图来可视化，按照从左到右日期逐渐增长的方式进行展示。

例如，根据 mUserTracker 监测的数据（图 10-5）显示，各招聘平台的月总有效时长差距较为明显，但 TOP2 招聘平台的整体变化趋势一致，都在 3 月达到最大值。同时，TOP1 平台前程无忧的月有效使用时间在 3 月与其他平台差距最大。整体来看，各招聘平台的用户规模相对稳定。BOSS 直聘在 2 月与猎聘拉开接近一倍的差距，稳居 TOP3。

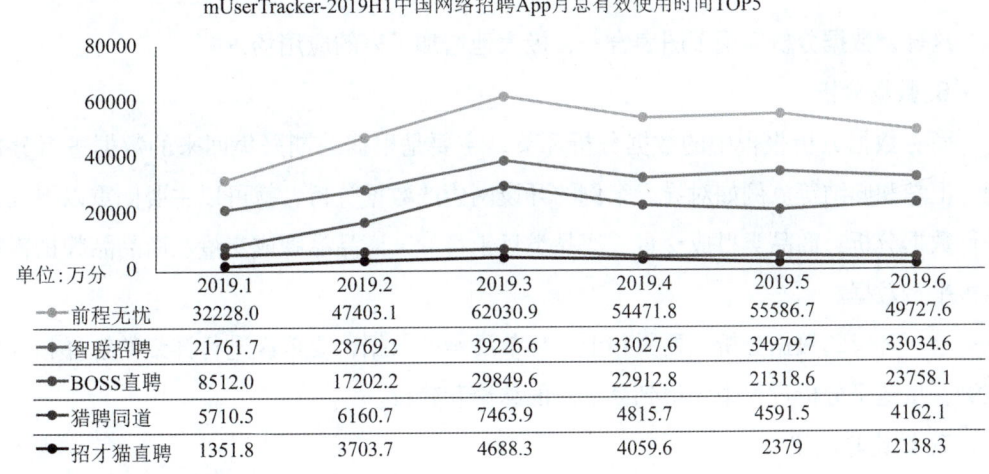

mUserTracker-2019H1中国网络招聘App月总有效使用时间TOP5

单位：万分

	2019.1	2019.2	2019.3	2019.4	2019.5	2019.6
前程无忧	32228.0	47403.1	62030.9	54471.8	55586.7	49727.6
智联招聘	21761.7	28769.2	39226.6	33027.6	34979.7	33034.6
BOSS直聘	8512.0	17202.2	29849.6	22912.8	21318.6	23758.1
猎聘同道	5710.5	6160.7	7463.9	4815.7	4591.5	4162.1
招才猫直聘	1351.8	3703.7	4688.3	4059.6	2379	2138.3

来源：Usertracker多平台网民行为监测数据库（桌面及智能终端）。

图 10-5　折线图

（2）柱状图。

柱状图一般和折线图配合起来使用，一个来表示总量，另一个表示增长率或者完成率等信息，如图 10-6 所示。

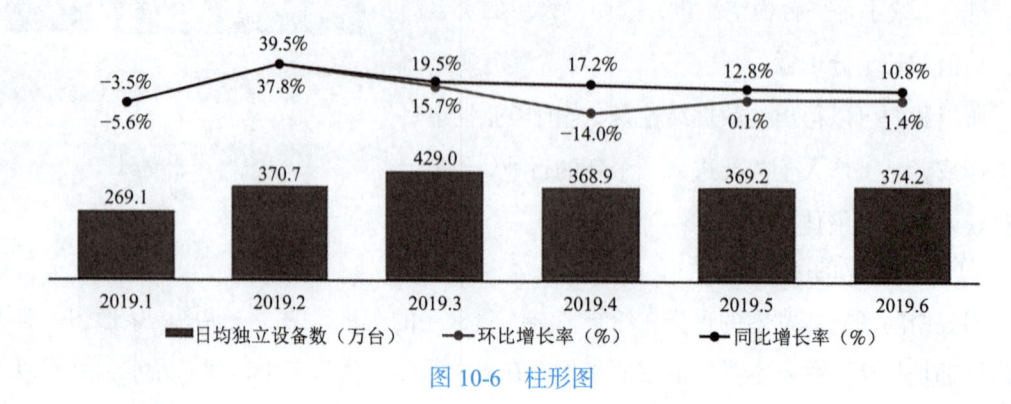

mUserTracker-2019年H1中国网络招聘App日均独立设备数分布

	2019.1	2019.2	2019.3	2019.4	2019.5	2019.6
日均独立设备数（万台）	269.1	370.7	429.0	368.9	369.2	374.2
环比增长率（%）	-5.6%	37.8%	15.7%	-14.0%	0.1%	1.4%
同比增长率（%）	-3.5%	39.5%	19.5%	17.2%	12.8%	10.8%

图 10-6　柱形图

（3）条形图。

条形图与水平柱状图很相似，只不过条形图一般并不是一个独立的可视化对象，而是放在矩阵或表中，如图 10-7 所示。

6月排名	较4月变化	应用名	市场渗透率（%）
1	-	微信	84.7%
2	-	QQ	73.8%
3	+1	手机淘宝	50.8%
4	-1	支付宝	50.4%
5	-	WiFi万能钥匙	44.1%
6	-	搜狗输入法	41.9%
7	-	腾讯视频	40.2%
8	-	爱奇艺	40.2%

图 10-7　条形图

这样，数据分析实现了图表合一，极大地增加了表的应用场景。

6. 数据分析

商务数据分析报告中的数据分析环节，主要是根据前期采集回来的数据进行分析处理、汇总和归纳等。例如对导入案例的开设网店的数据分析，就可以主要侧重以下五方面进行数据分析：商品类目成交量、商品类目销售额、商品品牌成交量、商品品牌销售额和销售平台数据。

这一环节的数据分析，要紧扣上一环节展示的数据，要依次进行详细的解释和合理的推测，从这个分析过程中，得到第七步的结论和建议。

7. 结论与建议

在商务数据分析报告结论与建议的撰写中，要从企业的诉求出发，为企业提供建议。例如导入案例的 A 公司想要知道在开设网店时，什么商品类目和品牌能有好的成交量或者好的销售额；选择哪个电商平台，例如淘宝和天猫，哪个具有更大的优势等。

结论与建议是企业最关注的重要内容之一，结论的得来，也是需要从前面采集的数据中分析得出，不是凭空创造的，因此，每一步都需要认真对待并付出努力。

【任务考核/评价】

理解和掌握商务数据分析报告撰写的规范要点和主要内容等。

任务考核/评价

任务名称	考核点	建议考核方式	评价标准		
			优	良	及格
任务一 掌握商务数据分析报告的主要内容	掌握商务数据分析报告的规范要点和主要内容等	分组与讨论同实操考核相结合。	态度认真、团队协作能力优秀，要点把握准确，内容详细	态度认真，主要内容和规范要点掌握较好	基本掌握规范要点和主要内容

任务二　撰写商务数据分析报告

本任务以制作导入案例 A 公司开设网店的商务数据分析报告为例，展示了一份完整的报告的制作过程。参考这份商务数据分析报告的撰写模式，掌握商务数据分析报告的撰写方法和要素，为日后撰写各类商务数据分析报告奠定坚实基础。

一、公司简介

● 公司品牌

立华公司是集销售和服务于一体的专业平板电脑经销商，产品包括平板电脑、MID、平板电脑电源、耳机等众多平板电脑品牌和平板电脑配件。

● 公司理念

立华公司具有专业的进货渠道，是众多平板电脑品牌的特约经销商。秉承"客户至上商品完美"的公司理念，立华公司已经在 20 个城市和地区开设实体店，为千万客户带来了高质量、高性价比的平板电脑及其配件。

● 立体渠道

针对更趋个性的新时代消费群，立华平板商城在原有 20 个城市地区中的实体店的基础上配备了完善的渠道营销网络和售后服务分支机构，为客户提供专业的售后服务。

● 线上销售

为了顺应网购的大潮流，2014 年立华公司进驻互联网，组建立华平板商城，打算在淘宝或者天猫上开设网上旗舰店，服务更多的客户。

二、报告目标

A 公司关于开设网店存在的疑虑主要有以下两方面（图 10-8）：

（1）主要销售什么商品？

（2）选择哪个电商平台开设网店？

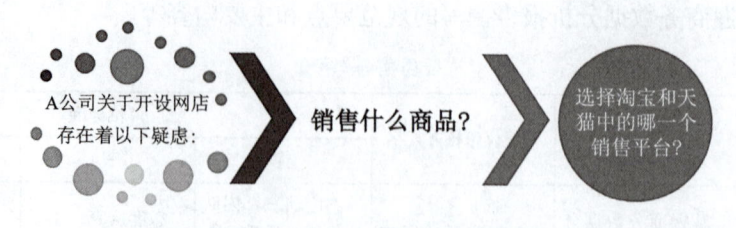

图 10-8　A 公司开设网店存在的两个疑虑

针对以上疑虑，商务数据分析专业团队经过深入调研和数据采集、数据分析，将提供商务数据分析报告供 A 公司参考。

三、制作流程

本报告的制作流程具体是数据分析流程，首先在淘宝和天猫两个平台上找到销售量前十的店铺，搜集这十家店铺销售的商品类目和品牌。再分别对各商品类目和品牌的成交量、销售额进行分析，找出最佳商品类目和平板电脑品牌，如图 10-9 所示。

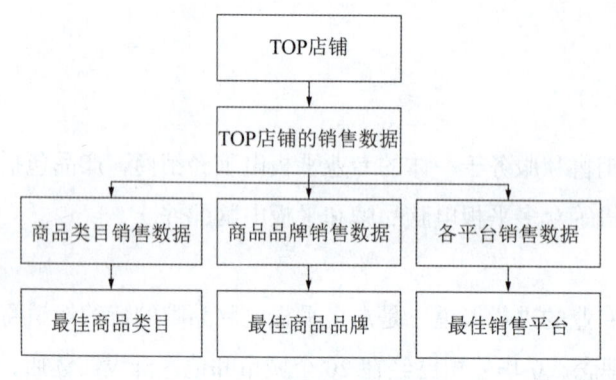

图 10-9　数据分析流程图

四、数据来源

由于立华公司网店的开设平台主要是阿里巴巴旗下的淘宝和天猫，所以相关数据来源可以从阿里巴巴的专业数据统计机构获得。

（1）因为立华公司想要在淘宝或者天猫上开店，所以制作商业报告时的数据主要来自淘宝和天猫这两个平台。

（2）淘宝和天猫两个平台中 TOP10 店铺中的商品类目和商品品牌数据。

（3）所使用的数据搜集工具如下：

①通过阿里巴巴指数寻找销售量 TOP10 的店铺。

②通过卖家网独立店铺运营数据搜集各家店铺的商品类目信息和商品品牌信息。

五、数据展示

由于立华公司的业务主要涉及平板电脑、MID、平板电脑电源、耳机等平板电脑相关产品，所以可以利用项目六中采集的数据，这里就直接使用项目六的数据进行报告的制作。

（1）商品类目展示的内容是对销售量 TOP10 的店铺进行数据采集后，按类目进行排序与分类汇总后的数据，主要包括标准类目、成交量及销售额，如图 10-10 所示。

	A	B	C
1	标准类目	成交量/笔	销售额/元
2	保护套	797	49291.42
3	充电器（电源）	47	3367.635
4	平板电脑	3050	5946963
5	平板电脑配件（键盘、底座支架、其他配件）	401	14749
6	数据线	3	362
7	贴膜	376	11142

图 10-10　商品类目展示

接下来分别对类目的商品成交量与销售额创建图表，分别如图 10-11 和图 10-12 所示。

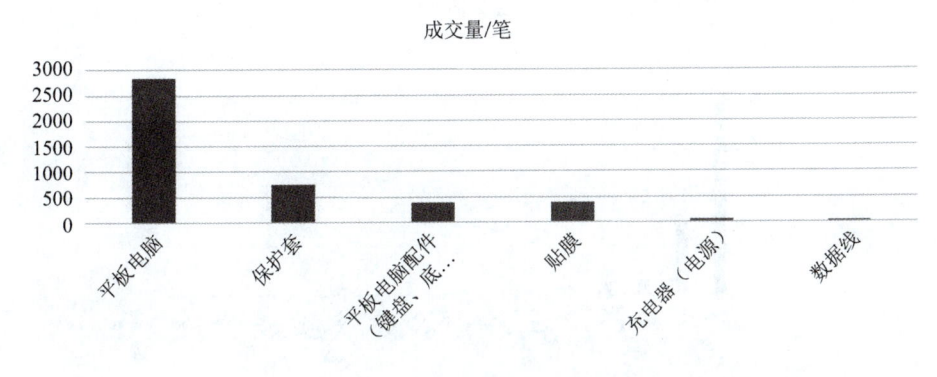

图 10-11　商品成交量

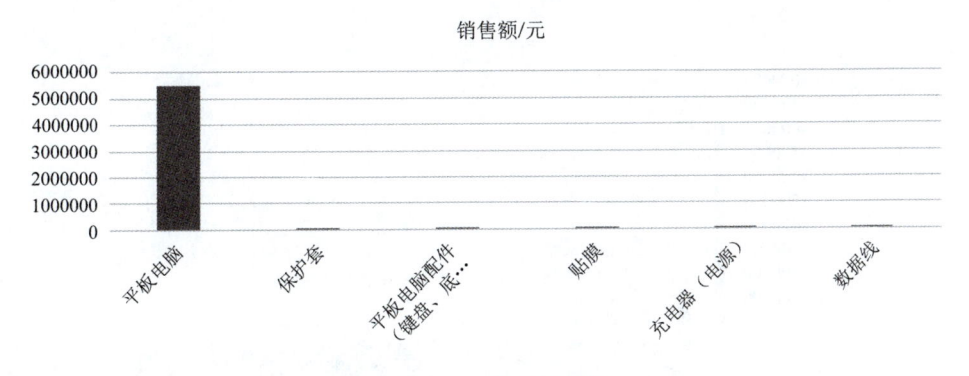

图 10-12　商品销售额

（2）商品品牌展示的内容主要包括标准品牌、成交量及销售额，如图 10-13 所示。

	A	B	C
1	标准品牌	成交量/笔	销售额/元
2	苹果	2,068	4411176
3	联想	150	465749
4	Colorfly	727	339145.5
5	E人E本	137	275781
6	华硕	129	112108.1
7	金士顿	4	2107
8	英特尔	13	32344
9	宏碁	2	1236
10	索尼	10	26881.5
11	摩托罗拉	32	16783.04
12	三星	7	14250
13	OQO	42	12180
14	谷歌	8	8793.12
15	Dell/戴尔	7	6142.5
16	HTC	4	3996.24

图 10-13　商品品牌展示内容

然后分别对品牌的商品成交量与销售额创建图表，分别如图 10-14 和图 10-15 所示。

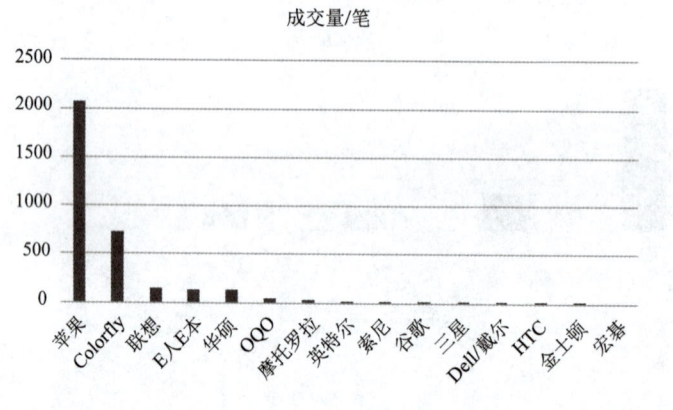

图 10-14　商品成交量

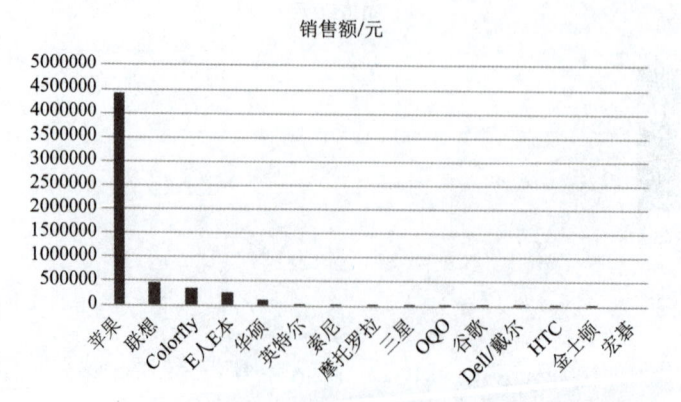

图 10-15　商品销售额

（3）立华公司的销售平台主要在淘宝和天猫中选择，其展示的数据如图10-16所示。然后分别对平台的商品成交量与销售额创建图表，分别如图10-17和图10-18所示。

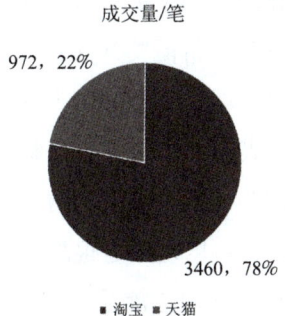

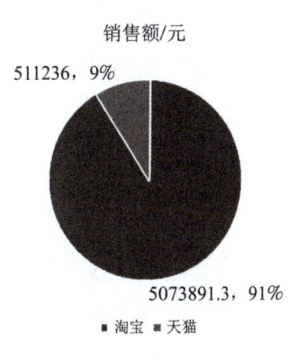

图10-16　淘宝、天猫销售情况　　图10-17　成交量比例　　图10-18　销售额比例

六、数据分析

数据分析的意义在于一个企业可以通过商业报告中的数据分析，判定出市场的动向，从而制定合适的生产及销售计划。下面就根据数据展示的内容，对相关数据进行分析。

1. 商品类目

通过对商品类目数据的分析，可以了解市场上各种商品的成交量和销售情况。

1）成交量

通过柱状图可以清楚地看到平板电脑的成交量位列第一，因为大部分消费者进入这些店铺，第一需求就是平板电脑。

成交量排名第二的是平板电脑的保护套，其不仅可以保护平板电脑外壳不受磨损，其多样的外观更可以美化平板电脑，这对于作为平板电脑主要消费群的年轻人，具有强大的吸引力，其售价也比较低廉。

排名第三和第四的平板电脑配件和平板电脑贴膜是平板电脑的必需品，加上其低廉的价格，所以也拥有较好的成交量。

而充电器和数据线属于平板电脑商品的标配，随平板电脑一起出售，所以没有大量的消费者群体，成交量较低。

2）销售额

平板电脑以绝对优势占据商品类目销售额第一的位置。因为其他商品类目都属于平板电脑的附属配件，价格远远不如平板电脑，所以平板电脑销售额的起点就比其他商品类目更高，再加之其成交量也远远大于其他商品类目，所以平板电脑的销售额最高（销售额＝成交量×平均单价）。

2. 商品品牌

分析商品的品牌销售数据，可以帮助销售商认识销售的品牌，并确定主要的销售品牌。

1）成交量

通过商品品牌成交量柱状图可知，苹果的平板电脑成交量以绝对优势名列第一，这与苹果的品牌价值密切相关。在现下的平板电脑市场，提到平板电脑，大部分消费者的第一反应都是苹果的 iPad。强大的品牌价值使其拥有大量的消费者群体。

排列第二的 Colorfly 和第三的联想都是作为国产平板电脑的领头羊，它们都拥有精良的技术和不错的性价比，这也使得它们可以在平板电脑市场占有一席之地。

而排在第四名的华硕，因为大部分消费者对于华硕的认知还更多地停留在笔记本电脑上，对于它的平板电脑商品的认可度还不是很高。同样，与华硕相差不大的 E 人 E 本平板电脑品牌因为品牌知名度不高销售额也较低。

2）销售额

通过商品品牌销售额柱状图可知，苹果的销售额最高，因为其售价相较于其他品牌的平板电脑高，再加之较高的成交量使苹果平板电脑的销售额成为第一。联想因为较高的成交量和适中的销售价格成了销售额第二的平板电脑品牌。

同时，我们还应该注意到在成交量的比较中 Colorfly 的成交量要大于联想的成交量，但是此时销售额却远低于联想，由"销售额 = 成交量 × 平均单价"可知，联想销售额之所以比 Colorfly 高，是因为联想的平均单价大于 Colorfly。

其他品牌的平板电脑因为没有强大的消费者市场，同时因为售价不高的原因，销售额较低。

3. 销售平台

由销售平台饼图可知，无论是成交量还是销售额，淘宝都要比天猫高一些。

七、结论与建议

通过以上的数据分析，可以得出以下几点结论与建议：

1. 商品类目

如果贵公司比较看重商品类目的成交量，那么第一考虑的应该是平板电脑；保护套也是大部分消费者在购买平板电脑时必买的商品类目，所以贵公司也应该将保护套作为重点考虑商品类目。剩余的平板电脑配件、平板电脑贴膜也都有较高的成交量，贵公司也可以将它们纳入考虑对象。

如果贵公司比较看重商品类目的销售额，那么第一考虑的也应该是平板电脑，因为平板电脑的起价远远高于其他商品类目。通过前面的柱状图还可以看出，保护套和平板电脑配件也能带给企业一定的销售额，所以贵公司可以将这两个商品类目纳入考虑对象范围。

2. 品牌选择

苹果由于其强大的品牌实力，在平板电脑的消费者群体中拥有很高的品牌形象认知，所以不管是成交量和销售额都比其他的平板电脑品牌高出很多，所以贵公司应该将苹果纳入重点考虑品牌。

如果贵公司更看重平板电脑的成交量，那么除了苹果之外，还可以将 Colorfly 作为考虑对象。

如果贵公司比较看重平板电脑的销售额，通过前面的柱状图分析，可以看到联想是除了苹果之外带来最高销售额的品牌，所以贵公司还可以将联想纳入重点考虑对象。

3. 销售平台

通过淘宝和天猫的销售平台数据，淘宝拥有更高的销售能力，所以贵公司应该将淘宝作为第一考虑的销售平台。

【任务考核/评价】

参考上述数据分析报告写作方法，理解和掌握商务数据分析报告撰写的规范要点和主要内容等。掌握商务数据分析报告的撰写方法和要素，为日后撰写各类商务数据分析报告奠定坚实基础。

任务考核/评价

任务名称	考核点	建议考核方式	评价标准		
			优	良	及格
任务二 撰写商务数据分析报告	完整掌握并撰写商务数据分析报告	独立完成商务数据分析报告的撰写	态度认真、商务数据分析报告撰写的要点把握准确，内容详细	态度认真，撰写商务数据分析报告的主要内容和规范要点掌握较好	基本掌握商务数据分析报告的撰写方法

【拓展训练】

利用搜索引擎，搜索若干份商务数据分析报告，并与本项目内容做比较，寻找区别，并思考其优点与不足。

【测一测】

1. 将自己制作的商业报告与本任务中的报告相比较，总结各自的优缺点。

2. 如果没有本次商业规划，你觉得淘宝和天猫的销售情况哪个会更好，为什么？你所预测的结果是否与数据分析的结果相同，如果不同，试分析其中的缘由。

3. 虽然商品在淘宝的销售情况更佳，但该公司最终选择天猫作为销售平台，试分析其中的原因。

参 考 文 献

[1] 王鹏. 云计算的关键技术与应用实例[M]. 北京: 人民邮电出版社, 2010.

[2] 孟小峰, 慈祥. 大数据管理: 概念, 技术与挑战[J]. 计算机研究与发展, 2013, 50(1): 146-169.

[3] 邵贵平. 电子商务数据分析与应用[M]. 北京: 人民邮电出版社, 2018.

[4] 北京博导前程信息技术股份有限公司. 电子商务数据分析基础[M]. 北京: 高等教育出版社, 2019.

[5] 杨伟强. 电子商务数据分析[M]. 北京: 人民邮电出版社, 2016.